Mathematatik Kompakt

Mathematik Kompakt

Reihe herausgegeben von

Martin Brokate, Garching, Deutschland

Aiso Heinze, Kiel, Deutschland

Mihyun Kang, Graz, Österreich

Götz Kersting, Frankfurt, Deutschland

Moritz Kerz, Regensburg, Deutschland

Otmar Scherzer, Wien, Österreich

Die Lehrbuchreihe *Mathematik Kompakt* ist eine Reaktion auf die Umstellung der Diplomstudiengänge in Mathematik zu Bachelor- und Masterabschlüssen.
Inhaltlich werden unter Berücksichtigung der neuen Studienstrukturen die aktuellen Entwicklungen des Faches aufgegriffen und kompakt dargestellt.
Die modular aufgebaute Reihe richtet sich an Dozenten und ihre Studierenden in Bachelor- und Masterstudiengängen und alle, die einen kompakten Einstieg in aktuelle Themenfelder der Mathematik suchen.
Zahlreiche Beispiele und Übungsaufgaben stehen zur Verfügung, um die Anwendung der Inhalte zu veranschaulichen.

- **Kompakt:** relevantes Wissen auf 150 Seiten
- **Lernen leicht gemacht:** Beispiele und Übungsaufgaben veranschaulichen die Anwendung der Inhalte
- **Praktisch für Dozenten:** jeder Band dient als Vorlage für eine 2-stündige Lehrveranstaltung

Weitere Bände in der Reihe http://www.springer.com/series/7786

Wolfgang König

Große Abweichungen

Techniken und Anwendungen

Birkhäuser

Wolfgang König
Weierstraß-Institut für Angewandte
Analysis und Stochastik
Berlin, Deutschland

Institut für Mathematik
Technische Universität Berlin
Berlin, Deutschland

ISSN 2504-3846 ISSN 2504-3854 (electronic)
Mathematik Kompakt
ISBN 978-3-030-52777-8 ISBN 978-3-030-52778-5 (eBook)
https://doi.org/10.1007/978-3-030-52778-5

Mathematics Subject Classification: primär: 60F10, sekundär: 60J55, 82D30, 82D60

Die Deutsche Nationalbibliothek verzeichnet diese Publikation in der Deutschen Nationalbibliografie; detaillierte bibliografische Daten sind im Internet über http://dnb.d-nb.de abrufbar.

Planung/Lektorat: Dorothy Mazlum
Birkhäuser ist ein Imprint der eingetragenen Gesellschaft Springer Nature Switzerland AG und ist ein Teil von Springer Nature.
Die Anschrift der Gesellschaft ist: Gewerbestrasse 11, 6330 Cham, Switzerland

Vorwort

Dies ist ein Skript zu einer vierstündigen Vorlesung über die Theorie der (Wahrscheinlichkeiten von) Großen Abweichungen. Kap. 1–3 behandeln die Grundbegriffe der Theorie und die wichtigsten allgemeinen Konzepte, und Kap. 4 erklärt anhand von Beispielen aus der Forschung der letzten 30 Jahre erfolgreiche Anwendungen. Diese Beispiele wählte ich aus Bereichen, in denen ich arbeitete oder zumindest sehr interessiert war; sie stammen meist aus der Statistischen Mechanik und verwandten Gebieten. Ich halte es für ein motivierendes Lehrkonzept, die Theorie in einer Vorlesung zu vermitteln und die Forschungsbeispiele einem studentischen Seminar zu überlassen.

Die Theorie der Großen Abweichungen ist ein Zweig der Wahrscheinlichkeitstheorie, der sich mit der Asymptotik der Wahrscheinlichkeiten sehr seltener Ereignisse befasst. Die exponentielle Abfallrate dieser Wahrscheinlichkeiten wird in Termen einer Variationsformel ausgedrückt, deren Wert und deren Minimierer meist interessante Rückschlüsse auf die betrachteten Ereignisse zulassen. Erste spezielle Ergebnisse wurden in den 1930er Jahren von Cramér und Sanov erzielt, aber eine weit reichende Fundierung fand erst in den 1970er Jahren statt, als Donsker und Varadhan bzw. Freidlin und Wentzell geeignete abstrakte Formulierungen eines Prinzips Großer Abweichungen fanden und sogleich auf eine Anzahl interessanter Modelle anwendeten. Sie hatten erkannt, dass diese neu geschaffene Theorie sehr gut geeignet ist, um gerade in der Statistischen Mechanik entscheidende Beiträge zu erbringen. Seitdem wächst die Liste der Modelle und Gebiete, in denen die Theorie adaptiert und eingesetzt wird, selber exponentiell, und ein Ende ist nicht abzusehen.

Durch das routinemäßige Auftreten von Variationsformeln werden die Variationsrechnung und auch andere Bereiche der Funktionalanalysis, etwa Konvexe Analysis, zu eng verwandten Gebieten, und dieses Skript streift auch ein paar Themen aus diesen Gebieten, jedoch nur soweit es unvermeidbar ist. Beweise aus diesem Gebiet werden nur gebracht, sofern sie zum Verständnis der probabilistischen Seite beitragen.

Ich lege hier besonderen Wert auf Anwendungen und behandle viele Modelle, in deren Erforschung die Theorie der Großen Abweichungen einen entscheidenden Beitrag leistet. Teilweise erreiche ich die aktuelle Forschung. Wegen des großen technischen Aufwandes, der oft nötig ist, breite ich allerdings nicht alle Details aus, aber schaffe jeweils das Verständnis für das Modell und seine Behandlung und gebe Hinweise, wie die ausgelassenen Beweisteile anzugehen sind und wo man ihre Ausführung nachlesen kann. Auf diese Weise ist eine große Anzahl von mehr oder weniger schwierigen Übungsaufgaben über den gesamten Text verteilt und in ihn eingebettet worden.

Dieser Text setzt Kenntnisse und Fertigkeiten voraus, wie sie an mathematischen Instituten deutscher Universitäten in den beiden Vorlesungen *Wahrscheinlichkeitstheorie I und II* vermittelt werden; insbesondere maßtheoretisch fundierte Theorie, schwache Konvergenz, zentraler Grenzwertsatz, diverse Ungleichungen für Zufallsvariablen und Verteilungen, ein wenig Ergodentheorie sowie Punktprozesstheorie. Ferner sollten der Leser und die Leserin sattelfest in topologischen Fragen sein, denn das Zusammenspiel zwischen Wahrscheinlichkeitstheorie und Analysis liegt am Herzen der Theorie der Großen Abweichungen.

Dieses Skript basiert zu einem großen Teil auf den beiden Monographien von den Hollander [Ho00] und Dembo/Zeitouni [DeZe10], aber auch auf Notizen von früheren Vorlesungen von N. Gantert und J. Gärtner, denen ich hiermit sehr herzlich danke für deren Überlassung. Ich hielt nach einer Vorgängerversion dieses Skriptes Vorlesungen im Wintersemester 2004/2005 und im Sommersemester 2006 am Mathematischen Institut der Universität Leipzig sowie im Wintersemester 2010/2011 an der TU Berlin. Daher wurde der vorliegende Text mehrmals durchgesehen, korrigiert und verbessert sowie für die jetzige Veröffentlichung in Buchform deutlich erweitert, und zwar um die Abschn. 3.7 über projektive Grenzwerte und 3.8 über empirische Maße von markierten Punktprozessen sowie Abschn. 4.7 über Bose–Einstein-Kondensation. Ich möchte mich für Hinweise und Hilfe mehrerer Kolleginnen und Kollegen bedanken, namentlich bei Peter Friz, Nina Gantert und Gabriela Grüninger.

Berlin
im Mai 2020

Wolfgang König

Inhaltsverzeichnis

Der Satz von Cramér

1

Wir beginnen in Abschn. 1.1 mit der Betrachtung einer Standardsituation, die oft von Interesse ist und an Hand derer wir in die Problematik der Theorie der Großen Abweichungen einführen. Dann geben wir in Abschn. 1.2 einen kleinen Einblick darin, von welcher Natur die Fragen sind, die diese Theorie behandelt, und in Abschn. 1.3 geben wir ein paar einfache Hilfsmittel. Ein erstes Hauptergebnis, der *Satz von Cramér,* wird in Abschn. 1.4 vorgestellt, und eine Variante davon in Abschn. 1.5.

1.1 Ein einführendes Beispiel

Seien $X_1, X_2, \dots$ unabhängige und identisch verteilte reellwertige Zufallsgrößen, deren Varianz σ^2 existiert und deren Erwartungswert $\mathbb{E}[X_1]$ gleich Null ist. Wir betrachten die Partialsummenfolge $(S_n)_{n\in\mathbb{N}}$ mit $S_n = \sum_{i=1}^n X_i$ und möchten ihr Verhalten für große n diskutieren. In praktisch allen einführenden Texten über Wahrscheinlichkeitstheorie werden die folgenden asymptotischen Aussagen behandelt:

$$
\begin{aligned}
&\textit{Schwaches Gesetz der Großen Zahlen:} && \lim_{n\to\infty} \mathbb{P}\big(\big|\tfrac{1}{n}S_n\big| \geq \epsilon\big) = 0 \text{ für jedes } \epsilon > 0,\\
&\textit{Starkes Gesetz der Großen Zahlen:} && \mathbb{P}\big(\lim_{n\to\infty} \tfrac{1}{n}S_n = 0\big) = 1,\\
&\textit{Zentraler Grenzwertsatz:} && \lim_{n\to\infty} \mathbb{P}\Big(\tfrac{1}{\sqrt{n\sigma^2}}S_n \leq C\Big) = \int_{-\infty}^C \frac{\mathrm{e}^{-x^2/2}}{\sqrt{2\pi}}\,\mathrm{d}x\\
& && \text{für jedes } C \in \mathbb{R}.
\end{aligned}
$$

Während diese klassischen Aussagen das „übliche", das „normale" Verhalten von S_n beschreiben, will die Theorie der Großen Abweichungen das „untypische", das Abweichungsverhalten analysieren. Genauer gesagt, einer der Hauptgegenstände dieser Theorie ist die asymptotische Analyse der Wahrscheinlichkeit des Ereignisses $\big\{\frac{1}{n}S_n > x\big\}$ bzw.

W. König, *Große Abweichungen,* Mathematik Kompakt,
https://doi.org/10.1007/978-3-030-52778-5_1

$\{\frac{1}{n}S_n < -x\}$ für $n \to \infty$, wobei $x > 0$. Im Schwachen Gesetz der Großen Zahlen werden zwar gleichzeitig diese beiden Abweichungen betrachtet, aber man ist dort zufrieden mit der lapidaren Aussage, dass diese Wahrscheinlichkeit gegen Null konvergiert. Im Zentralen Grenzwertsatz entspräche dies der Wahl $C = -x\sqrt{n}$, über die allerdings dort keinerlei Aussagen gemacht werden.

Es stellt sich heraus, dass unter geeigneten Annahmen an die Integrierbarkeit von X_1 diese Wahrscheinlichkeit sogar *exponentiell* abfällt, also

$$\mathbb{P}\big(\tfrac{1}{n}S_n > x\big) \approx \mathrm{e}^{-nI(x)} \qquad \text{und} \qquad \mathbb{P}\big(\tfrac{1}{n}S_n < -x\big) \approx \mathrm{e}^{-nI(-x)},$$

wobei $I(x) > 0$ bzw. $I(-x) > 0$ die *Rate* dieses exponentiellen Abfalls ist. Dies sieht man auf folgende Weise ein. Setzen wir voraus, dass alle exponentiellen Momente von X_1 existieren, also dass

$$\varphi(t) = \mathbb{E}[\mathrm{e}^{tX_1}] < \infty \qquad \text{für jedes } t \in \mathbb{R}. \tag{1.1.1}$$

Die Funktion φ nennt man die *Momenten erzeugende Funktion*[1] von X_1. Dann können wir für beliebiges $t > 0$ mit Hilfe der Markov-Ungleichung folgendermaßen abschätzen:

$$\mathbb{P}\big(S_n > nx\big) = \mathbb{P}\big(\mathrm{e}^{tS_n} > \mathrm{e}^{tnx}\big) \le \mathrm{e}^{-tnx}\mathbb{E}\big[\mathrm{e}^{tS_n}\big] = \mathrm{e}^{-tnx}\varphi(t)^n = \mathrm{e}^{-n[tx - \log\varphi(t)]}. \tag{1.1.2}$$

Um die beste Abschätzung zu erhalten, optimieren wir über t und bekommen

$$\limsup_{n\to\infty} \frac{1}{n} \log \mathbb{P}\big(S_n > nx\big) \le -\sup_{t>0}\big[tx - \log\varphi(t)\big], \qquad x > 0. \tag{1.1.3}$$

Es ist klar, dass diese obere Schranke nicht positiv ist, und ein wenig Arbeit zeigt, dass sie sogar strikt negativ ist. Das optimale $t = t_x$ ist charakterisiert durch die Bedingung

$$x = (\log\varphi)'(t_x), \qquad \text{also} \quad x = \frac{\mathbb{E}\big[X_1\mathrm{e}^{t_xX_1}\big]}{\mathbb{E}\big[\mathrm{e}^{t_xX_1}\big]}.$$

Mit anderen Worten: Wenn die Verteilung von X_1 transformiert wird mit der Dichte $\mathrm{e}^{t_xX_1}/\varphi(t_x)$, so hat diese neue Verteilung den Erwartungswert x. Dies gibt dem Maximierer t_x eine probabilistische Bedeutung.

Die Technik, mit der wir in (1.1.2) eine obere Schranke erhielten, ist fundamental für die Theorie der Großen Abweichungen und wird manchmal auch die *exponentielle Tschebyschev-Ungleichung* oder einfach nur *Tschebyschev-Ungleichung* genannt. Wir werden in Satz 1.4.3 sehen, dass sie auf der exponentiellen Skala scharf ist, d. h., dass die rechte Seite von (1.1.3) auch eine untere Abschätzung ist. Außerdem werden wir in Lemma 1.4.1 sehen, dass das Supremum auch über $t \in \mathbb{R}$ erstreckt werden kann, ohne den Wert zu ändern, denn das optimale t_x ist positiv für $x > 0$. Daher ist die Funktion

[1] Den Wert $M_r = \varphi^{(r)}(0)$ nennt man das r-te Moment von X_1. Man hat dann die Entwicklung $\varphi(t) = \sum_{r=0}^{\infty} \frac{M_r}{r!} t^r$ für jedes t im Inneren des Konvergenzbereichs.

$$I(x) = \sup_{t\in\mathbb{R}} \big[tx - \log\varphi(t)\big], \qquad x \in \mathbb{R}, \tag{1.1.4}$$

von großer Bedeutung. Man nennt I die *Legendre-Transformierte* von $\log\varphi$, und $\log\varphi$ wird oft die *Kumulanten erzeugende Funktion*[2] der X_i genannt. Wir werden uns diesen beiden Funktionen in Abschn. 1.4 ausführlich widmen.

Beispiel 1.1.1 (Münzwurf) Eine der simpelsten nichttrivialen Verteilungen der X_i ist die Bernoulli-Verteilung mit Parameter $\frac{1}{2}$, d. h. X_i nimmt den Wert 1 mit der Wahrscheinlichkeit $\frac{1}{2}$ an und sonst den Wert 0. (Wir haben darauf verzichtet, die X_i zu zentrieren.) Dann kann man leicht zeigen, dass für jedes $x > \frac{1}{2}$ gilt:

$$\lim_{n\to\infty} \frac{1}{n} \log \mathbb{P}(S_n \geq nx) = -I(x), \tag{1.1.5}$$

wobei $I(x) = \log 2 + x\log x + (1-x)\log(1-x)$ für $x \in [0,1]$ und $I(x) = +\infty$ sonst. Dies sieht man folgendermaßen ein. Es reicht, $x \in (\frac{1}{2}, 1]$ zu betrachten. Dann ist $\mathbb{P}(S_n \geq nx) = 2^{-n}\sum_{k\geq xn}\binom{n}{k}$, und wir können abschätzen

$$2^{-n}\max_{k\geq xn}\binom{n}{k} \leq \mathbb{P}(S_n \geq nx) \leq (n+1)2^{-n}\max_{k\geq xn}\binom{n}{k}.$$

Das Maximum wird in $k = \lceil xn \rceil$ angenommen, und Stirlings Formel

$$n! = n^n \mathrm{e}^{-n}\sqrt{2\pi n}\,\big(1 + o(1)\big), \qquad n \to \infty, \tag{1.1.6}$$

liefert

$$\lim_{n\to\infty} \frac{1}{n} \log \max_{k\geq xn}\binom{n}{k} = -x\log x - (1-x)\log(1-x).$$

Daraus folgt (1.1.5) leicht. Aus Symmetriegründen gilt auch $\lim_{n\to\infty}\frac{1}{n}\log\mathbb{P}(S_n \leq nx) = -I(x)$ für $x < \frac{1}{2}$, denn I ist symmetrisch um $\frac{1}{2}$ herum. Die Funktion I ist konvex in $[0,1]$ mit eindeutigem Minimum in $\frac{1}{2}$ mit $I(\frac{1}{2}) = 0$, und I hat in 0 und in 1 den Wert $\log 2$ mit unendlicher Steigung.

Die Aussage in (1.1.5) ist ein Spezialfall des Satzes von Cramér, den wir in Abschn. 1.4 behandeln werden. ◊

[2] Den Wert $K_r = (\log\varphi)^{(r)}(0)$ nennt man die r-te *Kumulante* von X_1. Man hat dann die Entwicklung $\log\varphi(t) = \sum_{r=0}^{\infty}\frac{K_r}{r!}t^r$ für alle t im Inneren des Konvergenzbereichs.

Fassen wir ein paar fundamentale Aspekte dieses Beispiels zusammen:

1. Die Theorie der Großen Abweichungen analysiert die exponentielle Abfallrate der Wahrscheinlichkeit einer Abweichungen vom Gesetz der Großen Zahlen.
2. Eine obere Schranke erhält man durch eine „exponentielle" Anwendung der Markov-Ungleichung.
3. Diese obere Schranke ist durch eine nichttriviale Optimierungsaufgabe gegeben, die von der gesamten Verteilung von X_1 abhängt.
4. Der Maximierer in der Optimierungsaufgabe besitzt eine probabilistische Bedeutung via eine gewisse exponentielle Transformation.

Bemerkung 1.1.2 (Chernoff-Ungleichung) Ein Spezialfall bzw. Variante der Aussage von Beispiel 1.1.1 ist bekannt als die *Chernoff-Ungleichung:* Falls $X_1, \dots, X_n$ unabhängige Bernoulli-verteilte Zufallsgrößen mit Parameter $p \in (0, 1)$ sind, dann gilt

$$\mathbb{P}\Big(\sum_{i=1}^n X_i \geq (1+\delta)pn\Big) \leq \mathrm{e}^{-\frac{\delta^2}{3}pn}, \qquad \delta \in [0, 1], n \in \mathbb{N}.$$

Man beweise dies als eine ÜBUNGSAUFGABE, inklusive einer Variante dieser Abschätzungen für eine Abweichung nach unten. (*Hinweis:* Die einfache Form $\delta^2/3$ erhält man durch eine Taylorapproximation und geschickte Abschätzung.)

Bemerkung 1.1.3

(i) Eine (durch nichts gerechtfertigte) Anwendung des Zentralen Grenzwertsatzes auf $C = -x\sigma^2\sqrt{n}$ würde eine exponentielle Abfallrate für $\mathbb{P}\big(\frac{1}{n}S_n < -x\big)$ geben, die exakt quadratisch in x ist. Diese Rate ist jedoch in praktisch allen Fällen nicht die richtige, wie wir in Satz 1.4.3 sehen werden.

(ii) Andersherum kann man aus einer Aussage von der Form $\lim_{n\to\infty} \frac{1}{n} \log \mathbb{P}(S_n \approx nx) = -I(x)$ mit einer Ratenfunktion I, die in ihrem Minimumspunkt Null zweimal stetig differenzierbar ist und $I''(0) > 0$ erfüllt, formal auf das mögliche Vorliegen eines Zentralen Grenzwertsatzes schließen: I erfüllt die Taylor-Approximation $I(x) = I(0) + xI'(0) + \frac{x^2}{2}I''(0)(1 + o(1)) = \frac{x^2}{2}I''(0)(1 + o(1))$ für $x \to 0$, und man kann die folgende (sehr grobe) heuristische Rechnung anstellen:

$$\begin{aligned}\mathbb{P}\Big(\frac{S_n}{\sqrt{n}} \approx x\Big) &\approx \mathrm{e}^{-nI(x/\sqrt{n})} = \mathrm{e}^{-n\frac{1}{2}(x/\sqrt{n})^2 I''(0)(1+o(1))} \\ &= \mathrm{e}^{-\frac{1}{2}x^2 I''(0)}(1 + o(1)), \qquad n \to \infty.\end{aligned}$$

Also kann man vermuten, dass $S_n/\sqrt{n}$ in Verteilung gegen die Normalverteilung mit Varianz $1/I''(0)$ konvergiert, aber die Aussage $\lim_{n\to\infty} \frac{1}{n} \log \mathbb{P}(S_n \approx nx) = -I(x)$ ist viel zu grob, um einen Beweis zu liefern.

(iii) Aus einer Abschätzung wie in (1.1.3), zusammen mit einer analogen für $\mathbb{P}(\frac{1}{n} S_n < -x)$, erhält man als Folgerung direkt das Schwache Gesetz der Großen Zahlen.

(iv) Insbesondere wissen wir, dass (unter der Annahme in (1.1.1)) gilt:

$$\sum_{n\in\mathbb{N}} \mathbb{P}\big(\tfrac{1}{n} S_n > x\big) < \infty \qquad \text{und} \qquad \sum_{n\in\mathbb{N}} \mathbb{P}\big(\tfrac{1}{n} S_n < -x\big) < \infty, \qquad x > 0.$$

Es ist eine elementare ÜBUNGSAUFGABE, daraus mit der Hilfe des Lemmas von Borel-Cantelli das Starke Gesetz der Großen Zahlen herzuleiten. Auf analoge Weise werden wir in anderen Zusammenhängen Aussagen der Großen Abweichungen anwenden, um fast sichere asymptotische Aussagen abzuleiten.

◊

1.2 Warum große Abweichungen?

Die Theorie der Großen Abweichungen ist nicht einfach nur eine Theorie der Wahrscheinlichkeiten von Ereignissen der Form $\{|Y_n - \mathbb{E}[Y_n]| \geq c\}$, also Abweichungen vom typischen Verhalten einer Folge $(Y_n)_{n\in\mathbb{N}}$ von $\mathcal{Y}$-wertigen Zufallsgrößen. Sie dreht sich viel allgemeiner um Aussagen der Form

$$\mathbb{P}(Y_n \approx y) \approx \mathrm{e}^{-nI(y)}, \qquad y \in \mathcal{Y}, n \to \infty, \tag{1.2.1}$$

mit einer Ratenfunktion $I : \mathcal{Y} \to [0, \infty]$. (Wir werden den beiden $\approx$ natürlich noch einen genauen Sinn geben.) In vielen Situationen hat man zuerst (1.2.1) und findet dann mit Hilfe einer Analyse der Nullstellen der Ratenfunktion das typische Verhalten von Y_n erst heraus. Aussagen der Form (1.2.1) hängen eng zusammen mit Aussagen der Form

$$\mathbb{P}(Y_n \in A) \approx \mathrm{e}^{-n \inf_{y\in A} I(y)}, \qquad n \to \infty, \tag{1.2.2}$$

für viele Ereignisse $A \subset \mathcal{Y}$. Dies kann auch sehr hilfreich sein bei der Untersuchung der konditionierten Verteilung von Y_n gegeben das Ereignis $\{Y_n \in A\}$, wenn man über die Struktur der Minima von I auf A Bescheid weiß. Eine dritte wichtige Aussage der Theorie der Großen Abweichungen ist von der Form

$$\lim_{n\to\infty} \frac{1}{n} \log \mathbb{E}[\mathrm{e}^{nF(Y_n)}] = \sup_{y\in\mathcal{Y}} [F(y - I(y)], \tag{1.2.3}$$

für viele Funktionen $F : \mathcal{Y} \to \mathbb{R}$.

Die Theorie, die in den nächsten Kapiteln darstellen werden, wird große Klassen von Typen von solchen Folgen $(Y_n)_{n\in\mathbb{N}}$, Ereignissen A und Funktionen F angeben, für die (1.2.1)–(1.2.3) gelten, und sie wird Formeln für die Ratenfunktion I angeben. Dabei wird eine wichtige Rolle spielen, dass der Zustandsraum $\mathcal{Y}$ eine Topologie trägt. Insbesondere werden wir das einführende Beispiel (Summen von u. i. v. Zufallsgrößen X_i) sehr stark erweitern in diversen Richtungen, etwa auf Summen der Diracmaße δ_{X_i}, und auf sehr allgemeine Zustandsräume $\mathcal{Y}$, meist polnische Räume, also metrische separable vollständige Räume, manchmal aber auch topologische Vektorräume.

1.3 Ein paar Hilfsmittel

Es sollen noch ein paar elementare Hilfsmittel im Umgang mit exponentiellen Raten von reellen Zahlenfolgen angegeben werden, die wir im Folgenden immer wieder still schweigend anwenden werden. Zunächst die Regel, dass in Summen immer die höchste Rate gewinnt.

Lemma 1.3.1 (Exponentielle Rate von Summen) *Für Folgen* $(\alpha_n)_{n\in\mathbb{N}}$ *und* $(\beta_n)_{n\in\mathbb{N}}$ *in* $(0,\infty)$ *gilt*

$$\limsup_{n\to\infty}\frac{1}{n}\log[\alpha_n+\beta_n]=\max\left\{\limsup_{n\to\infty}\frac{1}{n}\log\alpha_n,\ \limsup_{n\to\infty}\frac{1}{n}\log\beta_n\right\}.$$

Beweis Offensichtlich gilt '$\geq$'. Sei die rechte Seite gleich $a\equiv\limsup_{n\to\infty}\frac{1}{n}\log\alpha_n$, also $\beta_n\leq \mathrm{e}^{n(a+o(n))}$ für $n\to\infty$. Dann gilt $\alpha_n+\beta_n\leq 2\mathrm{e}^{n(a+o(n))}=\mathrm{e}^{n(a+o(n))}$ für $n\to\infty$, und dies war zu zeigen. □

Eine Folgerung ist die folgende Formel zur Auswertung exponentieller Integrale, deren Beweis eine einfache ÜBUNGSAUFGABE ist. Wir werden später weit reichende Verallgemeinerungen kennen lernen, deren wichtigste das sogenannte *Lemma von Varadhan* ist, siehe Satz 3.3.1.

Korollar 1.3.2 (Exponentielle Rate eines exponentiellen Integrals, Laplace-Methode) *Für jede stetige Funktion* $f\colon[0,1]\to\mathbb{R}$ *gilt*

$$\lim_{n\to\infty}\frac{1}{n}\log\int_0^1\mathrm{e}^{nf(x)}\,\mathrm{d}x=\max_{x\in[0,1]}f(x).$$

Unter geeigneten Annahmen an die Regularität von f kann man die Asymptotik des Integrals $\int_0^1\mathrm{e}^{nf(x)}\,\mathrm{d}x$ sehr viel genauer angeben, d. h. auch subexponentielle Korrekturterme identifizieren, aber dies interessiert uns in dieser Vorlesung nicht.

Nun folgt eine hübsche Folgerung aus Subadditivität.[3]

Lemma 1.3.3 (Subadditivitätslemma; Lemma von Fekete) *Sei* $(a_n)_{n\in\mathbb{N}}$ *eine Folge reeller Zahlen, die subadditiv ist, d. h., für alle* $n, m \in \mathbb{N}$ *gilt* $a_{n+m} \leq a_n + a_m$. *Dann existiert der Grenzwert* $\lim_{n\to\infty} \frac{1}{n} a_n$ *in* $[-\infty, \infty)$ *und ist gleich* $\inf_{n\in\mathbb{N}} \frac{1}{n} a_n$.

Beweis Es reicht zu zeigen, dass

$$\limsup_{n\to\infty} \frac{a_n}{n} \leq \frac{a_k}{k}, \qquad k \in \mathbb{N}, \tag{1.3.1}$$

denn wenn man dann in (1.3.1) zum $\liminf_{k\to\infty}$ übergeht, erhält man die Existenz des Grenzwertes, und wenn man in (1.3.1) dann zum $\inf_{k\in\mathbb{N}}$ übergeht, erhält man, dass er gleich $\inf_{n\in\mathbb{N}} \frac{1}{n} a_n$ ist.

Fixiere $k \in \mathbb{N}$ und setze $A_k = \max_{r=1}^{k} a_r$. Für $n \in \mathbb{N}$ wähle $j, r \in \mathbb{N}$ mit $n = jk + r$ und $r \leq k$. Aus der Subadditivität folgt $a_n \leq j a_k + a_r \leq \frac{n}{k} a_k + A_k$. Nun folgt (1.3.1) nach Teilen durch n und Übergang zum $\limsup_{n\to\infty}$. □

Man kann im Allgemeinen nicht ausschließen, dass der Grenzwert in Lemma 1.3.3 gleich $-\infty$ ist, wie man am Beispiel $a_n = -n^2$ sieht.

1.4 Der Satz von Cramér

In diesem Abschnitt beweisen wir eines der fundamentalen Ergebnisse der Theorie und lösen damit das im Abschn. 1.1 vorgestellte Grundproblem. Zunächst aber stellen wir die wichtigsten Eigenschaften der Kumulanten erzeugenden Funktion $\log \varphi$ in (1.1.1) und ihrer Legendre-Transformierten I in (1.1.4) zusammen. Wir erinnern, dass eine Funktion $I : \mathbb{R} \to \mathbb{R}$ genau dann von unten halbstetig ist, wenn ihre *Niveaumengen*

$$\{I \leq s\} = \{x \in \mathbb{R} : I(x) \leq s\} = I^{-1}\big((-\infty, s]\big), \qquad s \in \mathbb{R}, \tag{1.4.1}$$

abgeschlossen sind.

Lemma 1.4.1 (Eigenschaften der Kumulanten erzeugenden Funktion und ihrer Legendre-Transformierten)

Sei X eine Zufallsvariable mit Erwartungswert $\mu \in \mathbb{R}$ *und Varianz* $\sigma^2 \in (0, \infty)$. *Ferner sei* $\varphi : \mathbb{R} \to \mathbb{R}$, *definiert in* (1.1.1), *ihre Momenten erzeugende Funktion. Wie in* (1.1.1) *gelte*

[3] Es scheint, dass Lemma 1.3.3 nur wenig außerhalb der Theorie der Großen Abweichungen und der Statistischen Mechanik bekannt ist.

$\varphi(t) < \infty$ *für jedes* $t \in \mathbb{R}$. *Ferner sei*

$$I(x) = \sup_{t\in\mathbb{R}} \big[tx - \log\varphi(t)\big], \qquad x \in \mathbb{R}, \tag{1.4.2}$$

die Legendre-Transformierte *von* $\log\varphi$. *Dann gelten die folgenden Aussagen.*

1. φ *ist unendlich oft differenzierbar mit* $\varphi^{(n)}(t) = \mathbb{E}[X^n \mathrm{e}^{tX}]$ *für jedes* $n \in \mathbb{N}$. *Ferner ist* $\log\varphi$ *strikt konvex, und es gilt* $\lim_{t\to\infty} \frac{1}{t}\log\varphi(t) = \operatorname{esssup} X \in (-\infty, \infty]$.
2. *(i) Für jedes* $x \in \mathbb{R}$ *gilt* $I(x) \geq 0$, *und es gilt Gleichheit nur für* $x = \mu$.
   (ii) $I \equiv \infty$ *außerhalb von* $[\operatorname{essinf} X, \operatorname{esssup} X]$.
   (iii) I ist konvex und von unten halbstetig. Die Niveaumengen von I sind sogar kompakt.
   (iv) Für $x \in (\operatorname{essinf} X, \operatorname{esssup} X)$ *wird das Supremum in* (1.4.2) *in genau einem* t_x *angenommen, und dieses wird eindeutig bestimmt durch die Variationsgleichung* $x\varphi(t_x) = \mathbb{E}[X\mathrm{e}^{t_x X}]$.
   (v) I ist strikt konvex und unendlich oft differenzierbar in $(\operatorname{essinf} X, \operatorname{esssup} X)$.
   (vi) $I''(\mu) = \sigma^{-2}$.
   (vii) Es gilt die Inversionsformel

$$\log\varphi(t) = \sup_{x\in\mathbb{R}}[tx - I(x)], \qquad t \in \mathbb{R}. \tag{1.4.3}$$

Beweis

1. Die Konvexität von $\log\varphi$ ist eine simple Konsequenz von Hölders Ungleichung. Die Striktheit der Konvexität folgt aus der Gleichheitsdiskussion in der Hölder-Ungleichung, denn X ist nicht fast sicher konstant, also auch e^{tX} nicht. Die unendlich oftmalige Differenzierbarkeit und die Formel für die Ableitungen sind eine beliebte ÜBUNGSAUFGABE über den Satz von der beschränkten Konvergenz. Die obere Abschätzung in $\lim_{t\to\infty} \frac{1}{t}\log\varphi(t) = \operatorname{esssup} X \in (-\infty, \infty]$ ist trivial, und die untere folgt, weil X für jedes $\epsilon > 0$ in $[\operatorname{esssup} X - \epsilon, \operatorname{esssup} X)$ positive Masse besitzt: Man hat

$$\varphi(t) \geq \mathbb{E}\big[\mathrm{e}^{tX}\mathbb{1}_{\{X\geq \operatorname{esssup} X-\epsilon\}}\big] \geq \mathrm{e}^{t(\operatorname{esssup} X-\epsilon)}\mathbb{P}(X \geq \operatorname{esssup} X - \epsilon),$$

und daher ist $\liminf_{t\to\infty} \frac{1}{t}\log\varphi(t) \geq \operatorname{esssup} X - \epsilon$.

2. (i) Das Supremum erstreckt sich auch über $t = 0$, also ist I nichtnegativ. Die Gleichheitsdiskussion folgt im Anschluss an den Beweis von (iv).

(ii) Für $x > \operatorname{esssup} X$ ist $I(x) \geq \limsup_{t\to\infty} t[x - \frac{1}{t}\log\varphi(t)]$, und der Term in Klammern ist von Null wegbeschränkt nach 1. Also ist $I(x) = \infty$. Analog für $x < \operatorname{essinf} X$.

(iii) Die Konvexität von I zu zeigen, ist eine elementare ÜBUNGSAUFGABE. Für $s < 0$ ist $\{I \leq s\}$ leer, also kompakt. Für $s \geq 0$ ist

$$\{I \le s\} = \bigcap_{t>0}\Big(-\infty, \frac{s+\log\varphi(t)}{t}\Big] \cap \bigcap_{t<0}\Big[\frac{s+\log\varphi(t)}{t}, \infty\Big)$$
$$= \bigcap_{t>0}\Big[\frac{s+\log\varphi(-t)}{-t}, \frac{s+\log\varphi(t)}{t}\Big]$$

ein Schnitt von kompakten Mengen, also kompakt.

(iv) Da $\log\varphi$ strikt konvex ist, gibt es höchstens einen Maximierer in (1.4.2). Wenn ein t_x die Gleichung $x\varphi(t_x) = \mathbb{E}[X\mathrm{e}^{t_x X}]$ erfüllt, ist es eine Nullstelle der Ableitung von $t \mapsto tx - \log\varphi(t)$ und ist daher ein Maximierer. Die Abbildung $t \mapsto (\log\varphi)'(t)$ hat die Asymptoten $\operatorname{esssup} X$ für $t \to \infty$ und $\operatorname{essinf} X$ für $t \to -\infty$, also gibt es für jedes x zwischen diesen beiden Grenzen einen Maximierer.

Nun zeigen wir, dass $I(x) = 0$ nur für $x = \mu$ gilt. Falls $I(x) = 0$, so ist $t = 0$ ein Maximierer in (1.4.2), nach (iv) also der einzige, d. h., $0 = t_x$. Aus der Variationsgleichung folgt, dass $x = \mathbb{E}[X] = \mu$.

(v) Eine Anwendung des Satzes von der impliziten Funktion auf die Funktion $F(x,t) = x - (\log\varphi)'(t)$ ergibt, dass die Abbildung $x \mapsto t_x$ im Intervall $(\operatorname{essinf} X, \operatorname{esssup} X)$ differenzierbar ist und dass ihre Ableitung gegeben ist durch

$$\frac{\mathrm{d}}{\mathrm{d}x}t_x = \Big(\frac{\mathbb{E}[X^2\mathrm{e}^{t_x X}]}{\mathbb{E}[\mathrm{e}^{t_x X}]} - \Big(\frac{\mathbb{E}[X\mathrm{e}^{t_x X}]}{\mathbb{E}[\mathrm{e}^{t_x X}]}\Big)^2\Big)^{-1}, \qquad x \in (\operatorname{essinf} X, \operatorname{esssup} X);$$

man beachte, dass $x = \varphi'(t_x)/\varphi(t_x)$ gilt. Indem man die Gleichung $I(x) = xt_x - \log\varphi(t_x)$ nach x differenziert, sieht man, dass $I'(x) = t_x$ gilt. Die rechte Seite des obigen Ausdrucks für $\frac{\mathrm{d}}{\mathrm{d}x}t_x$ ist der Kehrwert der Varianz von X unter der transformierten Verteilung mit Radon-Nikodym-Dichte $\mathrm{e}^{t_x X}/\mathbb{E}[\mathrm{e}^{t_x X}]$, also positiv. Insbesondere ist I strikt konvex im Intervall $(\operatorname{essinf} X, \operatorname{esssup} X)$. (Die Striktheit der Konvexität folgt auch aus dem in (iii) angesprochenen Konvexitätsbeweis, zusammen mit der Eindeutigkeit des Maximierers.)

(vi) Im Beweis von (v) hatten wir eine Formel für $I''(x) = \frac{\mathrm{d}}{\mathrm{d}x}t_x$ erhalten, den Kehrwert einer gewissen Varianz. Im Beweis von (i) nach dem Beweis von (iv) hatten wir gesehen, dass $t_\mu = 0$. Daher folgt die Behauptung aus der Wahl $x = \mu$ in der voran gegangenen Formel.

(vii) ‚$\geq$' folgt aus der Definition von $I(x)$, und ‚$\leq$' gilt, weil für jedes $t \in \mathbb{R}$ die Zahl $x_t = \mathbb{E}[X\mathrm{e}^{tX}]/\mathbb{E}[\mathrm{e}^{tX}]$ erfüllt: $I(x_t) = tx_t - \log\varphi(t)$, also ist x_t Maximierer in (1.4.3) mit $tx_t - I(x_t) = \log\varphi(t)$. □

Die soeben eingeführte Funktion I wird sich (wenn dieser Begriff erst eingeführt worden ist) als eine *Ratenfunktion* erweisen und eine fundamentale Rolle spielen. Daher ist es gut, schon jetzt ein paar Beispiele zu sehen:

Beispiel 1.4.2 (Ratenfunktionen) Im Beispiel 1.1.1 haben wir eine explizite Formel für eine Legendre-Transformierte kennen gelernt. für die Funktion I in (1.4.2) können für die folgenden Verteilungen von X explizite Formeln hergeleitet werden (ÜBUNGSAUFGABEN):

X Gauß'sch mit Parametern $0, \sigma^2$: $I(x) = \frac{x^2}{2\sigma^2}$,
X Bernoulli mit Parameter p : $I(x) = x \log \frac{x}{p} + (1-x) \log \frac{1-x}{1-p}$,
X exponentiell mit Parameter α : $I(x) = \alpha x - 1 - \log(\alpha x)$ für $x > 0$, sonst $I(x) = \infty$,
X Poisson mit Parameter α : $I(x) = \alpha - x + x \log \frac{x}{\alpha}$.

◊

Nun kommen wir zum angekündigten ersten Hauptergebnis, das in [Cr38] zum ersten Mal für Zufallsgrößen mit Dichten bewiesen und in [Ch52] verallgemeinert wurde.

Satz 1.4.3 (Satz von Cramér) *Es seien $X_1, X_2, \dots$ unabhängige und identisch verteilte reellwertige Zufallsgrößen, deren Momenten erzeugende Funktion φ existiert, siehe* (1.1.1). *Setze $S_n = \sum_{i=1}^n X_i$. Dann gilt für jedes $x > \mathbb{E}[X_1]$*

$$\lim_{n\to\infty} \frac{1}{n} \log \mathbb{P}(S_n \geq nx) = -I(x), \tag{1.4.4}$$

wobei I die in (1.4.2) *definierte Legendre-Transformierte von* $\log \varphi$ *ist.*

Beweis Es reicht, $x = 0$ zu behandeln, denn anderenfalls gehen wir über zu den Zufallsvariablen $X_i - x$. Also müssen wir zeigen, dass $\lim_{n\to\infty} \frac{1}{n} \log \mathbb{P}(S_n \geq 0) = \log \rho$ gilt, wobei $\rho = \inf_{t\in\mathbb{R}} \varphi(t)$ ist. (Wir benutzen die Konvention $\log 0 = -\infty$.) φ ist strikt konvex mit $\varphi'(0) = \mathbb{E}[X_1] < 0$.

Wir dürfen voraussetzen, dass die Zufallsvariable X_1 Masse sowohl in $(-\infty, 0)$ als auch in $(0, \infty)$ besitzt. Dies sieht man folgendermaßen ein. Wenn $\mathbb{P}(X_1 < 0) = 1$, so ist φ strikt fallend mit $\lim_{t\to\infty} \varphi(t) = \rho = 0$, und (1.4.4) folgt, denn $\mathbb{P}(S_n \geq 0) = 0$. Falls $\mathbb{P}(X_1 \leq 0) = 1$ und $\mathbb{P}(X_1 = 0) > 0$, so ist φ strikt fallend mit $\lim_{t\to\infty} \varphi(t) = \rho = \mathbb{P}(X_1 = 0) > 0$. Da $\mathbb{P}(S_n \geq 0) = \mathbb{P}(X_1 = X_2 = \dots = X_n = 0) = \rho^n$, folgt (1.4.4) ebenfalls. Wegen $\mathbb{E}[X_1] < 0$ kann X_1 nicht in $[0, \infty)$ konzentriert sein. Also können wir davon ausgehen, dass $\mathbb{P}(X_1 > 0) > 0$ und $\mathbb{P}(X_1 < 0) > 0$ gelten. Insbesondere ist $0 \in (\operatorname{essinf} X_1, \operatorname{esssup} X_1)$.

Da $\lim_{t\to\infty} \varphi(t) = \infty = \lim_{t\to-\infty} \varphi(t)$ und wegen strikter Konvexität nimmt φ sein Minimum ρ in genau einem Punkt $t_0 \in \mathbb{R}$ an, und es gilt $\varphi'(t_0) = 0$. Die obere Schranke in (1.4.4) wird nun genau wie in (1.1.2) hergeleitet, was wir hier nicht wiederholen wollen. Also muss nur noch gezeigt werden, dass $\liminf_{n\to\infty} \frac{1}{n} \log \mathbb{P}(S_n \geq 0) \geq \log \rho$ gilt.

Die nun folgende Beweisidee der unteren Schranke benutzt einen exponentiellen Maßwechsel und ist fundamental in der Theorie der Großen Abweichungen. Wir betrachten eine Folge $(\widehat{X}_i)_{i\in\mathbb{N}}$ von unabhängigen Zufallsgrößen, deren Verteilung durch die Radon-Nikodym-Dichte

$$\mathbb{P}(\widehat{X}_i \in \mathrm{d}x) = \frac{1}{\rho} \mathrm{e}^{t_0 x}\, \mathbb{P}(X_i \in \mathrm{d}x) \tag{1.4.5}$$

gegeben ist. Mit anderen Worten, die Verteilung von X_i wird exponentiell mit Parameter t_0 transformiert. Die rechte Seite von (1.4.5) ist tatsächlich eine Wahrscheinlichkeitsverteilung, denn $\rho = \varphi(t_0) = \mathbb{E}[\mathrm{e}^{t_0 X_i}]$. Die Momenten erzeugende Funktion $\widehat{\varphi}$ von $\widehat{X}_i$ wird identifiziert als

$$\widehat{\varphi}(t) = \mathbb{E}[\mathrm{e}^{t\widehat{X}_i}] = \frac{1}{\rho}\mathbb{E}[\mathrm{e}^{(t+t_0)X_i}] = \frac{\varphi(t+t_0)}{\varphi(t_0)}, \qquad t \in \mathbb{R}.$$

Daher haben wir $\mathbb{E}[\widehat{X}_i] = \widehat{\varphi}'(0) = \frac{1}{\rho}\varphi'(t_0) = 0$ und $\mathbb{V}(\widehat{X}_i) = \widehat{\varphi}''(0) = \frac{1}{\rho}\varphi''(t_0) \equiv \widehat{\sigma}^2 \in (0,\infty)$.

Nun drücken wir S_n mit Hilfe von $\widehat{S}_n = \sum_{i=1}^n \widehat{X}_i$ aus:

$$\mathbb{P}(S_n \geq 0) = \rho^n \mathbb{E}\Big[\mathrm{e}^{-t_0 S_n} \prod_{i=1}^n \Big(\frac{1}{\rho}\mathrm{e}^{t_0 X_i}\Big) \mathbb{1}_{\{S_n \geq 0\}}\Big] = \rho^n \mathbb{E}\big[\mathrm{e}^{-t_0 \widehat{S}_n} \mathbb{1}_{\{\widehat{S}_n \geq 0\}}\big],$$

da der Term im Produkt in die transformierte Verteilung absorbiert wird. Nun ist die untere Schranke in (1.4.4) klar, wenn gezeigt ist, dass die exponentielle Rate des Erwartungswertes auf der rechten Seite nichtnegativ ist. Um dies zu zeigen, benutzen wir den Zentralen Grenzwertsatz für $\widehat{S}_n$. Wir schätzen ab:

$$\begin{aligned}\mathbb{E}\big[\mathrm{e}^{-t_0 \widehat{S}_n} \mathbb{1}_{\{\widehat{S}_n \geq 0\}}\big] &\geq \mathbb{E}\big[\mathrm{e}^{-t_0 \widehat{S}_n} \mathbb{1}_{\{\widehat{S}_n \in [0,\sqrt{n}\widehat{\sigma}]\}}\big] \geq \mathbb{E}\big[\mathrm{e}^{-t_0 \sqrt{n}\widehat{\sigma}} \mathbb{1}_{\{\widehat{S}_n \in [0,\sqrt{n}\widehat{\sigma}]\}}\big] \\ &= \mathrm{e}^{-t_0\sqrt{n}\widehat{\sigma}} \mathbb{P}\Big(\frac{\widehat{S}_n}{\sqrt{n}\widehat{\sigma}} \in [0,1]\Big).\end{aligned}$$

Der erste Term auf der rechten Seite hat die exponentielle Rate Null, und der zweite konvergiert sogar gegen eine positive Zahl, hat also auch die exponentielle Rate Null. Damit ist die untere Schranke in (1.4.4) bewiesen und der Beweis von Satz 1.4.3 beendet. □

Bemerkung 1.4.1

(i) Die Aussage in (1.4.4) gilt auch für $\mathbb{P}(S_n \leq xn)$ an Stelle von $\mathbb{P}(S_n \geq xn)$ für $x < \mathbb{E}[X_1]$ mit der selben Funktion I. Dies folgt leicht aus einem Übergang von X_i zu $-X_i$. Als ÜBUNGSAUFGABE beweise man das, indem man den oben gegebenen Beweis anpasst.

(ii) Die Verteilung von $\widehat{X}_i$ in (1.4.5) nennt man die *Cramér-Transformierte* der Verteilung von X_i. Diese Transformation wandelt das „untypische“ Verhalten, das Verhalten der Großen Abweichung $S_n \geq 0$, in ein „typisches“ um, auf das der Zentrale Grenzwertsatz angewendet werden kann. Diese Idee wird sich als sehr mächtig und erweiterungsfähig herausstellen.

(iii) Es wird sich ebenfalls als ein stark erweiterungsfähiges Prinzip heraus stellen, dass die exponentielle Abfallrate gegeben ist als die Legendre-Transformierte der Kumulanten erzeugenden Funktion.

(iv) Die Voraussetzung, dass φ überall in $\mathbb{R}$ endlich ist, kann man abschwächen zu der Bedingung, dass die Null im Inneren der Menge $\mathcal{D}_\varphi = \{t \in \mathbb{R} \colon \varphi(t) < \infty\}$ liegt. Man

prüft leicht, dass der oben gegebene Beweis auch noch dann funktioniert, wenn man zusätzlich noch fordert, dass $(\log\varphi)'$ an den Rändern von $\mathcal{D}_\varphi$ explodiert (man sagt dann, $\log\varphi$ sei *steil* am Rande von $\mathcal{D}_\varphi$). Diese Forderung sichert die Existenz eines Minimumpunktes der Abbildung $t \mapsto \mathrm{e}^{xt}\varphi(t)$ im Inneren von $\mathcal{D}_\varphi$.
Falls etwa $\mathcal{D}_\varphi$ nur aus dem Punkt 0 besteht, ist $I(x) = 0$ für jedes x. Zwar kann man zeigen, dass dann der Satz von Cramér auch noch gilt (siehe [Ba71]), aber die einzige interessante Information ist dann nur, dass die Wahrscheinlichkeit *sub*exponentiell abfällt. In Abschn. 1.5 werden wir ein wenig mehr darüber sagen.

(v) Auf Grund von Lemma 1.4.1 ist die Momenten erzeugende Funktion φ, also auch die gesamte Verteilung von X_1, eindeutig durch die Ratenfunktion I festgelegt. ◇

1.5 Der Satz von Cramér ohne exponentielle Momente

In Bemerkung 1.4.1(iv) wiesen wir darauf hin, dass im Satz von Cramér die Endlichkeit der exponentiellen Momente zwar abgeschwächt werden kann, aber nicht ganz weggelassen. Wir erörtern hier den Fall, wo die beteiligten Zufallsgrößen keine positiven exponentiellen Momente besitzen, und beweisen einen Ersatz für die Aussage in (1.4.4).

Satz 1.5.1 (Satz von Cramér ohne exponentielle Momente) *Es seien $X_1, X_2, \dots$ unabhängige und identisch verteilte integrierbare reellwertige Zufallsgrößen, so dass Konstanten $r \in (0, 1)$, $b \in (0, \infty)$ und $0 < C_1 < C_2 < \infty$ existieren mit*

$$C_1\mathrm{e}^{-bt^r} \leq \mathbb{P}(X_1 \geq t) \leq C_2\mathrm{e}^{-bt^r}, \qquad t \geq 0. \tag{1.5.1}$$

Setze $S_n = \sum_{i=1}^n X_i$. Dann gilt für jedes $x > \mathbb{E}[X_1]$

$$\lim_{n\to\infty} \frac{1}{n^r} \log \mathbb{P}(S_n \geq nx) = -b\,(x - \mathbb{E}[X_1])^r. \tag{1.5.2}$$

Bemerkung 1.5.2

(i) Eine Zufallsgröße X_1, die (1.5.1) erfüllt, nennt man manchmal *heavy tailed*, und ihre Schwänze *stretched-exponential*. (Deutsche Begriffe scheinen nicht üblich zu sein.) Aus der unteren Abschätzung in (1.5.1) folgt, dass $\mathbb{E}[\mathrm{e}^{tX_1}] = \infty$ für jedes $t > 0$.

(ii) Aus (1.5.2) folgt insbesondere die Aussage in (1.4.4) mit $I(x) = 0$ für jedes $x > \mathbb{E}[X_1]$.

(iii) Man beachte, dass die Abweichungen von S_n die gleiche Asymptotik besitzen wie die einer einzelnen Zufallsvariable X_1. Dies ist eine charakteristische Eigenschaft von heavy-tailed Zufallsvariablen, die wir auch im Beweis der unteren Schranke klar hervortreten sehen werden: Eine Summe von u. i. v. heavy-tailed Zufallsgrößen wird am

„billigsten“ extrem groß, indem eine von ihnen diese extreme Größe realisiert und die anderen „normale“ Größe haben.

(iv) Die Ratenfunktion $x \mapsto b\,(x - \mathbb{E}[X_1])^r$ ist nicht konvex.

◇

Beweis von Satz 1.5.1 Wir dürfen voraussetzen, dass $\mathbb{E}[X_1] = 0$, sei also $x > 0$.

Wir beweisen die untere Schranke in (1.5.2). Sei $\epsilon > 0$, dann gilt

$$\begin{aligned}\mathbb{P}(S_n \geq nx) &\geq \mathbb{P}\Big(X_1 \geq n(x+\epsilon), \sum_{i=2}^n X_i \geq -(n-1)\epsilon\Big)\\ &= \mathbb{P}(X_1 \geq n(x+\epsilon))\mathbb{P}\Big(\frac{1}{n-1} S_{n-1} \geq -\epsilon\Big).\end{aligned}$$

Nach dem Schwachen Gesetz der Großen Zahlen konvergiert der zweite Faktor gegen Eins, und aus der unteren Schranke in (1.5.1) erhalten wir

$$\liminf_{n\to\infty} \frac{1}{n^r} \log \mathbb{P}(S_n \geq nx) \geq -b(x+\epsilon)^r.$$

Da die linke Seite nicht von ϵ abhängt, folgt die untere Schranke in (1.5.2).

Nun zeigen wir die obere Schranke. Es gilt

$$\mathbb{P}(S_n \geq nx) \leq \mathbb{P}\Big(\max_{i=1}^n X_i \geq nx\Big) + \mathbb{P}\Big(S_n \geq nx, \max_{i=1}^n X_i < nx\Big). \tag{1.5.3}$$

Der erste Summand ist nicht größer als $n\mathbb{P}(X_1 \geq nx)$, und aus der oberen Schranke in (1.5.1) folgt

$$\limsup_{n\to\infty} \frac{1}{n^r} \log \mathbb{P}\Big(\max_{i=1}^n X_i \geq nx\Big) \leq -bx^r.$$

Es reicht also zu zeigen, dass der zweite Summand auf der Skala n^r keine größere Rate besitzt. Wir benutzen zunächst die Markov-Ungleichung und die Unabhängigkeit der X_i und erhalten für jedes $\alpha > 0$:

$$\begin{aligned}\mathbb{P}\Big(S_n \geq nx, \max_{i=1}^n X_i < nx\Big) &\leq e^{-\alpha nx}\mathbb{E}\Big[\prod_{i=1}^n \Big(e^{\alpha X_i}\mathbb{1}_{\{X_i < nx\}}\Big)\Big]\\ &= e^{-\alpha nx}\Big(\mathbb{E}\big[e^{\alpha X_1}\mathbb{1}_{\{X_1<\alpha^{-1}\}}\big] + \mathbb{E}\big[e^{\alpha X_1}\mathbb{1}_{\{\alpha^{-1}\leq X_1 < nx\}}\big]\Big)^n.\end{aligned} \tag{1.5.4}$$

Im Folgenden werden wir zeigen, dass für geeignete Wahl von α der erste Faktor, $e^{-\alpha nx}$, die Rate $-bx^r$ besitzt und der restliche Faktor die Rate Null. Um den ersten Erwartungswert abzuschätzen, benutzen wir zuerst die Ungleichung $e^u \leq 1 + u + u^2$ für $u < 1$ und danach die Ungleichung $1 + u \leq e^u$. Auf Grund von $\mathbb{E}[X_1] = 0$ erhalten wir mit $\sigma^2 = \mathbb{E}[X_1^2]$:

$$\mathbb{E}\big[\mathrm{e}^{\alpha X_1}\mathbb{1}_{\{X_1<\alpha^{-1}\}}\big] \le 1 - \mathbb{P}(\alpha X_1 \ge 1) - \mathbb{E}[\alpha X_1 \mathbb{1}_{\{\alpha X_1 > 1\}}] + \alpha^2\sigma^2 \le 1 + \alpha^2\sigma^2 \\ \le \mathrm{e}^{\alpha^2\sigma^2}. \tag{1.5.5}$$

Der zweite Erwartungswert auf der rechten Seite von (1.5.4) wird mit der folgenden Formel behandelt, die für jede Zufallsgröße X und alle $\alpha > 0$ und $a < b$ gilt:

$$\mathbb{E}\big[\mathrm{e}^{\alpha X}\mathbb{1}_{\{a\le X\le b\}}\big] = \alpha\int_a^b \mathrm{e}^{\alpha s}\mathbb{P}(X > s)\,\mathrm{d}s + \mathrm{e}^{\alpha a}\mathbb{P}(X \ge a).$$

In unserem Fall ergibt dies, zusammen mit der oberen Schranke in (1.5.1):

$$\mathbb{E}\big[\mathrm{e}^{\alpha X_1}\mathbb{1}_{\{\alpha^{-1}\le X_1<nx\}}\big] = \alpha\int_{\alpha^{-1}}^{nx} \mathrm{e}^{\alpha s}\mathbb{P}(X > s)\,\mathrm{d}s + \mathrm{e}\,\mathbb{P}(X > \alpha^{-1}) \\ \le C_2\alpha\int_{\alpha^{-1}}^{nx} \mathrm{e}^{\alpha s - bs^r}\,\mathrm{d}s + C_2\mathrm{e}^{1-b\alpha^{-r}}. \tag{1.5.6}$$

Nun wählen wir $\alpha = (b-\epsilon)(xn)^{r-1}$, wobei $\epsilon \in (0, b)$. Man beachte, dass für $s \in [\alpha^{-1}, xn]$ gilt: $\alpha s - bs^r = (b-\epsilon)(xn)^{r-1}s - bs^r \le -\epsilon s^r$. Wir benutzen im Folgenden $C > 0$ als eine generische Konstante, die nicht von n abhängt, aber ihren Wert von Auftreten zu Auftreten verändern kann. Also folgt aus (1.5.6) für alle großen n

$$\mathbb{E}\big[\mathrm{e}^{\alpha X_1}\mathbb{1}_{\{\alpha^{-1}\le X_1<nx\}}\big] \le C_2\alpha\int_{\alpha^{-1}}^{xn} \mathrm{e}^{-\epsilon s^r}\,\mathrm{d}s + C_2\mathrm{e}^{1-b(b-\epsilon)^{-r}(xn)^{r(1-r)}} \\ \le \int_{\alpha^{-r}}^{\infty} \mathrm{e}^{-\epsilon t}t^{r^{-1}-1}\,\mathrm{d}t + \mathrm{e}^{-Cn^{r(1-r)}} \le \mathrm{e}^{-Cn^{r(1-r)}}.$$

Dies und (1.5.5) setzen wir nun in (1.5.4) ein und erhalten

$$\mathbb{P}\Big(S_n \ge nx, \max_{i=1}^n X_i < nx\Big) \le \mathrm{e}^{-(b-\epsilon)(xn)^r}\mathrm{e}^{Cn^{2r-1}}\Big(1 + \mathrm{e}^{-Cn^{2r-2} - Cn^{r(1-r)}}\Big)^n \\ \le \mathrm{e}^{-(b-\epsilon)(xn)^r}\mathrm{e}^{o(n^r)},$$

denn $2r - 1 < r$ und $2r - 2 < r(1-r)$. Damit haben wir gezeigt, dass die Rate des zweiten Terms in (1.5.3) nicht größer als die des ersten Terms, und dies beendet den Beweis. □

Prinzipien Großer Abweichungen

2

In diesem Kapitel stellen wir in Abschn. 2.1 den grundlegenden Begriff der Theorie der Großen Abweichungen vor und bringen in den weiteren Abschnitten wichtige Beispiele: Die Situation im Satz von Cramér wird in Abschn. 2.2 beleuchtet, Asymptotiken Brown'scher Pfade und die Sätze von Schilder und Strassen in Abschn. 2.3, empirische Maße für u. i. v. Folgen und der Satz von Sanov in Abschn. 2.4 und empirische Paarmaße für Markovketten in Abschn. 2.5.

2.1 Abstraktes Prinzip Großer Abweichungen

Der Satz von Cramér identifiziert also die exponentielle Rate der Wahrscheinlichkeit, dass $\frac{1}{n}S_n$ in einem Intervall der Form $[x,\infty)$ oder $(-\infty,-x]$ liegt. Natürlich möchte man für viel mehr Mengen $A\subset\mathbb{R}$ die Rate von $\mathbb{P}\big(\frac{1}{n}S_n\in A\big)$ wissen und sie in möglichst einfachen Termen angeben. Der folgende allgemeine abstrakte Rahmen und die folgende Formulierung haben sich als die tragfähigsten herauskristallisiert und werden seit den 1970er Jahren allgemein benutzt.

In diesem ganzen Abschnitt sei (E,d) ein metrischer Raum und $\mathcal{B}_E$ die Borel-σ-Algebra auf E, d. h. die von den offenen Mengen erzeugte σ-Algebra. Ferner seien $(\mu_n)_{n\in\mathbb{N}}$ eine Folge von Wahrscheinlichkeitsmaßen auf $(E,\mathcal{B}_E)$ und $(\gamma_n)_{n\in\mathbb{N}}$ eine Folge positiver Zahlen mit $\gamma_n\to\infty$. Es sei $I\colon E\to[0,\infty]$ eine Funktion mit $I\not\equiv\infty$.

Die folgende Definition geht auf Varadhan [Va66] zurück. Mit

$$\Phi(s)=\{x\in E\colon I(x)\leq s\},\qquad s\geq 0,\tag{2.1.1}$$

bezeichnen wir die *Niveaumengen* von I.

W. König, *Große Abweichungen*, Mathematik Kompakt,
https://doi.org/10.1007/978-3-030-52778-5_2

Definition 2.1.1 (Prinzip Großer Abweichungen) *Man sagt, die Folge* $(\mu_n)_{n\in\mathbb{N}}$ *genügt einem* Prinzip Großer Abweichungen (PGA) *mit* Ratenfunktion I *und* Skala γ_n*, falls Folgendes gilt:*

(i) Die Niveaumengen sind kompakt.
(ii) Für jede offene Menge $G \subset E$ *gilt* $\liminf_{n\to\infty} \frac{1}{\gamma_n} \log \mu_n(G) \geq -\inf_{x\in G} I(x)$.
(iii) Für jede abgeschlossene Menge $F \subset E$ *gilt* $\limsup_{n\to\infty} \frac{1}{\gamma_n} \log \mu_n(F) \leq -\inf_{x\in F} I(x)$.

Die Bedingung (ii) werden wir manchmal lapidar „untere Schranke für offene Mengen" nennen, analog für (iii). Im Folgenden werden wir oft $\inf_A I$ schreiben statt $\inf_{x\in A} I(x)$.

Bemerkung 2.1.2

1. Wir erwähnten schon, dass Bedingung (i) impliziert, dass I von unten halbstetig ist, d. h. dass für jede Folge $(x_n)_{n\in\mathbb{N}}$ in E und für jedes $x \in E$ gilt:

$$x_n \to x \qquad \Longrightarrow \qquad \liminf_{n\to\infty} I(x_n) \geq I(x).$$

Eine äquivalente Formulierung der Halbstetigkeit ist

$$\liminf_{\varepsilon\downarrow 0} \inf_{y\in B_\varepsilon(x)} I(y) = I(x) \qquad \text{für jedes } x \in E,$$

wobei $B_\varepsilon(x) = \{y \in E : \mathrm{d}(x, y) < \varepsilon\}$ der offene ε-Ball um x ist. Man nennt eine von unten halbstetige Ratenfunktion auch oft *gut*, wenn ihre Niveaumengen kompakt sind, d. h. wenn (i) erfüllt ist.

2. Aus der oberen Schranke in (iii) folgt, dass $\inf I = 0$, und aus der Kompaktheit der Niveaumengen folgt, dass mindestens ein $x \in E$ existiert mit $I(x) = 0$. Wenn dieses x die einzige Nullstelle von I ist, dann folgt aus (iii) mit Hilfe der Kompaktheit der Niveaumengen ein Schwaches Gesetz der Großen Zahlen. Wenn zusätzlich noch $\lim_{n\to\infty} \gamma_n / \log n = \infty$ ist, so folgt sogar das Starke Gesetz der Großen Zahlen. Der Beweis dieser Aussagen ist eine ÜBUNGSAUFGABE.

3. Ein Prinzip Großer Abweichungen sagt im Wesentlichen aus, dass für „nette" Mengen $A \subset E$ gilt:

$$\mu_n(A) = \exp\Big\{ -\gamma_n\big[\inf_A I + o(1)\big]\Big\}. \tag{2.1.2}$$

Es wäre zu stark zu fordern, dass dies tatsächlich für *jede* Borelmenge A gelten solle, denn in vielen interessanten Beispielen gilt $\mu_n(\{x\}) = 0$ für jedes $x \in E$ und jedes $n \in \mathbb{N}$, und dann könnte das Prinzip nur mit $I \equiv \infty$ gelten. Wenn A die Eigenschaft hat, dass $\inf_{A^\circ} I = \inf_{\overline{A}} I$ gilt, dann wird (2.1.2) durch das Prinzip Großer Abweichungen impliziert. Falls I stetig ist, so gilt $\inf_{A^\circ} I = \inf_{\overline{A}} I$ zumindest für alle Mengen A mit

$A \subset \overline{A^\circ}$, also mindestens auch für alle offenen Mengen. Ein Beispiel für die Gültigkeit von (2.1.2) ist $A = [x, \infty)$ in (1.4.4) im Satz von Cramér, denn $\inf_A I = I(x)$ wegen Monotonie von I im Intervall $[\mathbb{E}[X_1], \infty)$.

4. Man sagt, eine Folge von E-wertigen Zufallsgrößen erfüllt ein Prinzip Großer Abweichungen, wenn die Folge ihrer Verteilungen eines erfüllt. Im Satz von Cramér (das allerdings kein volles Prinzip behauptet, was aber in Satz 2.2.1 nachgeholt wird) spielt die Verteilung von $\frac{1}{n} S_n$ also die Rolle von μ_n mit $\gamma_n = n$.
5. Ein Prinzip Großer Abweichungen besagt, dass die Mengenfunktion $-\frac{1}{n} \log \mu_n(\cdot)\colon \mathcal{B}_E \to [0, \infty]$ gegen die Mengenfunktion $\inf_{x\in\cdot} I(x)$ konvergiert. Der Sinn, in dem diese Konvergenz stattfindet, ist im Geiste der Schwachen Konvergenz von Wahrscheinlichkeitsmaßen, denn das Portmanteau-Theorem besagt, dass Wahrscheinlichkeitsmaße ν_n gegen ein Wahrscheinlichkeitsmaß ν genau dann schwach konvergieren, wenn $\liminf_{n\to\infty} \nu_n(G) \geq \nu(G)$ für jede offene Menge G gilt und $\limsup_{n\to\infty} \nu_n(F) \leq \nu(F)$ für jede abgeschlossene Menge F gelten. Der Begriff eines Prinzips Großer Abweichungen ist also eine sehr natürliche Übertragung des schwachen Konvergenzbegriffs auf eine exponentielle Skala.
6. Die *schwache* Variante eines Prinzips Großer Abweichungen lässt die Kompaktheit der Niveaumengen fallen (aber nicht die Abgeschlossenheit) und fordert die obere Schranke in (iii) nur für kompakte Mengen. Wenn dies erfüllt ist, sprechen wir also von einem *schwachen Prinzip Großer Abweichungen*.
7. Da (ii) trivialerweise gilt, falls $\inf_G I = \infty$, und (iii), falls $\inf_F I = 0$, ist es leicht zu sehen, dass diese beiden Bedingungen äquivalent zu den folgenden Bedingungen sind:

   (ii*) Für jedes $x \in E$ mit $I(x) < \infty$ und für jede messbare Menge Γ mit $x \in \Gamma^\circ$ gilt
   $$\liminf_{n\to\infty} \frac{1}{\gamma_n} \log \mu_n(\Gamma) \geq -I(x).$$
   (iii*) Für jedes $s \in (0, \infty)$ und jede messbare Menge Γ mit $\overline{\Gamma} \subset \Phi(s)^{\mathrm{c}}$ gilt
   $$\limsup_{n\to\infty} \frac{1}{\gamma_n} \log \mu_n(\Gamma) \leq -s.$$
   Die Bedingung (ii*) betont die lokale Natur der unteren Schranke.
8. Die Ratenfunktion I eines Prinzips Großer Abweichungen ist eindeutig, wie man als eine ÜBUNGSAUFGABE zeigt.

◊

Eine alternative Charakterisierung eines Prinzips Großer Abweichungen ist die folgende, die auf Freidlin und Wentzell zurück geht, siehe [FrWe70]. Mit

$$\Phi_\varepsilon(s) = \big\{y \in E\colon \mathrm{d}(y, \Phi(s)) < \varepsilon\big\}, \qquad s \geq 0, \varepsilon > 0, \tag{2.1.3}$$

bezeichnen wir die offene ε-Umgebung der Niveaumenge $\Phi(s)$.

Lemma 2.1.3 (Alternative Definition eines PGA) *Die Folge $(\mu_n)_{n\in\mathbb{N}}$ von Wahrscheinlichkeitsmaßen auf E genügt genau dann einem Prinzip Großer Abweichungen, wenn die Bedingung (i) aus Definition 2.1.1 und die folgenden Bedingungen erfüllt sind:*

(ii') Für jedes $x \in E$ und jedes $\varepsilon > 0$ gilt

$$\liminf_{n\to\infty} \frac{1}{\gamma_n} \log \mu_n\big(B_\varepsilon(x)\big) \geq -I(x),$$

(iii') Für jedes $s \geq 0$ und jedes $\varepsilon > 0$ gilt

$$\limsup_{n\to\infty} \frac{1}{\gamma_n} \log \mu_n\big(\Phi_\varepsilon(s)^{\mathrm{c}}\big) \leq -s.$$

Beweis Dass (ii') aus (ii) folgt, ist klar, denn $G = B_\varepsilon(x)$ ist offen und $\inf_{B_\varepsilon(x)} I \leq I(x)$. Dass (iii') aus (iii) folgt, ist ebenso klar, denn $F = \Phi_\varepsilon(s)^{\mathrm{c}}$ ist abgeschlossen, und $\inf_{\Phi_\varepsilon(s)^{\mathrm{c}}} I \geq \inf_{\Phi(s)^{\mathrm{c}}} I \geq s$.

Aus (ii') folgt (ii), denn für eine offene Menge G und jedes $x \in G$ ist $B_\varepsilon(x) \subset G$ für genügend kleines $\varepsilon > 0$, also liefert (ii'), dass

$$\liminf_{n\to\infty} \frac{1}{\gamma_n} \log \mu_n(G) \geq \liminf_{n\to\infty} \frac{1}{\gamma_n} \log \mu_n\big(B_\varepsilon(x)\big) \geq -I(x),$$

und der Übergang zu $\sup_{x\in G}$ lässt (ii) folgen. Also reicht es zu zeigen, dass (iii) aus (i) zusammen mit (iii') folgt: Sei F abgeschlossen, und sei $s_0 = \inf_F I$. Wir dürfen annehmen, dass $s_0 > 0$. Sei $s \in (0, s_0)$, dann sind die nach (i) kompakte Menge $\Phi(s)$ und die abgeschlossene Menge F disjunkt, besitzen also einen positiven Abstand von einander. Also sind für ein genügend kleines $\varepsilon > 0$ auch noch $\Phi_\varepsilon(s)$ und F disjunkt, d. h. $F \subset \Phi_\varepsilon(s)^{\mathrm{c}}$. Daher folgt

$$\limsup_{n\to\infty} \frac{1}{\gamma_n} \log \mu_n(F) \leq \limsup_{n\to\infty} \frac{1}{\gamma_n} \log \mu_n\big(\Phi_\varepsilon(s)^{\mathrm{c}}\big) \leq -s.$$

Der Übergang $s \uparrow s_0 = \inf_F I$ lässt (iii) folgen. □

Wir erinnern daran, dass eine Folge $(\mu_n)_{n\in\mathbb{N}}$ von Wahrscheinlichkeitsmaßen auf E *straff* heißt, wenn zu jedem $\varepsilon > 0$ eine kompakte Menge $K \subset E$ existiert mit $\mu_n(K^{\mathrm{c}}) < \varepsilon$ für alle $n \in \mathbb{N}$. Hierfür gibt es auch eine exponentielle Version, die explizit erstmals in [DeSt89] geprägt wurde:

Definition 2.1.4 (Exponentielle Straffheit) *Eine Folge $(\mu_n)_{n\in\mathbb{N}}$ von Wahrscheinlichkeitsmaßen auf E heißt* exponentiell straff *auf der Skala γ_n, wenn zu jedem $s > 0$ eine kompakte Menge $K \subset E$ existiert, so dass*

$$\limsup_{n\to\infty} \frac{1}{\gamma_n} \log \mu_n\big(K^c\big) \le -s. \tag{2.1.4}$$

Natürlich nennen wir eine Folge von E-wertigen Zufallsgrößen exponentiell straff, wenn die Folge ihrer Verteilungen dies ist. Die exponentielle Straffheit ermöglicht den Schritt von abgeschlossenen zu kompakten Niveaumengen sowie von der oberen Schranke für kompakte Mengen zu der für abgeschlossene:

Lemma 2.1.5 (Schwaches Prinzip und exponentielle Straffheit) *Falls $(\mu_n)_{n\in\mathbb{N}}$ ein schwaches Prinzip Großer Abweichungen erfüllt (siehe Bemerkung 2.1.2, 6.) und exponentiell straff ist, so erfüllt sie auch ein Prinzip im Sinn der Definition 2.1.1.*

Beweis Wir müssen also zeigen, dass (i) und (iii) in Definition 2.1.1 erfüllt sind. Zunächst wenden wir uns (iii) zu. Es reicht es nach Bemerkung 2.1.2, 7. aus, (iii*) zu zeigen. Sei also $s \in (0, \infty)$ und $\Gamma \subset E$ eine messbare Menge mit $\overline{\Gamma} \subset \Phi(s)^c$. Wir wählen eine kompakte Menge K wie in (2.1.4) und haben $\mu_n(\Gamma) \le \mu_n(\overline{\Gamma} \cap K) + \mu_n(K^c)$. Wir können (iii) auf die kompakte Menge $\overline{\Gamma} \cap K$ anwenden und (2.1.4) auf K^c. Da $\overline{\Gamma} \cap K \subset \Phi(s)^c$, gilt $\inf_{\overline{\Gamma}\cap K} I \ge s$, also ist die exponentielle Rate von $\mu_n(\overline{\Gamma} \cap K)$ nicht größer als $-s$. Letzteres gilt nach (2.1.4) auch für $\mu_n(K^c)$, also folgt (iii*).

Nun zeigen wir (i). Sei $s \in (0, \infty)$, und sei eine kompakte Menge K wie in (2.1.4) mit $2s$ statt s. Wir wenden einerseits (ii) und andererseits (2.1.4) an auf die offene Menge K^c und erhalten

$$\inf_{K^c} I \ge -\liminf_{n\to\infty} \frac{1}{\gamma_n} \log \mu_n(K^c) \ge 2s > s.$$

Also gilt $\Phi(s) \subset K$, denn wenn es ein $x \in K^c$ gäbe mit $I(x) \le s$, so wäre ja $\inf_{K^c} I \le s$. Daher ist $\Phi(s)$ kompakt. ◊

Bemerkung 2.1.6 Wenn E sogar polnisch ist, d. h. vollständig und separabel, dann ist jede Folge von Wahrscheinlichkeitsmaßen, die ein Prinzip Großer Abweichungen erfüllt, exponentiell straff, siehe [LySe87, Lemma 2.6]. ◊

Der Rest dieses Kapitels bringt einige fundamentale Beispiele von Prinzipien Großer Abweichungen.

2.2 Irrfahrten und der Satz von Cramér

In der Situation des Satzes 1.4.3 von Cramér liegt tatsächlich ein Prinzip Großer Abweichungen vor. Den folgenden Satz werden wir ebenfalls den *Satz von Cramér* nennen.

Satz 2.2.1 (Große Abweichungen für Summen von u. i. v. Zufallsgrößen) *Es seien $X_1, X_2, \dots$ unabhängige und identisch verteilte reellwertige Zufallsgrößen, deren Momenten erzeugende Funktion φ existiert, siehe (1.1.1). Setze $S_n = \sum_{i=1}^n X_i$. Dann erfüllt $\frac{1}{n} S_n$ ein Prinzip Großer Abweichungen auf $\mathbb{R}$ mit Skala n und Ratenfunktion I, die die in (1.4.2) definierte Legendre-Transformierte von $\log \varphi$ ist.*

Beweis Die Kompaktheit der Niveaumengen von I wurde in Lemma 1.4.1 gezeigt. Wir zeigen nun, dass die Bedingung (ii') aus Lemma 2.1.3 gilt, die ja die Bedingung (ii) aus der Definition impliziert. Seien $x \in \mathbb{R}$ mit $I(x) < \infty$ und $\varepsilon > 0$. Falls $x = \mathbb{E}[X_1]$, so gilt $\lim_{n\to\infty} \mathbb{P}(\frac{1}{n} S_n \in B_\varepsilon(x)) = 1$, also folgt $\liminf_{n\to\infty} \frac{1}{n} \log \mathbb{P}(\frac{1}{n} S_n \in B_\varepsilon(x)) \geq 0 = -I(x)$. Also reicht es, $x > \mathbb{E}[X_1]$ zu betrachten. Wir können voraussetzen, dass ε so klein ist, dass auch $x - \varepsilon > \mathbb{E}[X_1]$ ist. Wir haben aus Satz 1.4.3 für $n \to \infty$,

$$\begin{aligned}
\mathbb{P}\Big(\frac{1}{n} S_n \in B_\varepsilon(x)\Big) &\geq \mathbb{P}(S_n \geq n(x - \varepsilon/2)) - \mathbb{P}(S_n \geq n(x + \varepsilon/2)) \\
&= \mathrm{e}^{-n(I(x-\varepsilon/2)+o(1))} - \mathrm{e}^{-n(I(x+\varepsilon/2)+o(1))} \\
&= \mathrm{e}^{-n(I(x-\varepsilon/2)+o(1))}\Big[1 - \mathrm{e}^{-n(I(x+\varepsilon/2)-I(x-\varepsilon/2)+o(1))}\Big].
\end{aligned}$$

Da I auf $[\mathbb{E}[X_1], \infty)$ streng wächst, konvergiert der Term in Klammern gegen Eins, und $I(x - \varepsilon/2) \leq I(x)$. Dies zeigt (ii').

Wir zeigen nun die obere Schranke für abgeschlossene Mengen F. Wir dürfen annehmen, dass $m \equiv \mathbb{E}[X_1] \notin F$. Es sei $m_+ = \inf(F \cap [m, \infty))$ und $m_- = \sup(F \cap [-\infty, m])$. Dann ist $F \subset (-\infty, m_-] \cup [m_+, \infty)$, und es folgt

$$\mathbb{P}(\tfrac{1}{n} S_n \in F) \leq \mathbb{P}(S_n \leq n m_-) + \mathbb{P}(S_n \geq n m_+).$$

Nun können wir den Satz 1.4.3 anwenden und erhalten

$$\limsup_{n\to\infty} \frac{1}{n} \log \mathbb{P}(\tfrac{1}{n} S_n \in F) \leq -\min\{I(m_-), I(m_+)\}.$$

Da I auf $[m_+, \infty)$ steigt und auf $(-\infty, m_-]$ fällt, ist die rechte Seite gleich $-\inf_F I$, was Bedingung (iii) zeigt. □

Bemerkung 2.2.2

(i) Im Zusammenhang mit dem Gärtner–Ellis-Theorem werden wir später das Prinzip aus Satz 2.2.1 auf allgemeinere Zustandsräume erweitern.

(ii) In der selben Weise wie im Beweis von Satz 2.2.1 zeigt man, dass auch in der Situation von Satz 1.5.1 ein Prinzip Großer Abweichungen vorliegt. Je nachdem, ob man zusätzlich an die negativen Schwänze Voraussetzungen macht, hat man eines auf $\mathbb{R}$ oder auf $[\mathbb{E}[X_1], \infty)$. Die genaue Formulierung und der Beweis ist eine ÜBUNGSAUFGABE.

◊

Eine oft benutzte und wichtige Interpretation der Partialsummenfolge $(S_n)_{n\in\mathbb{N}}$ ist die einer *Irrfahrt.* Eine Anwendung von Satz 2.2.1 auf das Auftreten von großen Sequenzen im Pfad einer Irrfahrt mit besonderen Eigenschaften der lokalen Steigung ist die folgende (siehe auch [DeZe10, Sect. 3.2]).

Lemma 2.2.3 *Seien $X_1, X_2, \dots$ unabhängige identisch verteilte $\mathbb{R}$-wertige Zufallsgrößen, und sei $S_n = \sum_{i=1}^n X_i$. Es sei $A \subset \mathbb{R}$ eine messbare Menge, so dass*

$$\Lambda(A) = -\lim_{n\to\infty} \frac{1}{n} \log \mathbb{P}\Big(\frac{1}{n} S_n \in A\Big) \in [0, \infty] \tag{2.2.1}$$

existiert. Betrachte

$$R_n(A) = \max\Big\{l - k\colon 0 \le k < l \le n, \frac{S_l - S_k}{l - k} \in A\Big\},$$

die Länge des größten Zeitblocks bis zum Zeitpunkt n, so dass dessen lokale Steigung in A liegt. Dann gilt $\lim_{n\to\infty} R_n(A)/\log n = 1/\Lambda(A)$ *fast sicher.*

Bemerkung 2.2.4

1. Wir erinnern daran (siehe Bemerkung 2.1.2, 3.), dass die Existenz von $\Lambda(A)$ für viele Mengen A aus dem Satz von Cramér folgt, wenn er anwendbar ist.
2. Im Fall der Bernoulli-Irrfahrt mit Parameter $\frac{1}{2}$ (also $X_i = 1$ und $= 0$ jeweils mit gleicher Wahrscheinlichkeit) ist $R_n(\{1\})$ die Länge des längsten Runs von Aufwärtsschritten. Aus dem Satz von Cramér und der expliziten Formel der Funktion I von Beispiel 1.4.2 erhält man $\Lambda(\{1\}) = \log 2$, und aus Lemma 2.2.3 erhält man, dass diese Länge fast sicher sich wie $\log n/\log 2$ verhält. In einer u. i. v. Folge aus Einsen und Nullen mit der Länge 256 sollte man also höchstens Runs der Länge Acht erwarten, was der landläufigen Intuition widerspricht. Lemma 2.2.3 wird manchmal verwendet als Test für die Zufälligkeit einer gegebenen Folge.

◊

Beweis von Lemma 2.2.3 Statt $R_n(A)$ lässt sich die Wartezeit auf den ersten Zeitblock der Länge $\geq r$ mit lokaler Steigung in A,

$$T_r(A) = \inf\Big\{l\colon \frac{S_l - S_k}{l-k} \in A \text{ für ein } k \in \{0, 1, \dots, l-r\}\Big\},$$

leichter behandeln. Dann gilt offensichtlich $\{R_n(A) \geq r\} = \{T_r(A) \leq n\}$ für alle $n, r \in \mathbb{N}$. (Die Abbildung $r \mapsto T_r(A)$ ist also asymptotisch die Umkehrfunktion der Abbildung $n \mapsto R_n(A)$.) Daher kann man leicht zeigen, dass die Behauptung äquivalent ist zu der Aussage $\lim_{r\to\infty} \frac{1}{r} \log T_r(A) = \Lambda(A)$ fast sicher. Also beweisen wir nun Letzteres. Wir schreiben T_r statt $T_r(A)$ und Λ statt $\Lambda(A)$.

Zunächst zeigen wir die untere Schranke. Für jede $n, r \in \mathbb{N}$ gilt

$$\{T_r \leq n\} = \bigcup_{k=0}^{n-r} \bigcup_{l=k+r}^{n} C_{l,k} \subset \bigcup_{k=0}^{n-1} \bigcup_{l=k+r}^{\infty} C_{l,k},$$

wobei $C_{l,k} = \{\frac{S_l - S_k}{l-k} \in A\}$. Man beachte, dass das Ereignis $C_{l,k}$ die selbe Verteilung hat wie $C_{l-k,0} = \{\frac{1}{l-k} S_{l-k} \in A\}$. Also folgt

$$\mathbb{P}(T_r \leq n) \leq n \sum_{l=k+r}^{\infty} \mathbb{P}(C_{l-k,0}) = n \sum_{l=r}^{\infty} \mathbb{P}(\tfrac{1}{l} S_l \in A).$$

Nun behandeln wir den Fall $\Lambda \in (0, \infty)$, fixieren ein $\varepsilon \in (0, \Lambda)$ und wählen $n = n_r = \lfloor \mathrm{e}^{r(\Lambda-\varepsilon)} \rfloor$. Wegen der Voraussetzung in (2.2.1) kann man für alle genügend großen l abschätzen: $\mathbb{P}(\frac{1}{l} S_l \in A) \leq \mathrm{e}^{-l(\Lambda-\varepsilon/2)}$. Also ergibt die obige Abschätzung für alle genügend großen r:

$$\mathbb{P}\Big(\frac{1}{r} \log T_r \leq \Lambda - \varepsilon\Big) = \mathbb{P}(T_r \leq n_r) \leq \lfloor \mathrm{e}^{r(\Lambda-\varepsilon)} \rfloor \sum_{l=r}^{\infty} \mathrm{e}^{-l(\Lambda-\varepsilon/2)} \leq \mathrm{e}^{-r\varepsilon/4},$$

und dies ist summierbar über $r \in \mathbb{N}$. Nach dem Lemma von Borel-Cantelli trifft das Ereignis $\{\frac{1}{r} \log T_r \leq \Lambda - \varepsilon\}$ also nur für höchstens endlich viele $r \in \mathbb{N}$ ein. Dies impliziert, dass $\liminf_{r\to\infty} \frac{1}{r} \log T_r \geq \Lambda$ fast sicher. Im Fall $\Lambda = \infty$ ergibt das selbe Argument mit $n = n_r = \lfloor \mathrm{e}^{r/\varepsilon} \rfloor$, dass $\liminf_{r\to\infty} \frac{1}{r} \log T_r \geq 1/\varepsilon$ für jedes ε, und der Grenzübergang $\varepsilon \downarrow 0$ lässt die untere Schranke in der Behauptung auch dann folgen.

Für den Beweis der oberen Schranke betrachten wir die Ereignisse $B_{l,r} = \{\frac{1}{r}(S_{lr} - S_{(l-1)r}) \in A\}$, die bei festem $r \in \mathbb{N}$ in $l \in \mathbb{N}$ unabhängig sind und die selbe Verteilung haben mit $\mathbb{P}(B_{l,r}) = \mathbb{P}(\frac{1}{r} S_r \in A)$. Ferner gilt $\bigcup_{l=1}^{\lfloor n/r \rfloor} B_{l,r} \subset \{T_r \leq n\}$. Also können wir die Wahrscheinlichkeit des Gegenereignisses wie folgt abschätzen:

$$\begin{aligned}\mathbb{P}(T_r > n) &\leq 1 - \mathbb{P}\Big(\bigcup_{l=1}^{\lfloor n/r \rfloor} B_{l,r}\Big) = \mathbb{P}\Big(\bigcap_{l=1}^{\lfloor n/r \rfloor} B_{l,r}^{\mathrm{c}}\Big) = \big(1 - \mathbb{P}(B_{1,r})\big)^{\lfloor n/r \rfloor}\\ &\leq \mathrm{e}^{-\lfloor n/r \rfloor \mathbb{P}(B_{1,r})} = \mathrm{e}^{-\lfloor n/r \rfloor \mathbb{P}(\frac{1}{r} S_r \in A)}.\end{aligned}$$

Nun fixieren wir ein kleines $\varepsilon > 0$ und wählen $n = n_r = \lfloor e^{r(\Lambda+\varepsilon)} \rfloor$. Dann ergibt obige Abschätzung, zusammen mit der anderen Hälfte der Voraussetzung in (2.2.1), für alle genügend großen r:

$$\begin{aligned}\mathbb{P}\Big(\frac{1}{r}\log T_r > \Lambda + \varepsilon\Big) &= \mathbb{P}(T_r > n_r) \leq \exp\Big(-\frac{1}{r}\lfloor e^{r(\Lambda+\varepsilon)}\rfloor e^{-r(\Lambda+\varepsilon/2)}\Big)\\ &\leq \exp\Big(-e^{r\varepsilon/4}\Big),\end{aligned}$$

was summierbar über $r \in \mathbb{N}$ ist. Daher folgt aus dem Lemma von Borel-Cantelli, dass das Ereignis $\{\frac{1}{r}\log T_r > \Lambda + \varepsilon\}$ nur für höchstens endlich viele r eintrifft. Dies impliziert, dass $\limsup_{r\to\infty} \frac{1}{r}\log T_r \leq \Lambda$ fast sicher und beendet den Beweis. □

2.3 Brown'sche Bewegung und die Sätze von Schilder und Strassen

Es sei $W = (W_t)_{t\in[0,1]}$ eine Brown'sche Bewegung im $\mathbb{R}^d$. Wir fassen W als eine Zufallsvariable in dem Raum $\mathcal{C} = \mathcal{C}([0,1] \to \mathbb{R}^d)$ der stetigen Abbildungen $[0,1] \to \mathbb{R}^d$ auf. $\mathcal{C}$ ist ein metrischer Raum zusammen mit der von der Supremumsnorm $\|\varphi\| = \sup_{t\in[0,1]} |\varphi(t)|$ induzierten Metrik. Wir interessieren uns für das Abweichungsverhalten der Zufallsvariable εW für $\varepsilon \downarrow 0$. Genauer gesagt, wir wollen ein Prinzip Großer Abweichungen für die Familie der Verteilungen von εW für $\varepsilon \downarrow 0$ auf dem metrischen Raum $\mathcal{C}$ erhalten. (Dabei dürfen wir uns nicht daran stoßen, dass der asymptotische Parameter hier kontinuierlich ist; alle bisher eingeführten Begriffe werden problemlos übertragen.) Unser Hauptergebnis hierzu ist das folgende berühmte Theorem, das zuerst von Schilder bewiesen wurde, siehe [Sc66].

Satz 2.3.1 (Satz von Schilder) *Die Familie $(\varepsilon W)_{\varepsilon>0}$ erfüllt für $\varepsilon \downarrow 0$ ein Prinzip Großer Abweichungen auf $\mathcal{C}$ mit Skala ε^{-2} und Ratenfunktion $I\colon \mathcal{C} \to [0,\infty]$, gegeben durch*

$$I(\varphi) = \begin{cases} \frac{1}{2}\int_0^1 |\varphi'(t)|^2\,dt, & \text{falls } \varphi \text{ absolutstetig ist mit } \varphi(0) = 0,\\ \infty & \text{sonst.}\end{cases} \tag{2.3.1}$$

Bemerkung 2.3.2

1. Wir erinnern uns, dass $\varphi \in \mathcal{C}$ *absolutstetig* heißt, wenn für jedes $\eta > 0$ ein $\delta > 0$ existiert, so dass für alle $m \in \mathbb{N}$ und alle Familien von m disjunkten Teilintervallen $[a_1, b_1], \ldots, [a_m, b_m]$ mit Gesamtlänge $< \delta$ gilt: $\sum_{i=1}^m |\varphi(b_i) - \varphi(a_i)| < \eta$, wobei $|y|$ die Euklid'sche Länge von $y \in \mathbb{R}^d$ ist.

2. Der Kern der Aussage des Satzes von Schilder lässt sich folgendermaßen heuristisch einsehen (und stellt auch den Kern des Beweis der oberen Schranke in (iii) dar). Sei $\varphi \in \mathcal{C}$ differenzierbar mit $\varphi(0) = 0$, dann gilt für großes $r \in \mathbb{N}$

$$\mathbb{P}(\varepsilon W \approx \varphi) \approx \mathbb{P}\big(W(i/r) \approx \tfrac{1}{\varepsilon}\varphi(i/r) \text{ für alle } i = 0, 1, \dots, r\big)$$
$$= \prod_{i=1}^{r} \mathbb{P}\big(W(1/r) \approx \tfrac{1}{\varepsilon}(\varphi(i/r) - \varphi((i-1)/r))\big),$$

wobei wir die Unabhängigkeit der Zuwächse benutzten. Nun benutzen wir, dass $W(1/r)$ normalverteilt ist mit Varianz $1/r$ und erhalten approximativ

$$\mathbb{P}(\varepsilon W \approx \varphi) \approx \prod_{i=1}^{r} \mathrm{e}^{-\frac{1}{2} r \varepsilon^{-2} (\varphi(i/r) - \varphi((i-1)/r))^2}$$
$$= \exp\Big\{ -\frac{1}{2}\varepsilon^{-2} \frac{1}{r} \sum_{i=1}^{r} \Big(\frac{\varphi(i/r) - \varphi((i-1)/r)}{1/r} \Big)^2 \Big\}.$$

Für großes r ist die rechte Seite ungefähr gleich $\mathrm{e}^{-\varepsilon^{-2} I(\varphi)}$, und dies beendet die Heuristik.
3. Für $\varepsilon = n^{-1/2}$ mit $n \in \mathbb{N}$ hat εW die Verteilung von $\frac{1}{n}\sum_{i=1}^{n} W^{(i)}$, wobei $W^{(1)}, \dots, W^{(n)}$ unabhängige Kopien von W sind. Also ist εW dann der Durchschnitt von n unabhängigen, identisch verteilten Zufallsgrößen, und man könnte einen Beweis auch über eine abstrakte Variante des Satzes von Cramér anpacken.

◇

Beweis Zunächst zeigen wir die Kompaktheit der Niveaumengen $\Phi(s) = \{I \le s\}$ von I für $s \in (0, \infty)$. Dies geschieht in zwei Teilen: Die Relativkompaktheit zeigen wir mit Hilfe des Satzes von Arzéla-Ascoli, und die Abgeschlossenheit mit Hilfe des Lemmas von Lebesgue.

Für die Relativkompaktheit von $\Phi(s)$ ist also zu zeigen, dass $\Phi(s)$ gleichgradig stetig ist und gleichmäßig beschränkt. Die gleichgradige Stetigkeit folgt aus der folgenden Ungleichung, die für jedes $\varphi \in \Phi(s)$ und jede $u, v \in [0, 1]$ mit $v < u$ gilt:

$$|\varphi(v) - \varphi(u)| = \Big| \int_v^u \varphi'(w)\,\mathrm{d}w \Big| \le \int_v^u |\varphi'(w)|\,\mathrm{d}w \le \sqrt{u-v}\sqrt{\int_v^u |\varphi'(w)|^2\,\mathrm{d}w}$$
$$\le \sqrt{u-v}\sqrt{2I(\varphi)} \le \sqrt{u-v}\sqrt{2s}. \tag{2.3.2}$$

Wegen $\varphi(0) = 0$ für jedes $\varphi \in \Phi(s)$ zeigt (2.3.2) auch die gleichmäßige Beschränktheit von $\Phi(s)$, denn $\|\varphi\| \le \sqrt{2s}$.

Wir zeigen nun die Abgeschlossenheit von $\Phi(s)$, indem wir die Unterhalbstetigkeit von I beweisen. Sei also $(\varphi_n)_{n\in\mathbb{N}}$ eine Folge in $\mathcal{C}$ mit $\lim_{n\to\infty} \varphi_n = \varphi$ für ein $\varphi \in \mathcal{C}$. Wir müssen zeigen, dass $I(\varphi) \le \liminf_{n\to\infty} I(\varphi_n)$. Ohne Einschränkung können wir davon ausgehen, dass der Grenzwert $s = \lim_{n\to\infty} I(\varphi_n) \in [0, \infty)$ existiert. Wegen $\varphi_n(0) = 0$ für jedes n gilt $\varphi(0) = 0$.

Der Grenzwert φ ist absolutstetig, denn für jedes $m \in \mathbb{N}$ und alle disjunkten Teilintervalle $[a_1, b_1], \dots, [a_m, b_m]$ von $[0, 1]$ mit $A = \bigcup_{i=1}^m [a_i, b_i]$ gilt

$$\begin{aligned}\sum_{i=1}^m |\varphi_n(b_i) - \varphi_n(a_i)| &\leq \int_A |\varphi_n'(w)|\,\mathrm{d}w \leq \sqrt{|A|}\sqrt{\int_0^1 |\varphi_n'(w)|^2\,\mathrm{d}w} \\ &\leq \Big(\sum_{i=1}^m (b_i - a_i)\Big)^{1/2} \sqrt{2I(\varphi_n)},\end{aligned}$$

und der Grenzübergang $n \to \infty$ lässt die Absolutstetigkeit von φ folgen.

Nun benötigen wir das *Lemma von Lebesgue*: Ist φ absolutstetig auf $[0, 1]$ und φ' eine messbare Version der Ableitung von φ, so gilt für fast alle $t \in (0, 1)$:

$$\lim_{h\to 0} \frac{1}{-h} \int_t^{t+h} \varphi'(w)\,\mathrm{d}w = \varphi'(t).$$

Wir approximieren nun φ und φ_n mit stückweise linearen Funktionen. Sei $t_i^{(r)} = i/r$ für $i = 0, 1, \dots, r$, und sei $\varphi^{(r)} \in \mathcal{C}$ linear auf jedem Teilintervall $[t_{i-1}^{(r)}, t_i^{(r)}]$ mit $\varphi(t_i^{(r)}) = \varphi^{(r)}(t_i^{(r)})$, analog für φ_n. Aus dem Lemma von Lebesgue folgt für fast alle $t \in [0, 1]$, dass

$$\lim_{v\uparrow t, u\downarrow t} \frac{\varphi(v) - \varphi(u)}{v - u} = \lim_{v\uparrow t, u\downarrow t} \frac{1}{u - v} \int_v^u \varphi'(w)\,\mathrm{d}w = \varphi'(t).$$

Also folgt für fast alle $t \in [0, 1]$

$$\lim_{r\to\infty} (\varphi^{(r)})'(t) = \lim_{r\to\infty} \frac{\varphi(t_i^{(r)}) - \varphi(t_{i-1}^{(r)})}{t_i^{(r)} - t_{i-1}^{(r)}} = \varphi'(t).$$

Daher erhalten wir aus dem Lemma von Fatou

$$I(\varphi) = \frac{1}{2} \int_0^1 |\varphi'(t)|^2\,\mathrm{d}t \leq \liminf_{r\to\infty} \frac{1}{2} \int_0^1 |(\varphi^{(r)})'(t)|^2\,\mathrm{d}t = \liminf_{r\to\infty} I(\varphi^{(r)}). \tag{2.3.3}$$

Außerdem gilt

$$I(\varphi_n^{(r)}) = \frac{1}{2} \sum_{i=1}^r \frac{|\varphi_n(t_i^{(r)}) - \varphi_n(t_{i-1}^{(r)})|^2}{t_i^{(r)} - t_{i-1}^{(r)}} \leq \frac{1}{2} \sum_{i=1}^r \int_{t_{i-1}^{(r)}}^{t_i^{(r)}} |\varphi_n'(w)|^2\,\mathrm{d}w = I(\varphi_n).$$

Der Grenzübergang $n \to \infty$ ergibt, dass $I(\varphi^{(r)}) \leq \liminf_{n\to\infty} I(\varphi_n)$. Zusammen mit (2.3.3) folgt die Unterhalbstetigkeit von I, und der Beweis von (i) in Definition 2.1.1 ist beendet.

Nun zeigen wir die untere Abschätzung für offene Mengen. Hierzu verwenden wir das Kriterium (ii') in Lemma 2.1.3. Dessen Beweis wird ähnlich wie im Beweis der unteren Abschätzung im Satz von Cramér mit Hilfe einer geeigneten exponentiellen Transformation durchgeführt. Hier benötigen wir allerdings eine Version auf $\mathcal{C}$, die durch das berühmte *Cameron-Martin-Theorem* bereitgestellt wird, einem Spezialfall einer Girsanov-Transformation. Für jedes $\psi \in \mathcal{C}$ bezeichen wir mit $\mu^{W+\psi}$ die Verteilung von $W + \psi$ auf $\mathcal{C}$. Das Cameron-Martin-Theorem besagt, dass für jedes $\psi \in \mathcal{C}$ mit $I(\psi) < \infty$ gilt $\mu^{W+\psi} \ll \mu^W$, und dass eine Radon-Nikodym-Dichte gegeben ist durch

$$\frac{\mathrm{d}\mu^{W+\psi}}{\mathrm{d}\mu^W}(\omega) = \exp\Big\{Z(\psi)(\omega) - I(\psi)\Big\}, \qquad \text{wobei } Z(\psi)(\omega) \equiv \int_0^1 \psi'(t)\,\mathrm{d}\omega(t), \quad (2.3.4)$$

für μ^W-fast alle $\omega \in \mathcal{C}$. Dabei ist $Z(\psi)(\omega)$ ein Itô-Integral bezüglich μ^W. Wir werden nur benötigen, dass $Z(\psi) < \infty$ fast sicher gilt.

Sei nun $\varphi \in \mathcal{C}$ mit $I(\varphi) < \infty$, und sei $\delta > 0$. Wir werden zeigen, dass $\liminf_{\varepsilon\downarrow 0} \varepsilon^2 \log \mathbb{P}(\varepsilon W \in B_\delta(\varphi)) \geq -I(\varphi)$ gilt. Mit Hilfe der Dichte in (2.3.4) können wir umformen:

$$\begin{aligned}
\mathbb{P}(\varepsilon W \in B_\delta(\varphi)) &= \mathbb{P}\big(W - \tfrac{1}{\varepsilon}\varphi \in B_{\delta/\varepsilon}(0)\big) = \mu^{W-\frac{1}{\varepsilon}\varphi}\big(B_{\delta/\varepsilon}(0)\big)\\
&= \mathbb{E}_{\mu^W}\Big[\exp\Big\{-\frac{1}{\varepsilon}Z(\varphi) - \frac{1}{\varepsilon^2}I(\varphi)\Big\}\mathbb{1}_{B_{\delta/\varepsilon}(0)}\Big]\\
&\geq \mathrm{e}^{-\varepsilon^{-2}I(\varphi)}\mathbb{E}_{\mu^W}\Big[\exp\Big\{-\frac{1}{\varepsilon}Z(\varphi)\Big\}\mathbb{1}_{B_{\delta/\varepsilon}(0)}\mathbb{1}_{\{\frac{1}{\varepsilon}Z(\varphi)\leq h/\varepsilon^2\}}\Big]\\
&\geq \mathrm{e}^{-\varepsilon^{-2}[I(\varphi)+h]}\mu^W\big(\{Z(\varphi) \leq h/\varepsilon\} \cap B_{\delta/\varepsilon}(0)\big),
\end{aligned}$$

wobei $h > 0$ beliebig ist. Da $Z(\varphi)$ und $\|W\|$ zwei fast sicher endliche Zufallsgrößen sind, konvergiert für $\varepsilon \downarrow 0$ der zweite Faktor auf der rechten Seite gegen Eins, und wir erhalten $\liminf_{\varepsilon\downarrow 0} \varepsilon^2 \log \mathbb{P}(\varepsilon W \in B_\delta(\varphi)) \geq -I(\varphi) - h$. Da $h > 0$ beliebig ist und der limes inferior nicht von h abhängt, folgt die Aussage.

Im letzten Beweisteil zeigen wir die obere Schranke für abgeschlossene Mengen, wobei es ausreicht, die Gültigkeit von (iii') in Lemma 2.1.3 zu zeigen. Seien also $s \geq 0$ und $\delta > 0$, dann ist zu zeigen, dass $\limsup_{\varepsilon\downarrow 0} \varepsilon^2 \log \mathbb{P}(\varepsilon W \in \Phi_\delta(s)^{\mathrm{c}}) \leq -s$ gilt. Wir benutzen wieder die äquidistante Zerlegung von $[0, 1]$ an den Punkten $t_i^{(r)} = i/r$ mit $r \in \mathbb{N}$, und wie oben bezeichnet $W^{(r)}$ die zugehörige stückweise lineare Interpolation des Brown'schen Pfades W. Dann haben wir

$$\mathbb{P}(\varepsilon W \in \Phi_\delta(s)^{\mathrm{c}}) \leq \mathbb{P}(\varepsilon W^{(r)} \in \Phi_{\delta/2}(s)^{\mathrm{c}}) + \mathbb{P}\Big(\|\varepsilon W - \varepsilon W^{(r)}\| \geq \frac{\delta}{2}\Big). \quad (2.3.5)$$

Wir werden zeigen, dass die exponentielle Rate des ersten Terms für alle $r \in \mathbb{N}$ nicht größer als $-s$ ist und die des zweiten ebenfalls (tatsächlich sogar viel kleiner) für alle genügend großen r.

Analog zu (1.1.2) schätzen wir den ersten ab:

$$\mathbb{P}(\varepsilon W^{(r)} \in \Phi_{\delta/2}(s)^{\mathrm{c}}) \leq \mathbb{P}\big(I(\varepsilon W^{(r)}) > s\big) \leq \mathrm{e}^{-ts}\mathbb{E}\big[\mathrm{e}^{tI(\varepsilon W^{(r)})}\big], \quad (2.3.6)$$

wobei $t > 0$ beliebig ist. Da $W^{(r)}$ stückweise linear ist, gilt

$$I(\varepsilon W^{(r)}) = \frac{\varepsilon^2}{2}\sum_{i=1}^{r}\Big|\frac{W(i/r) - W((i-1)/r)}{r^{-1/2}}\Big|^2.$$

Die d Komponenten der Terme in Betragstrichen sind unabhängige standardnormalverteilte Zufallsgrößen. Wir erinnern uns, dass die $\frac{t}{2}$-ten exponentiellen Momente des Quadrates einer solchen Zufallsgröße nur für $t < 1$ existieren. Wir ersetzen nun t durch $\theta\varepsilon^{-2}$. Wenn $\theta < 1$, dann ist

$$\mathbb{E}\big[e^{tI(\varepsilon W^{(r)})}\big] = \mathbb{E}\big[e^{\theta I(W^{(r)})}\big] \le C_\theta^r$$

für ein $C_\theta \in (0, \infty)$. Also erhalten wir aus (2.3.6), dass $\limsup_{\varepsilon\downarrow 0} \varepsilon^2 \log \mathbb{P}(\varepsilon W^{(r)} \in \Phi(s)^c) \le -\theta s$. Der Übergang $\theta \uparrow 1$ zeigt, dass die Rate des ersten Terms auf der rechten Seite von (2.3.5) nicht größer als $-s$ ist.

Kommen wir zum zweiten. Da $W^{(r)}$ die lineare Interpolation von W an den Stellen i/r für $i = 0, 1, 2, \dots, r$ ist, gilt $\sup_{t\in[(i-1)/r,i/r]} |W(t) - W^{(r)}(t)| \le 2\sup_{t\in[(i-1)/r,i/r]} |W(t) - W((i-1)/r)|$. Also folgt

$$\begin{aligned}\mathbb{P}\Big(\|\varepsilon W - \varepsilon W^{(r)}\| \ge \frac{\delta}{2}\Big) &\le \sum_{i=1}^{r}\mathbb{P}\Big(\sup_{t\in[(i-1)/r,i/r]} |W(t) - W^{(r)}(t)| \ge \frac{\delta}{2\varepsilon}\Big)\\ &= r\mathbb{P}\Big(\sup_{[0,1/r]} |W| \ge \frac{\delta}{4\varepsilon}\Big) \le 2rd\mathbb{P}\Big(\sup_{[0,1/r]} W_1 \ge \frac{\delta}{4\sqrt{d}\varepsilon}\Big),\end{aligned}$$

wobei wir ausnutzten, dass die Zuwächse identisch verteilt sind, und W_1 ist die erste Komponente von W. Das Spiegelungsprinzip impliziert, dass die Wahrscheinlichkeit auf der rechten Seite nicht größer ist als $\exp\{-\frac{r}{2}[\delta/(4\sqrt{d}\varepsilon)]^2\}$. Dies impliziert $\limsup_{\varepsilon\downarrow 0} \varepsilon^2 \log \mathbb{P}\big(\|\varepsilon W - \varepsilon W^{(r)}\| \ge \frac{\delta}{2}\big) \le -\frac{\delta^2 r}{16d}$, und diese Rate kann beliebig klein gewählt werden, indem r groß gemacht wird. Dies beendet den Beweis von (iii') und damit auch den des Satzes von Schilder. ◇

Ein weiterer Beweis des Satzes von Schilder wird in Bemerkung 3.5.3 skizziert, er benutzt den Satz von Gärtner–Ellis. Als Anwendung des Satzes von Schilder bringen wir nun ein weiteres fundamentales Resultat über die Asymptotik Brown'scher Pfade, das zuerst von Strassen [St64] bewiesen wurde.

Satz 2.3.3 (Satz von Strassen) *Sei W eine d-dimensionale Brown'sche Bewegung auf $[0, 1]$. Für $n \in [3, \infty)$ sei der Prozess $\xi_n = (\xi_n(t))_{t\in[0,1]} \in C$ definiert durch*

$$\xi_n(t) = \frac{W(nt)}{\sqrt{2n \log\log n}}.$$

Dann ist die Familie $(\xi_n)_{n\geq 3}$ fast sicher relativ kompakt in $\mathcal{C}$, und die Menge der Häufungspunkte ist gleich $\Phi(1/2) = \{\varphi \in \mathcal{C}\colon I(\varphi) \leq 1/2\} = \{\varphi \in \mathcal{C}\colon \varphi$ absolutstetig, $\varphi(0) = 0, \|\varphi'\|_2 \leq 1\}$.

Bemerkung 2.3.4 Insbesondere gilt $\limsup_{n\to\infty} F(\xi_n) = \sup_{\Phi(1/2)} F$ für jedes stetige Funktional $F\colon \mathcal{C} \to \mathbb{R}$. Wir geben ein paar Beispiele in Dimension $d = 1$. Die Wahl $F(\varphi) = \varphi(1)$ führt auf das berühmte

$$\textit{Gesetz vom iterierten Logarithmus:}\qquad \limsup_{n\to\infty} \frac{W(n)}{\sqrt{2n\log\log n}} = 1 \text{ fast sicher.} \tag{2.3.7}$$

Mit $F(\varphi) = \sup_{[0,1]} \varphi$ bzw. $F(\varphi) = \int_0^1 \varphi(t)\,\mathrm{d}t$ erhält man

$$\limsup_{n\to\infty} \frac{\sup_{[0,n]} W}{\sqrt{2n\log\log n}} = 1 \qquad \text{und} \qquad \limsup_{n\to\infty} \frac{\frac{1}{n}\int_0^n W(t)\,\mathrm{d}t}{\sqrt{2n\log\log n}} = \frac{1}{\sqrt{3}} \text{ fast sicher,}$$

denn für jedes $\varphi \in \Phi(1/2)$ gilt

$$\begin{aligned}\int_0^1 \varphi(t)\,\mathrm{d}t &= \int_0^1\int_0^t \varphi'(s)\,\mathrm{d}s\,\mathrm{d}t = \int_0^1\int_s^1 \varphi'(s)\,\mathrm{d}t\,\mathrm{d}s = \int_0^1 (1-s)\varphi'(s)\,\mathrm{d}t\\ &\leq \Big(\int_0^1 (1-s)^2\,\mathrm{d}s\Big)^{1/2}\Big(\int_0^1 |\varphi'(s)|^2\,\mathrm{d}s\Big)^{1/2} = \frac{1}{\sqrt{3}}\sqrt{2I(\varphi)} \leq \frac{1}{\sqrt{3}},\end{aligned}$$

und für $\varphi(t) = \sqrt{3}(t - \frac{1}{2}t^2)$ haben wir Gleichheit. ◊

Beweisskizze des Satzes von Strassen Statt der Relativkompaktheit der ganzen Familie $(\xi_n)_{n\geq 3}$ zeigen wir nur die Relativkompaktheit der Teilfolge $(\xi_{\lambda^n})_{n\geq 3}$ für beliebiges $\lambda \in (1,\infty)$. Der dann noch fehlende Beweisteil ist rein analytisch und findet sich etwa in [DeSt89, Sect. 1.4].

Sei also $\lambda \in (1,\infty)$, und fixiere ein kleines $\delta > 0$. Da $\Phi_\delta(1/2)$ (siehe (2.1.3)) eine Umgebung der nach Satz 2.3.1 kompakten Menge $\Phi(1/2)$ ist, können wir ein $\gamma \in (1, \inf_{\Phi_\delta(1/2)^c} 2I)$ wählen. Mit Hilfe der Skalierungsinvarianzeigenschaft der Brown'schen Bewegung und der oberen Abschätzung im Prinzip Großer Abweichungen für εW (wobei hier $\varepsilon = \varepsilon_n \equiv (2\log\log(\lambda^n))^{-1/2}$) erhalten wir für alle großen n:

$$\mathbb{P}\big(\xi_{\lambda^n} \in \Phi_\delta(1/2)^c\big) = \mathbb{P}\big(\varepsilon_n W \in \Phi_\delta(1/2)^c\big) \leq \mathrm{e}^{-\frac{1}{2}\gamma\varepsilon_n^{-2}} = \mathrm{e}^{-\gamma(\log n + \log\log\lambda)}.$$

Da diese obere Schranke über $n \in \mathbb{N}$ summierbar ist, folgt, dass fast sicher $\xi_{\lambda^n} \in \Phi_\delta(1/2)$ für alle genügend großen $n \in \mathbb{N}$. Ein Diagonalargument zeigt, dass der Abstand von ξ_{λ^n} zu $\Phi(1/2)$ fast sicher gegen Null konvergiert. In [DeSt89, Lemma 1.4.3] wird daraus gefolgert, dass $(\xi_n)_{n\geq 3}$ relativ kompakt ist und jeder Häufungspunkt in $\Phi(1/2)$ liegt.

Nun ist noch zu zeigen, dass *jeder* Punkt $\varphi \in \Phi(1/2)$ fast sicher Häufungspunkt der Folge $(\xi_n)_{n\geq 3}$ ist. Dazu müssen wir zeigen, dass $\liminf_{n\to\infty} \|\xi_n - \varphi\| = 0$ fast sicher gilt. Hierzu definieren wir eine Funktion $\varphi_k \in \mathcal{C}$ und einen Prozess $\xi_{n,k}$ für $k \geq 2$ durch

$$\varphi_k(t) = \begin{cases} 0 & \text{für } t \in [0, \frac{1}{k}], \\ \varphi(t) - \varphi(\frac{1}{k}) & \text{für } t \in [\frac{1}{k}, 1], \end{cases}$$

und

$$\xi_{n,k}(t) = \begin{cases} 0 & \text{für } t \in [0, \frac{1}{k}], \\ \frac{W(k^n t) - W(k^{n-1})}{\sqrt{2k^n \log\log k^n}} & \text{für } t \in [\frac{1}{k}, 1]. \end{cases}$$

Dann zeigt man mit Hilfe der Relativkompaktheit von $(\xi_n)_{n\in\mathbb{N}}$, dass fast sicher die Aussage $\limsup_{k\to\infty} \sup_{n\in\mathbb{N}}(\|\xi_{k^n} - \varphi\| - \|\xi_{n,k} - \varphi_k\|) \leq 0$ gilt, und mit Hilfe des Satzes von Schilder zeigt man für jedes $k \in \mathbb{N}$, dass $\liminf_{n\to\infty} \|\xi_{n,k} - \varphi_k\| = 0$, was wir hier nicht ausführen wollen. Dies beendet den Beweis. ◊

2.4 Empirische Maße und der Satz von Sanov

Seien $X_1, X_2, \dots$ Zufallsgrößen, dann nennt man das Wahrscheinlichkeitsmaß

$$L_n = \frac{1}{n}\sum_{i=1}^n \delta_{X_i}, \qquad n \in \mathbb{N}, \tag{2.4.1}$$

das *empirische Maß* der Folge $X_1, \dots, X_n$. Hierbei ist δ_x das Punktmaß (Diracmaß) in x. Für jede Menge A ist $L_n(A)$ der relative Anteil der Treffer der Folge $X_1, \dots, X_n$ in A. Wenn Γ den Zustandsraum der X_i bezeichnet, dann ist L_n eine Zufallsgröße mit Werten in der Menge $\mathcal{M}_1(\Gamma)$ der Wahrscheinlichkeitsmaße auf Γ. Empirische Maße haben große Bedeutung in der Betrachtung der Folge $(X_i)_{i\in\mathbb{N}}$, denn sie sind leichter zu handhaben (die Information, die sie enthalten, ist nicht so detailliert), und mit ihnen kann man wichtige Funktionale dieser Folge untersuchen (zum Beispiel Funktionale der Form $\frac{1}{n}\sum_{i=1}^n f(X_i) = \int f \, \mathrm{d}L_n$ für geeignete Funktionen f). Der Übergang von der Folge $(X_i)_{i\in\mathbb{N}}$ zu den empirischen Maßen verkleinert drastisch den Wahrscheinlichkeitsraum. Die positiven Maße nL_n nennt man auch manchmal die *Lokalzeiten* des Prozesses $(X_i)_{i\in\mathbb{N}}$.

Wir setzen voraus, dass Γ ein polnischer Raum ist, d. h. ein vollständiger separabler metrischer Raum. Wie üblich versehen wir Γ mit der Borel-σ-Algebra. Dann ist auch $\mathcal{M}_1(\Gamma)$ ein polnischer Raum, wenn man ihn mit der Topologie ausstattet, die durch die schwache Konvergenz von Wahrscheinlichkeitsmaßen induziert wird.[1]

Hier wollen wir den Fall unabhängiger identisch verteilter Zufallsgrößen X_i betrachten. Mit $\mu \in \mathcal{M}_1(\Gamma)$ bezeichnen wir die Verteilung der X_i, also $\mathbb{P}(X_1 \in A) = \mu(A)$

[1] Ausführlichere Bemerkungen über die verwendete Topologie findet man in [DeZe10, Appendices B, D].

für jede messbare Menge $A \subset \Gamma$. Nach dem Starken Gesetz der Großen Zahlen gilt $\lim_{n\to\infty} \int f \, \mathrm{d}L_n = \int f \, \mathrm{d}\mu$ fast sicher für jede beschränkte messbare Funktion $f : \Gamma \to \mathbb{R}$. Insbesondere gilt $\lim_{n\to\infty} L_n = \mu$ in der schwachen Topologie fast sicher. Wir wollen die Abweichungen von diesem Gesetz studieren, d. h. wir wollen ein Prinzip Großer Abweichungen für $(L_n)_{n\in\mathbb{N}}$ auf $\mathcal{M}_1(\Gamma)$ herleiten. Der folgende fundamentale Satz ist erstmals von Sanov [Sa61] für den Spezialfall $\Gamma = \mathbb{R}$ bewiesen worden.

Satz 2.4.1 (Satz von Sanov) *Sei $(X_i)_{i\in\mathbb{N}}$ eine Folge unabhängiger identisch verteilter Zufallsgrößen mit Marginalverteilung μ auf einem polnischen Raum Γ. Sei $L_n = \frac{1}{n}\sum_{i=1}^n \delta_{X_i}$ das empirische Maß. Dann erfüllt $(L_n)_{n\in\mathbb{N}}$ ein Prinzip Großer Abweichungen auf $\mathcal{M}_1(\Gamma)$ mit Skala n und Ratenfunktion*

$$I_\mu(\nu) = H(\nu \mid \mu) = \begin{cases} \int_\Gamma \log \frac{\mathrm{d}\nu}{\mathrm{d}\mu} \, \mathrm{d}\nu, & \textit{falls } \nu \ll \mu, \\ \infty & \textit{sonst.} \end{cases} \tag{2.4.2}$$

Bemerkung 2.4.2

(i) Die Zahl $H(\nu \mid \mu)$ heißt die *relative Entropie* von ν bezüglich μ oder auch der *Kullback-Leibler-Abstand* von μ und ν (obwohl $H(\cdot \mid \cdot)$ keine Metrik ist). Falls $\frac{\mathrm{d}\nu}{\mathrm{d}\mu}$ existiert, so gilt auch $H(\nu \mid \mu) = \int \frac{\mathrm{d}\nu}{\mathrm{d}\mu} \log \frac{\mathrm{d}\nu}{\mathrm{d}\mu} \, \mathrm{d}\mu$. Mit Hilfe der Jensen'schen Ungleichung zeigt man leicht als ÜBUNGSAUFGABE, dass I_μ nichtnegativ und strikt konvex auf $\mathcal{M}_1(\Gamma)$ ist und dass μ die einzige Nullstelle ist.

(ii) Falls Γ sogar eine *endliche* Menge ist, so kann ein kombinatorischer Beweis des Satzes von Sanov geführt werden, siehe etwa [Ho00, Theorem II.2] oder [DeZe10, Sect. 2.1]. Die Haupthilfsmittel sind dabei die Beobachtung, dass L_n eine Multinomialverteilung besitzt:

$$\mathbb{P}(L_n = \nu) = n! \prod_{\gamma\in\Gamma} \frac{\mu_\gamma^{n\nu_\gamma}}{(n\nu_\gamma)!}, \qquad \nu \in \mathcal{M}_1(\Gamma) \cap (\tfrac{1}{n}\mathbb{N})^\Gamma,$$

und natürlich Stirlings Formel (siehe 1.1.6). Ähnliche kombinatorische Betrachtungen werden wir in Abschn. 2.5 anstellen.

(iii) Eine Version des Satzes von Sanov für Markovketten $(X_i)_{i\in\mathbb{N}}$ wird in Abschn. 3.1 als Anwendung des Kontraktionsprinzips und der Großen Abweichungen für Paarmaße (siehe Satz 2.5.4) behandelt und ein zweites Mal in Abschn. 3.4 als Anwendung des Satzes von Gärtner und Ellis.

◊

Bevor wir Satz 2.4.1 beweisen, stellen wir eine sehr hilfreiche Darstellung der Entropie bereit. Mit $\mathcal{C}_\mathrm{b}(\Gamma)$ bzw. $\mathcal{B}_\mathrm{b}(\Gamma)$ bezeichnen wir die Menge der stetigen und beschränkten bzw. der messbaren und beschränkten Funktionen $\Gamma \to \mathbb{R}$.

Lemma 2.4.3 (Die Entropie als Legendre-Transformierte) *Für alle $\nu, \mu \in \mathcal{M}_1(\Gamma)$ gilt*

$$H(\nu \mid \mu) = \sup_{f \in \mathcal{B}_b(\Gamma)} \Big[\int_\Gamma f\, \mathrm{d}\nu - \log \int_\Gamma \mathrm{e}^f\, \mathrm{d}\mu\Big] = \sup_{f \in \mathcal{C}_b(\Gamma)} \Big[\int_\Gamma f\, \mathrm{d}\nu - \log \int_\Gamma \mathrm{e}^f\, \mathrm{d}\mu\Big]. \tag{2.4.3}$$

Beweisskizze Falls ν nicht absolutstetig bezüglich μ ist, so existiert eine messbare Menge $A \subset \Gamma$ mit $\mu(A) = 0 < \nu(A)$. Für $f = M\mathbb{1}_A$ gilt dann $\int_\Gamma f\, \mathrm{d}\nu - \log \int_\Gamma \mathrm{e}^f\, \mathrm{d}\mu = M\nu(A)$, also stimmt dann die erste Gleichung in (2.4.3). Sei $\nu \ll \mu$, und sei $f \in \mathcal{B}_b(\Gamma)$. Wir definieren $\mu_f \in \mathcal{M}_1(\Gamma)$ durch $\mathrm{d}\mu_f/\mathrm{d}\mu = \mathrm{e}^f / \int \mathrm{e}^f\, \mathrm{d}\mu$, dann haben wir

$$\begin{aligned} H(\nu \mid \mu) &= \int \log\Big(\frac{\mathrm{d}\nu}{\mathrm{d}\mu_f} \frac{\mathrm{d}\mu_f}{\mathrm{d}\mu}\Big)\, \mathrm{d}\nu = H(\nu \mid \mu_f) + \int \log \frac{\mathrm{e}^f}{\int \mathrm{e}^f\, \mathrm{d}\mu}\, \mathrm{d}\nu \\ &\geq \int f\, \mathrm{d}\nu - \log \int \mathrm{e}^f\, \mathrm{d}\mu. \end{aligned}$$

Der Übergang zu $\sup_{f \in \mathcal{B}_b(\Gamma)}$ zeigt, dass ‚$\geq$' in der ersten Gleichung in (2.4.3) gilt. In der zweiten gilt ‚$\geq$' trivialerweise. Um auch ‚$\leq$' zu zeigen, möchte man gerne $f = \log \frac{\mathrm{d}\nu}{\mathrm{d}\mu}$ einsetzen, denn $\int f\, \mathrm{d}\nu - \log \int \mathrm{e}^f\, \mathrm{d}\mu = \int f\, \mathrm{d}\nu = H(\nu \mid \mu)$. Da dieses f evtl. weder in $\mathcal{B}_b(\Gamma)$ noch in $\mathcal{C}_b(\Gamma)$ liegt, muss man es mit solchen Funktionen geeignet approximieren, was wir hier nicht ausführen wollen. Siehe etwa [DeSt89, Lemma 3.2.13] für Details. ◊

Bemerkung 2.4.4

(i) Insbesondere folgt aus Lemma 2.4.3 auch die Unterhalbstetigkeit von I_μ, denn für jedes $f \in \mathcal{C}_b(\Gamma)$ ist die Abbildung $\nu \mapsto \int f\, \mathrm{d}\nu - \log \int_\Gamma \mathrm{e}^f\, \mathrm{d}\mu$ stetig, und das Supremum unterhalbstetiger Funktionen ist unterhalbstetig.

(ii) Man beachte die formale Analogie zu der Legendre-Transformierten I in 1.1.4 im Satz von Cramér. Die Paarung $\mathcal{C}_b(\Gamma) \times \mathcal{M}_1(\Gamma) \ni (f, \nu) \mapsto \int_\Gamma f\, \mathrm{d}\nu \equiv \langle f, \nu\rangle$ ist tatsächlich eine Dualitätspaarung (siehe [DeSt89, Lemma 3.2.3]), insbesondere wird die Topologie auf $\mathcal{M}_1(\Gamma)$ durch die Abbildungen $\langle f, \cdot\,\rangle$ mit $f \in \mathcal{C}_b(\Gamma)$ erzeugt. Dasselbe Prinzip auf $\mathbb{R} \times \mathbb{R}$ statt auf $\mathcal{C}_b(\Gamma) \times \mathcal{M}_1(\Gamma)$ ist in 1.1.4 in Kraft. Man beachte, dass gilt

$$\int_\Gamma \mathrm{e}^{f(x)}\, \mu(\mathrm{d}x) = \int_{\mathcal{M}_1(\Gamma)} \mathrm{e}^{\langle f, \nu\rangle}\, \mathcal{L}_\mu(\delta_{X_1})(\mathrm{d}\nu),$$

wobei $\mathcal{L}_\mu(\delta_{X_1})$ die Verteilung von δ_{X_1} bezeichnet, wenn X_1 nach μ verteilt ist. Lemma 2.4.3 sagt also insbesondere, dass die Ratenfunktion I_μ im Satz von Sanov die Legendre-Transformierte der logarithmischen Momenten erzeugenden Funktion der Zufallsgröße δ_{X_1} ist. Insbesondere kann man den Satz von Sanov formal auffassen als eine abstrakte Variante des Satzes von Cramér (genauer: des Satzes 2.2.1), denn die Zufallsvariablen $\delta_{X_1}, \delta_{X_2}, \dots$ sind unabhängig und identisch verteilt auf $\mathcal{M}_1(\Gamma)$, und L_n ist der Durchschnitt der ersten n von ihnen, und die Ratenfunktion hat ja eine Gestalt wie in (1.1.4). In [DeSt89, Sect. 3.1] und in [DeZe10, Sects. 6.1–2] wird auch tatsächlich diese Route der Beweisführung eingeschlagen.

◊

Beweis von Satz 2.4.1 Zunächst zeigen wir die Kompaktheit der Niveaumengen[2] $\Phi(s) = \{\nu \in \mathcal{M}_1(\Gamma): H(\nu \mid \mu) \leq s\}$. Wegen der Unterhalbstetigkeit (siehe Bemerkung 2.4.4(i)) sind sie abgeschlossen, so dass nur noch ihre Relativkompaktheit zu zeigen ist. Nach dem Satz von Prohorov ist nur die Straffheit zu zeigen. Sei $\varepsilon > 0$, dann existiert eine kompakte Menge $K \subset \Gamma$ mit $\mu(K^c) < \varepsilon$. Wir benutzen $f = \mathbb{1}_{K^c} \log M$ mit einem großen $M > 0$ auf der rechten Seite von (2.4.3) und erhalten für jedes $\nu \in \mathcal{M}_1(\Gamma)$:

$$H(\nu \mid \mu) \geq \int f \, \mathrm{d}\nu - \log \int \mathrm{e}^f \, \mathrm{d}\mu = \nu(K^c) \log M - \log\big(1 - \mu(K^c) + M\mu(K^c)\big).$$

Also folgt für jedes $\nu \in \Phi(s)$:

$$\nu(K^c) \leq \frac{1}{\log M}\Big(H(\nu \mid \mu) + \log\big(1 + (M-1)\mu(K^c)\big)\Big) \leq \frac{s + \log\big(1 + (M-1)\varepsilon\big)}{\log M}.$$

Nun wählen wir $M = 1 + \frac{1}{\varepsilon}$ und haben $\nu(K^c) \leq (s + \log 2)/\log(1 + \frac{1}{\varepsilon})$, und die rechte Seite kann beliebig klein gewählt werden, indem man ε klein macht, unabhängig von $\nu \in \Phi(s)$. Dies zeigt die Relativkompaktheit von $\Phi(s)$.

Nun zeigen wir die untere Schranke in Definition 2.1.1(ii). Sei $G \subset \mathcal{M}_1(\Gamma)$ offen, und sei $\nu \in G$. Zur Verdeutlichung der Abhängigkeit schreiben wir $L_n(X)$, wobei $X = (X_i)_{i\in\mathbb{N}}$. Es sei $\widehat{X} = (\widehat{X}_1, \widehat{X}_2, \dots)$ eine Folge von unabhängigen, nach ν verteilten Zufallsgrößen mit empirischem Maß $\widehat{L}_n = L_n(\widehat{X})$. Zunächst nehmen wir an, dass eine beschränkte, von Null wegbeschränkte Dichte $\frac{1}{f} = \frac{\mathrm{d}\nu}{\mathrm{d}\mu}$ existiert, dann ist $f = \frac{\mathrm{d}\mu}{\mathrm{d}\nu}$ ebenfalls eine Dichte. Sei $\varepsilon > 0$. Dann erhalten wir durch einen Maßwechsel von X zu $\widehat{X}$:

$$\begin{aligned}
\mathbb{P}(L_n(X) \in G) &= \mathbb{E}\Big[\mathbb{1}_{\{L_n(\widehat{X})\in G\}} \prod_{i=1}^n f \circ \widehat{X}_i\Big] \\
&\geq \mathbb{E}\Big[\mathbb{1}_{\{L_n(\widehat{X})\in G\}} \mathbb{1}_{\{\prod_{i=1}^n f\circ \widehat{X}_i \geq \mathrm{e}^{-n(H(\nu|\mu)+\varepsilon)}\}} \prod_{i=1}^n f \circ \widehat{X}_i\Big] \\
&\geq \mathrm{e}^{-n(H(\nu|\mu)+\varepsilon)} \mathbb{P}\Big(L_n(\widehat{X}) \in G, \frac{1}{n}\sum_{i=1}^n \log f \circ \widehat{X}_i \geq -H(\nu \mid \mu) - \varepsilon\Big).
\end{aligned}$$

[2] Dieser Beweisteil ist tatsächlich überflüssig, da wir später die exponentielle Straffheit der Folge $(L_n)_{n\in\mathbb{N}}$ zeigen.

Jeweils nach dem Schwachen Gesetz der Großen Zahlen gelten in Wahrscheinlichkeit

$$\lim_{n\to\infty} L_n(\widehat{X}) = \nu \qquad \text{und} \qquad \lim_{n\to\infty} \frac{1}{n}\sum_{i=1}^{n} \log f \circ \widehat{X}_i = \int \log f \, \mathrm{d}\nu = -H(\nu \mid \mu).$$

Daher konvergiert der letzte Faktor gegen Eins, und wir erhalten

$$\liminf_{n\to\infty} \frac{1}{n} \log \mathbb{P}(L_n(X) \in G) \geq -H(\nu \mid \mu) - \varepsilon.$$

Da die linke Seite nicht von ε abhängt, ist die untere Schranke gezeigt, zunächst aber nur in dem Fall, dass die Dichte $\frac{\mathrm{d}\nu}{\mathrm{d}\mu}$ existiert und von Null und ∞ wegbeschränkt ist. Im allgemeinen Fall können wir voraussetzen, dass eine Dichte $g = \frac{\mathrm{d}\nu}{\mathrm{d}\mu}$ existiert, denn sonst ist $H(\nu \mid \mu) = \infty$ und die untere Schranke trivial. Nun muss man zeigen, dass die Menge der von Null und ∞ wegbeschränkten μ-Dichten für jedes $\alpha \in (0,\infty)$ in der Menge $\{g \in L^1(\mu)\colon g \geq 0 \mu-$ fast sicher, $\int g \, \mathrm{d}\mu = 1, \int g \log g \, \mathrm{d}\mu \leq \alpha\}$ dicht liegt, d. h. man muss eine von Null und ∞ wegbeschränkte Dichte mit Dichten mit beschränkter Entropie bezüglich μ approximieren. Diesen Teil des Beweises lassen wir weg.

Nun zeigen wir die obere Schranke in Definition 2.1.1(iii). Nach Lemma 2.1.5 reicht es, dies nur für kompakte Mengen zu zeigen sowie die exponentielle Straffheit der Folge $(L_n)_{n\in\mathbb{N}}$. Sei zunächst $F \subset \mathcal{M}_1(\Gamma)$ kompakt. Ohne Einschränkung gilt $0 < \inf_F I_\mu$, so dass wir ein $\alpha \in (0, \inf_F I_\mu)$ wählen können. Nach Lemma 2.4.3 gibt es für jedes $\nu \in F$ ein $f_\nu \in \mathcal{C}_\mathrm{b}(\Gamma)$ mit $\int f_\nu \, \mathrm{d}\nu - \log \int \mathrm{e}^{f_\nu} \, \mathrm{d}\mu > \alpha$. Dann ist

$$U_\nu \equiv \Big\{\eta \in \mathcal{M}_1(\Gamma)\colon \int f_\nu \, \mathrm{d}\eta - \log \int \mathrm{e}^{f_\nu} \, \mathrm{d}\mu > \alpha\Big\}$$

eine offene Umgebung von ν. Mit Hilfe der Markov-Ungleichung erhalten wir

$$\begin{aligned}\mathbb{P}(L_n \in U_\nu) &= \mathbb{P}\Big(\mathrm{e}^{n\int f_\nu \, \mathrm{d}L_n} > \mathrm{e}^{n\alpha + n\log\int \mathrm{e}^{f_\nu}\, \mathrm{d}\mu}\Big)\\ &\leq \mathrm{e}^{-n\alpha}\Big(\int \mathrm{e}^{f_\nu} \, \mathrm{d}\mu\Big)^{-n} \mathbb{E}\Big[\mathrm{e}^{n\int f_\nu \, \mathrm{d}L_n}\Big] = \mathrm{e}^{-n\alpha}.\end{aligned}$$

Da F kompakt ist, kann F mit endlich vielen der Mengen U_ν überdeckt werden. Daraus folgt $\limsup_{n\to\infty} \frac{1}{n} \log \mathbb{P}(L_n \in F) \leq -\alpha$. Der Grenzübergang $\alpha \uparrow \inf_F I_\mu$ lässt die obere Schranke folgen.

Nun zeigen wir die exponentielle Straffheit der Folge $(L_n)_{n\in\mathbb{N}}$. Für $\varepsilon > 0$ und eine kompakte Menge $B \subset \Gamma$ sei $A_{B,\varepsilon} \equiv \{\nu \in \mathcal{M}_1(\Gamma)\colon \nu(B^\mathrm{c}) \leq \varepsilon\}$. Nach dem Portmanteau-Theorem[3] ist $A_{B,\varepsilon}$ abgeschlossen. Wähle zwei Nullfolgen $(\varepsilon_k)_{k\in\mathbb{N}}$ und $(b_k)_{k\in\mathbb{N}}$ in $(0,\infty)$, sowie eine Folge kompakter Mengen B_k, so dass $\mu(B_k^\mathrm{c}) = b_k < \varepsilon_k$. Wir setzen $K \equiv$

[3]Wir erinnern uns, dass das Portmanteau-Theorem die schwache Konvergenz von Wahrscheinlichkeitsmaßen μ_n gegen ein Wahrscheinlichkeitsmaß μ unter anderem durch die Bedingung $\liminf_{n\to\infty} \mu_n(G) \geq \mu(G)$ für alle offenen Mengen G charakterisiert.

$\bigcap_{k\in\mathbb{N}} A_{B_k,\varepsilon_k}$. Dann ist K kompakt, denn für jedes $\varepsilon > 0$ gilt $\varepsilon_k < \varepsilon$ für alle genügend großen k, und für jedes $\nu \in K$ ist dann $\nu(B_k^{\rm c}) \le \varepsilon_k < \varepsilon$, und daher ist K straff, also wegen Abgeschlossenheit auch kompakt.

Außerdem haben wir

$$\mathbb{P}(L_n \in K^{\rm c}) = \mathbb{P}\Big(\sum_{i=1}^n \mathbb{1}_{B_k^{\rm c}}(X_i) > \varepsilon_k n \text{ für ein } k \in \mathbb{N}\Big) \le \sum_{k\in\mathbb{N}} \mathbb{P}\Big(\sum_{i=1}^n \mathbb{1}_{B_k^{\rm c}}(X_i) > \varepsilon_k n\Big).$$

Da die Zufallsgrößen $\mathbb{1}_{B_k^{\rm c}}(X_1), \mathbb{1}_{B_k^{\rm c}}(X_2), \dots$ unabhängige und identisch verteilte Bernoulli-Variablen mit Parameter $b_k = \mu(B_k^{\rm c})$ sind, können wir die obere Schranke im Satz von Cramér benutzen, einfacher noch die Abschätzung aus 1.1.2, und erhalten

$$\mathbb{P}(L_n \in K^{\rm c}) \le \sum_{k\in\mathbb{N}} {\rm e}^{-nI_{b_k}(\varepsilon_k)}, \tag{2.4.4}$$

wobei $I_b(\varepsilon) = \varepsilon \log \frac{\varepsilon}{b} + (1-\varepsilon)\log\frac{1-\varepsilon}{1-b}$ die zugehörige Ratenfunktion ist, d.h. die Legendre-Transformierte in (1.4.2) für die Bernoulli-Verteilung mit Parameter b (siehe Beispiel 1.4.2).

Sei nun $s > 0$ gegeben und die Folgen $(\varepsilon_k)_{k\in\mathbb{N}}$, $(b_k)_{k\in\mathbb{N}}$ und $(B_k)_{k\in\mathbb{N}}$ wie oben gewählt. Nun verlangen wir zusätzlich noch, dass für jedes $k \in \mathbb{N}$ auch $I_{b_k}(\varepsilon_k) > 2sk$ gilt. (Dies erreichen wir, indem wir die b_k klein genug wählen, da wir ja wissen, dass $\lim_{b\downarrow 0} I_b(\varepsilon) = \infty$ gilt.) Dann haben wir aus (2.4.4), dass $\mathbb{P}(L_n \in K^{\rm c}) \le \sum_{k\in\mathbb{N}} {\rm e}^{-2skn} \le {\rm e}^{-sn}$. Dies zeigt die exponentielle Straffheit von $(L_n)_{n\in\mathbb{N}}$.

Eine wichtige Anwendung des Satzes von Sanov ist das Prinzip der Gibbs-Konditionierung, bei dem nach dem typischen Verhalten der X_1 gefragt wird unter gewissen Bedingungen an den Durchschnitt von $X_1, \dots, X_n$.

Beispiel 2.4.5 (Das Prinzip der Gibbs-Konditionierung) Es sei $(X_i)_{i\in\mathbb{N}}$ eine Folge von unabhängigen identisch nach μ verteilten Zufallsgrößen. Wir setzen voraus, dass die X_i Werte in einer endlichen Menge Γ haben und dass μ positiv ist auf Γ. Ferner sei $f: \Gamma \to \mathbb{R}$ eine Abbildung und $A \subset \mathbb{R}$ eine Menge. Wir wollen die bedingte Verteilung von X_1 gegeben das Ereignis $\{\frac{1}{n}\sum_{i=1}^n f(X_i) \in A\} = \{\langle f, L_n\rangle \in A\}$ betrachten, also den Wahrscheinlichkeitsvektor

$$\mu_n^{(A)}(\gamma) = \mathbb{P}\big(X_1 = \gamma \mid \langle f, L_n\rangle \in A\big), \qquad \gamma \in \Gamma.$$

Natürlich setzten wir voraus, dass das Ereignis $\{\langle f, L_n\rangle \in A\}$ positive Wahrscheinlichkeit hat. Die soeben formulierte Frage ist von großer Bedeutung in der statistischen Physik; sie fragt nach dem typischen Verhalten der beteiligten Zufallsgrößen, wenn ihr Durchschnitt zur Einhaltung einer gewissen Bedingung gezwungen wird.

Unter der bedingten Verteilung $\mathbb{P}(\,\cdot \mid \langle f, L_n\rangle \in A)$ sind die $X_1, \dots, X_n$ zwar identisch verteilt, aber nicht unabhängig. Man sieht leicht, dass für alle Testfunktionen $\phi: \Gamma \to \mathbb{R}$ gilt:

$$\langle \phi, \mu_n^{(A)} \rangle = \mathbb{E}\big[\langle \phi, L_n \rangle \mid \langle f, L_n \rangle \in A\big].$$

Also kann man schreiben $\mu_n^{(A)} = \mathbb{E}[L_n \mid L_n \in \Sigma_A]$, wobei $\Sigma_A = \{\nu \in \mathcal{M}_1(\Gamma) \colon \langle f, \nu \rangle \in A\}$. Es handelt sich also um eine Fragestellung über die empirischen Maße. Die folgende Charakterisierung aller Häufungspunkte der Folge der $\mu_n^{(A)}$ gilt für alle Maße der Form $\mu_n^* \equiv \mathbb{E}[L_n \mid L_n \in \Sigma]$ mit einem $\Sigma \subset \mathcal{M}_1(\Gamma)$, das die Bedingung

$$\Lambda(\Sigma) \equiv \inf_{\Sigma^\circ} H(\,\cdot \mid \mu) = \inf_{\overline{\Sigma}} H(\,\cdot \mid \mu) \tag{2.4.5}$$

erfüllt.

Lemma 2.4.6 (Das Gibbs-Prinzip) *Sei $\Sigma \subset \mathcal{M}_1(\Gamma)$, so dass* (2.4.5) *erfüllt ist, und sei $\mathcal{M} \equiv \{\nu \in \overline{\Sigma} \colon H(\nu \mid \mu) = \Lambda(\Sigma)\}$ die Menge der Minimierer des Problems in* (2.4.5). *Wir setzen $\mu_n^* = \mathbb{E}[L_n \mid L_n \in \Sigma]$. Dann ist die Menge aller Häufungspunkte der Folge $(\mu_n^*)_{n\in\mathbb{N}}$ enthalten im Abschluss der konvexen Hülle von $\mathcal{M}$. Falls Σ konvex ist mit nichtleerem Innern, dann besteht $\mathcal{M}$ aus einem einzigen Punkt, gegen den dann μ_n^* konvergiert.*

Im Spezialfall $\Gamma = \{0, 1\}$, $\mu = \frac{1}{2}\delta_0 + \frac{1}{2}\delta_1$, $f = \mathrm{id}$, $A = \big[0, \frac{1}{4}\big] \cup \big[\frac{3}{4}, 1\big]$ und $\Sigma = \Sigma_A$ besteht $\mathcal{M}$ aus den beiden Bernoulli-Verteilungen mit Parametern $\frac{1}{4}$ und $\frac{3}{4}$. Aber wegen der Symmetrien der Verteilung μ und der Menge A bezüglich 0 und 1 ist der einzige mögliche Häufungspunkt von $(\mathbb{E}[L_n \mid L_n \in \Sigma])_{n\in\mathbb{N}}$ die Bernoulli-Verteilung mit Parameter $\frac{1}{2}$, und die liegt nicht in $\mathcal{M}$, aber in ihrer konvexen Hülle.

Beweis von Lemma 2.4.6 Da $\mathcal{M}_1(\Gamma)$ kompakt ist und $H(\,\cdot \mid \mu)$ unterhalbstetig, ist $\mathcal{M}$ nicht leer. Wenn Σ konvex ist mit nichtleerem Innern, dann zeigt man leicht mit Hilfe der strikten Konvexität von $H(\,\cdot \mid \mu)$, dass $\mathcal{M}$ nur ein Element enthält. Dies zeigt die letzte Aussage.

Nun beweisen wir die erste Aussage. Sei d die Totalvariationsmetrik auf $\mathcal{M}_1(\Gamma)$, also $\mathrm{d}(\nu, \nu') = \frac{1}{2}\sum_{\gamma\in\Gamma} |\nu(\gamma) - \nu'(\gamma)|$. Wir fixieren ein $\delta > 0$ und betrachten die δ-Umgebung $U_\delta \equiv \{\nu \colon \mathrm{d}(\nu, \mathcal{M}) < \delta\}$ von $\mathcal{M}$, wobei $\mathrm{d}(\nu, \mathcal{M}) = \inf_{\nu'\in\mathcal{M}} \mathrm{d}(\nu, \nu')$ der Abstand von ν zu $\mathcal{M}$ ist. Wir zeigen, dass gilt:

$$\lim_{n\to\infty} \mathbb{P}(L_n \in U_\delta \mid L_n \in \Sigma) = 1. \tag{2.4.6}$$

Um dies zu zeigen, beginnen wir mit dem Satz von Sanov, der uns sagt, dass aufgrund von (2.4.5)

$$\Lambda(\Sigma) = -\lim_{n\to\infty} \frac{1}{n} \log \mathbb{P}(L_n \in \Sigma) \tag{2.4.7}$$

gilt, sowie

$$\limsup_{n\to\infty} \frac{1}{n} \log \mathbb{P}\big(L_n \in U_\delta^{\mathrm{c}} \cap \Sigma\big) \le \limsup_{n\to\infty} \frac{1}{n} \log \mathbb{P}\big(L_n \in U_\delta^{\mathrm{c}} \cap \overline{\Sigma}\big) \le -\inf_{U_\delta^{\mathrm{c}}\cap\overline{\Sigma}} H(\,\cdot \mid \mu). \tag{2.4.8}$$

Wegen Kompaktheit wird das letzte Infimum angenommen in einem Punkt außerhalb von $\mathcal{M}$, also ist das letzte Infimum strikt größer als $\Lambda(\Sigma)$. Nun folgt (2.4.6) leicht aus (2.4.7) und (2.4.8), wie man leicht durch Ausschreiben der bedingten Wahrscheinlichkeit sieht; die Konvergenz ist sogar exponentiell in n.

Nun leiten wir aus (2.4.6) her, dass

$$\lim_{n\to\infty} \mathrm{d}(\mu_n^*, \mathrm{co}(U_\delta)) = 0 \tag{2.4.9}$$

gilt, wobei $\mathrm{co}(U)$ die konvexe Hülle einer Menge U bezeichnet, und wir erinnern an $\mu_n^* = \mathbb{E}[L_n \mid L_n \in \Sigma]$. Aus (2.4.9) folgt dann die Behauptung, dass alle Häufungspunkte von $(\mu_n^*)_{n\in\mathbb{N}}$ im Abschluss von $\mathrm{co}(\mathcal{M})$ liegen, und der Beweis ist beendet.

Wir zeigen nun (2.4.9). Man errechnet elementar, dass gilt:

$$\begin{aligned}\mu_n^* - \mathbb{E}[L_n \mid L_n \in U_\delta \cap \Sigma] = {} & \mathbb{P}(L_n \in U_\delta^{\mathrm{c}} \mid L_n \in \Sigma) \\ & \times \big(\mathbb{E}[L_n \mid L_n \in U_\delta^{\mathrm{c}} \cap \Sigma] - \mathbb{E}[L_n \mid L_n \in U_\delta \cap \Sigma]\big).\end{aligned} \tag{2.4.10}$$

Man beachte, dass $\mathbb{E}[L_n \mid L_n \in U_\delta \cap \Sigma]$ zur konvexen Hülle von U_δ gehört, also ist der Abstand von μ_n^* zu dieser Hülle nicht größer als der Abstand der beiden Maße auf der linken Seite von (2.4.10). Wenn man den Abstand der beiden Maße auf der rechten Seite von (2.4.10) gegen Eins abschätzt, erhält man, dass

$$\mathrm{d}(\mu_n^*, \mathrm{co}(U_\delta)) \le \mathrm{d}\big(\mu_n^*, \mathbb{E}[L_n \mid L_n \in U_\delta \cap \Sigma]\big) \le \mathbb{P}(L_n \in U_\delta^{\mathrm{c}} \mid L_n \in \Sigma),$$

und dies konvergiert gegen Null wegen (2.4.6). Dies zeigt, dass (2.4.9) gilt, und beendet den Beweis. ◊

2.5 Paarempirische Maße von Markovketten

Diesmal betrachten wir eine Markovkette $(X_i)_{i\in\mathbb{N}}$ auf einem Zustandsraum Γ und betrachten die sogenannten *paarempirischen Maße*

$$L_n^2 = \frac{1}{n}\sum_{i=1}^n \delta_{(X_i, X_{i+1})} \in \mathcal{M}_1(\Gamma^2), \tag{2.5.1}$$

auch *empirische Paarmaße* genannt. Diese Maße registrieren die relative Häufigkeit des Auftretens eines Paares von Zuständen in der Kette $(X_i)_{i\in\mathbb{N}}$ bis zum Zeitpunkt n, d. h. die Anzahl der Schritte zwischen je zwei gegebenen Zuständen. Insbesondere enthalten sie die Information über die relative Anzahl von Aufenthalten in Zuständen (d. h. die Information, die empirische Maße enthalten) und von Sprüngen von einem Zustand zu einem anderen. Der natürliche stochastische Prozess für die Betrachtung eines Paarmaßes ist also eine Markovkette. Wir schränken uns hier auf einen *endlichen* Zustandsraum Γ ein, um die technischen Schwierigkeiten gering zu halten und um nützliche kombinatorische Formeln zu präsentieren.

Mit $P = (p(\gamma, \tilde{\gamma}))_{\gamma,\tilde{\gamma}\in\Gamma}$ bezeichnen wir die Übergangsmatrix der Markovkette. Zur Vereinfachung setzen wir voraus, dass $p(\gamma, \tilde{\gamma}) > 0$ für alle $\gamma, \tilde{\gamma} \in \Gamma$. Es ist klar, dass dann $\lim_{n\to\infty} L_n^2 = \mu \otimes P$ gilt, wobei μ die invariante Verteilung der Markovkette ist.

Wir benötigen zunächst noch einige Notationen. Für eine Verteilung $\nu \in \mathcal{M}_1(\Gamma^2)$ auf Γ^2 schreiben wir $\nu^{(1)}$ und $\nu^{(2)}$ für die beiden Marginalmaße auf Γ, d. h. $\nu^{(1)}(\gamma) = \sum_{\tilde{\gamma}\in\Gamma} \nu(\tilde{\gamma}, \gamma)$ und $\nu^{(2)}(\gamma) = \sum_{\tilde{\gamma}\in\Gamma} \nu(\gamma, \tilde{\gamma})$. Falls ν in der Menge

$$\mathcal{M}_1^{(\mathrm{s})}(\Gamma^2) \equiv \{\nu \in \mathcal{M}_1(\Gamma^2) \colon \nu^{(1)} = \nu^{(2)}\}$$

liegt, so nennen wir ν *shift-invariant* und schreiben $\overline{\nu} = \nu^{(1)} = \nu^{(2)}$ für das Marginalmaß. Man beachte, dass L_n^2 "fast" in $\mathcal{M}_1^{(\mathrm{s})}(\Gamma^2)$ liegt, genauer: seine beiden Marginalmaße sind die empirischen Maße der Strings $(X_1, \dots, X_n)$ bzw. $(X_2, \dots, X_{n+1})$, und daher ist der Totalvariationsabstand[4] von L_n^2 zu $\mathcal{M}_1^{(\mathrm{s})}(\Gamma^2)$ ist nicht größer als $\frac{1}{n}$. Wir definieren $L_n^{(2,\mathrm{per})}$ wie L_n^2 in (2.5.1) mit periodischen Randbedingungen, d. h. wir ersetzen X_{n+1} in (2.5.1) durch X_1. Hier wird also ein künstlicher Sprung $X_n \to X_1$ eingefügt. Dann liegt $L_n^{(2,\mathrm{per})}$ offensichtlich in $\mathcal{M}_1^{(\mathrm{s})}(\Gamma^2)$.

Wie auch schon das empirische Maß, reduziert auch das paarempirische Maß den Wahrscheinlichkeitsraum, indem es nur Paarübergänge zählt, aber nicht die zeitliche Reihenfolge registriert. Wir quantifizieren zunächst diesen Effekt in einer kombinatorischen Formel. Mit $\mathcal{M}_1^{(\mathrm{s},n)}(\Gamma^2)$ bezeichnen wir die Menge der Maße in $\mathcal{M}_1^{(\mathrm{s})}(\Gamma^2)$ mit Koeffizienten in $\frac{1}{n}\mathbb{N}_0$. Für einen beliebigen String $x = (x_1, \dots, x_n) \in \Gamma^n$ bezeichnen wir das zugehörige shift-invariante Paarmaß mit $L_n^{(2,\mathrm{per})}(x)$.

Lemma 2.5.1 (Kombinatorik für Paarmaße) *Für jedes* $\nu \in \mathcal{M}_1^{(\mathrm{s},n)}(\Gamma^2)$ *erfüllt die Anzahl*

$$A(\nu) \equiv \#\{x = (x_1, \dots, x_n) \in \Gamma^n \colon L_n^{(2,\mathrm{per})}(x) = \nu\} \tag{2.5.2}$$

aller Strings, deren Paarmaß gleich ν *ist, die Abschätzung*

$$A(\nu) = \varepsilon_n(\nu) \frac{\prod_{\gamma\in\Gamma} (n\overline{\nu}(\gamma))!}{\prod_{\gamma,\tilde{\gamma}\in\Gamma} (n\nu(\gamma, \tilde{\gamma}))!}, \qquad \textit{wobei} \quad n^{-|\Gamma|} \le \varepsilon_n(\nu) \le n. \tag{2.5.3}$$

Beweis Das Maß ν kann identifiziert werden mit dem gerichteten Graphen (Γ, V_ν), wobei V_ν für jedes Paar $(\gamma, \tilde{\gamma})$ exakt $n\nu(\gamma, \tilde{\gamma})$ Pfeile von γ nach $\tilde{\gamma}$ enthält. Die Shift-Invarianz impliziert, dass jeder Zustand genauso viele einkommende wie ausgehende Pfeile besitzt. Die Gesamtzahl der Pfeile ist n.

Ein *Euler'scher Kreis* ist ein geschlossener Pfad entlang von Pfeilen, der jeden Pfeil genau einmal benutzt. Offensichtlich entspricht jeder Euler'sche Kreis in (Γ, V_ν) bis auf

[4]Der *Totalvariationsabstand* von $\nu, \mu \in \mathcal{M}_1(\Gamma^2)$ ist definiert als $\mathrm{d}(\nu, \mu) = \frac{1}{2} \sum_{\gamma,\tilde{\gamma}\in\Gamma} |\nu_{\gamma,\tilde{\gamma}} - \mu_{\gamma,\tilde{\gamma}}|$.

zyklische Verschiebung genau einem String $x = (x_1, \ldots, x_n)$ mit $L_n^{(2,\mathrm{per})}(x) = \nu$. Es sei $E(\nu)$ die Anzahl der Euler'schen Kreise in (Γ, V_ν), dann haben wir

$$A(\nu) = \frac{Z(\nu)E(\nu)}{\prod_{\gamma,\tilde{\gamma}\in\Gamma}(n\nu(\gamma,\tilde{\gamma}))!},$$

wobei $Z(\nu)$ die Zahl der zyklischen Verschiebungen des Strings x ist, die das selbe Paarmaß ergeben, und der kombinatorische Faktor $(n\nu_{\gamma,\tilde{\gamma}})!$ zählt die Permutationen der Pfeile, die der Euler'sche Kreis von γ nach $\tilde{\gamma}$ benutzen kann. Offensichtlich ist $1 \leq Z(\nu) \leq n$. Also folgt die Behauptung des Lemmas aus den Abschätzungen

$$\prod_{\gamma\in\Gamma:\,\overline{\nu}(\gamma)>0} (n\overline{\nu}(\gamma) - 1)! \leq E(\nu) \leq \prod_{\gamma\in\Gamma:\,\overline{\nu}(\gamma)>0} (n\overline{\nu}(\gamma))!. \qquad (2.5.4)$$

Die untere Schranke in (2.5.4) sieht man wie folgt ein. Fixiere einen Euler'schen Kreis, verfolge seinen Lauf und markiere für jedes Paar $(\gamma, \tilde{\gamma})$ von Zuständen denjenigen Pfeil, den dieser Kreis als letzten von γ nach $\tilde{\gamma}$ benutzt. Durch Permutationen aller unmarkierten Pfeile (davon gibt es $n\overline{\nu}(\gamma) - 1$ am Zustand γ) erhält man jeweils einen anderen Euler'schen Kreis, der die markierten Pfeile als jeweils letzten benutzt. Also ist die linke Seite eine untere Schranke. Dass die rechte eine obere Schranke ist, ist einfach zu sehen und wird hier nicht ausgeführt. ◊

Nun können wir ein Prinzip Großer Abweichungen formulieren:

Satz 2.5.2 (Große Abweichungen für empirische Paarmaße von Markovketten) *Sei $(X_i)_{i\in\mathbb{N}}$ eine Markovkette auf einem endlichen Zustandsraum Γ mit positiver Übergangsmatrix $P = (p(\gamma, \tilde{\gamma}))_{\gamma,\tilde{\gamma}\in\Gamma}$, und es sei L_n^2 in* (2.5.1) *das zugehörige empirische Paarmaß. Dann erfüllt $(L_n^2)_{n\in\mathbb{N}}$ ein Prinzip Großer Abweichungen auf $\mathcal{M}_1(\Gamma^2)$ mit Skala n und Ratenfunktion*

$$I_P^{(2)}(\nu) = \begin{cases} \sum_{\gamma,\tilde{\gamma}\in\Gamma} \nu(\gamma,\tilde{\gamma}) \log \frac{\nu(\gamma,\tilde{\gamma})}{\overline{\nu}(\gamma)p(\gamma,\tilde{\gamma})}, & \text{falls } \nu \in \mathcal{M}_1^{(s)}(\Gamma^2) \text{ und } \nu \ll \overline{\nu} \otimes P, \\ \infty & \text{sonst.} \end{cases} \qquad (2.5.5)$$

Beweisskizze Da der Totalvariationsabstand zwischen L_n^2 und der periodischen Version des Paarmaßes, $L_n^{(2,\mathrm{per})}$, nicht größer als $\frac{1}{n}$ ist, erfüllen beide Paarmaße das selbe Prinzip (wenn überhaupt irgend eines). Dies ist leicht direkt zu prüfen und wird aus Korollar 3.2.4 auch noch einmal folgen.

Wir können die Verteilung von $L_n^{(2,\mathrm{per})}$ direkt angeben wie folgt:

$$\mathbb{P}(L_n^{(2,\mathrm{per})} = \nu) = A(\nu) \prod_{\gamma,\tilde{\gamma}\in\Gamma} (p(\gamma,\tilde{\gamma}))^{n\nu(\gamma,\tilde{\gamma})}, \qquad \nu \in \mathcal{M}_1^{(s,n)}(\Gamma^2),$$

wobei wir an (2.5.2) erinnern und auch daran, dass die Maße in $\mathcal{M}_1^{(s,n)}(\Gamma^2)$ per Definition Koeffizienten in $\frac{1}{n}\mathbb{N}_0$ besitzen. Mit Hilfe von Lemma 2.5.1 erhalten wir

$$\mathbb{P}(L_n^{(2,\mathrm{per})} = \nu) = \varepsilon_n(\nu)\frac{\prod_{\gamma\in\Gamma}(n\overline{\nu}(\gamma))!}{\prod_{\gamma,\tilde{\gamma}\in\Gamma}(n\nu(\gamma,\tilde{\gamma}))!}\prod_{\gamma,\tilde{\gamma}\in\Gamma}(p(\gamma,\tilde{\gamma}))^{n\nu(\gamma,\tilde{\gamma})}.$$

Mit Hilfe von Stirlings Formel (siehe 1.1.6) sehen wir, dass der Ausdruck auf der rechten Seite für jedes feste $\nu \in \mathcal{M}_1(\Gamma^2)$ asymptotisch für $n \to \infty$ gleich $\mathrm{e}^{-nI_P^{(2)}(\nu)+o(n)}$ ist. Damit haben wir – modulo technischer Details – die Aussage $\mathbb{P}(L_n^{(2,\mathrm{per})} \approx \nu) \approx \mathrm{e}^{-nI_P^{(2)}(\nu)}$ erhalten und verzichten hier auf einen formalen Beweis des Prinzips Großer Abweichungen. Mehr über die ausgelassenen Teile des Beweises findet sich in [Ho00, Ch. I, II] (allerdings nur für u. i. v. Folgen $(X_i)_{i\in\mathbb{N}}$) und in [DeZe10, Sect. 3.1]; siehe auch [DeZe10, Sect. 6.5.2]. Der abstrakte Fall von gleichmäßig ergodischen Markovketten auf polnischen Räumen wird in [DeSt89, Ch. IV] behandelt. ◊

Bemerkung 2.5.3

(i) Man kann $I_P^{(2)}(\nu) = H(\nu \mid \overline{\nu} \otimes P)$ auf $\mathcal{M}_1^{(s)}(\Gamma^2)$ auch als relative Entropie von ν bezüglich $\overline{\nu} \otimes P$ auffassen.

(ii) Mit Hilfe der Jensen'schen Ungleichung und ihrer Gleichheitsdiskussion kann man elementar herleiten, dass $I_P^{(2)}$ in $\mathcal{M}_1^{(s)}(\Gamma^2)$ strikt konvex ist mit Ausnahme der Liniensegmente $\{\alpha\nu + (1-\alpha)\widetilde{\nu} \colon \alpha \in [0,1]\}$ zwischen je zwei Maßen ν und $\widetilde{\nu}$, die $\nu(\gamma,\tilde{\gamma})/\overline{\nu}(\gamma) = \widetilde{\nu}(\gamma,\tilde{\gamma})/\overline{\widetilde{\nu}}(\gamma)$ für alle $\gamma,\tilde{\gamma} \in \Gamma$ erfüllen. Auf diesen Segmenten ist $I_P^{(2)}$ affin.

(iii) Falls $(X_i)_{i\in\mathbb{N}}$ eine u. i. v. Folge mit Marginalverteilung μ ist, also $p_{\gamma,\tilde{\gamma}} = \mu_{\tilde{\gamma}}$ für alle $\gamma,\tilde{\gamma} \in \Gamma$ gilt, ist $I_P^{(2)}(\nu) = I_\mu(\overline{\nu}) + H(\nu \mid \overline{\nu} \otimes \overline{\nu})$, wobei I_μ die in (2.4.2) definierte Ratenfunktion der empirischen Maße ist. Hierbei kann man $I_\mu(\overline{\nu})$ interpretieren als die Ratenfunktion für die Wahl des Strings, so dass $\overline{\nu}$ sein empirisches Maß ist, und $H(\nu \mid \overline{\nu} \otimes \overline{\nu})$ beschreibt den relativen Anteil derjenigen Strings darunter, die das Paarmaß ν besitzen.

(iv) In [Ho00, Sect. II.7] wird erläutert, wie man in Satz 2.5.2 von einem endlichen zu einem abzählbar unendlichen Zustandsraum übergehen kann.

◊

Zum Abschluss dieses Kapitels zitieren wir ohne Beweis eine Erweiterung des Satzes 2.5.2 auf polnische Räume und k-Tupel-Maße aus [DeZe10, Sect. 6.5]. Es sei also $(X_i)_{i\in\mathbb{N}}$ eine Markovkette auf einem polnischen Raum Γ, und es sei $k \in \mathbb{N}$. Das n-te *k-Tupel-Maß* ist definiert als

$$L_n^k = \frac{1}{n}\sum_{i=1}^n \delta_{(X_i,\ldots,X_{i-1+k})} \in \mathcal{M}_1(\Gamma^k). \tag{2.5.6}$$

Dieses Maß gibt die relative Häufigkeit von „Wörtern" der Länge k in einem „Text" der Länge n an. Wir statten $\mathcal{M}_1(\Gamma^k)$ mit der schwachen Topologie aus und wollen Große Abweichungen für die Folge $(L_n^k)_{n\in\mathbb{N}}$ beschreiben. Es gibt wiederum eine periodische Variante $L_n^{(k,\mathrm{per})}$ von L_n^k, die shift-invariant ist. Hierbei nennen wir eine Verteilung auf Γ^k *shift-invariant*, wenn ihre beiden Marginalmaße auf Γ^{k-1} (also die Projektion auf die Koordinaten $1, \dots, j-1$ und die auf die Koordinaten $2, \dots, j$) miteinander übereinstimmen, welche wir dann mit $\overline{\nu}$ bezeichnen. Mit $\mathcal{M}_1^{(s)}(\Gamma^k)$ bezeichnen wir die Menge der shift-invarianten Wahrscheinlichkeitsmaße auf Γ^k. Der Abstand von L_n^k zu $\mathcal{M}_1^{(s)}(\Gamma^k)$ ist nicht größer als $\frac{1}{n}$.

Mit $p^\ell(\gamma, \cdot) \in \mathcal{M}_1(\Gamma)$ bezeichnen wir die bedingte Verteilung von $X_{\ell+1}$ gegeben $X_1 = \gamma$, also das ℓ-stufige Übergangswahrscheinlichkeitsmaß. Wir setzen voraus, dass für jede messbare Menge $A \subset \Gamma$ die Abbildung $\gamma \mapsto p(\gamma, A)$ messbar ist, wobei $p^1 = p$. Um Große Abweichungen zu beweisen, benötigen wir die folgende Voraussetzung.

Bedingung (U). Es gibt $N, \ell \in \mathbb{N}$ mit $\ell \leq N$ und $M \in (1, \infty)$, so dass

$$p^\ell(\gamma, \cdot) \leq \frac{M}{N} \sum_{m=1}^{N} p^m(\tilde{\gamma}, \cdot), \qquad \gamma, \tilde{\gamma} \in \Gamma.$$

Dies ist eine Bedingung von gleichmäßiger Ergodizität. Zum Beispiel erfüllen irreduzible Markovketten auf endlichen Zustandsräumen die Bedingung (U).

Satz 2.5.4 (Große Abweichungen für k-Tupel-Maße) *Es sei $(X_i)_{i\in\mathbb{N}}$ eine Markovkette auf einem polnischen Raum Γ, deren Übergangswahrscheinlichkeitsmaß p die Bedingung (U) erfüllt. Sei $k \in \mathbb{N}$ fest, und sei das n-te k-Tupelmaß L_n^k wie in* (2.5.6) *definiert. Dann erfüllt $(L_n^k)_{n\in\mathbb{N}}$ ein Prinzip Großer Abweichungen auf $\mathcal{M}_1(\Gamma^k)$ auf der Skala n mit Ratenfunktion*

$$I_\pi^{(k)}(\nu) = \begin{cases} H(\nu \mid \overline{\nu} \otimes_k p), & \text{falls } \nu \in \mathcal{M}_1^{(s)}(\Gamma^k), \\ \infty & \text{sonst.} \end{cases} \tag{2.5.7}$$

Bemerkung 2.5.5

(i) Beweise von Satz 2.5.4 finden sich in [DeZe10, Sect. 6.5.2] und – in einem etwas allgemeinerem Zusammenhang – in [DeSt89, Sect. 4.1]. Der Fall eines endlichen Zustandsraumes Γ wird in [Ho00, Theorem II.18] mit kombinatorischen Methoden behandelt.

(ii) Der Beweis von Satz 2.5.4 in [DeZe10, Sect. 6.5.2] basiert auf der simplen Beobachtung, dass die Folge $((X_i, X_{i+1}, \dots, X_{i-1+k}))_{i\in\mathbb{N}}$ ebenfalls eine Markovkette ist, und zwar auf dem Raum Γ^k. Da die Maße L_n^k die empirischen Maße dieser Kette sind, muss nur eine Version des Satzes von Sanov für Markovketten auf diese Kette angewendet werden. Mit anderen Worten, Satz 2.5.4 für $k = 1$ impliziert leicht den selben Satz für allgemeines $k \in \mathbb{N}$.

(iii) Der Fall $k = \infty$, also die Betrachtung von Mischungen der Shifts der gesamten unendlich langen Folge $(X_i)_{i\in\mathbb{N}}$, lässt ebenfalls ein interessantes Prinzip Großer Abweichungen zu, besitzt aber eine weit weniger explizite Ratenfunktion. Im Fall von endlichem Zustandsraum wird dies in [Ho00, Sect. II.5] behandelt (siehe auch Beispiel 3.7.7) und im Fall von polnischem Zustandsraum in [DeZe10, Sect. 6.5.3].

◊

Grundlegende Techniken 3

In diesem Kapitel stellen wir grundlegende Vorgehensweisen vor, mit denen man Prinzipien Großer Abweichungen aus anderen erhalten kann, sowie grundlegende Anwendungsmöglichkeiten von Prinzipien. In Abschn. 3.1 gewinnen wir Prinzipien durch stetige Bilder, in Abschn. 3.2 durch exponentielle Approximation, in Abschn. 3.3 behandeln wir die Asymptotik von Integralen exponentieller Funktionale *(Varadhans Lemma),* und in Abschn. 3.4 geben wir eine weit reichende Verallgemeinerung des Satzes von Cramèr, den *Satz von Gärtner-Ellis.* Die Liste der Anwendungen dieses Satzes ist lang und wird deshalb auf die Abschn. 3.5 und 3.6 verteilt, wo insbesondere die Verweilzeitmaße von Irrfahrten in stetiger Zeit und der Brown'schen Bewegung untersucht werden.

3.1 Kontraktionsprinzip

Mit Hilfe von stetigen Funktionen lassen sich aus Prinzipien Großer Abweichungen weitere gewinnen:

Satz 3.1.1 (Kontraktionsprinzip) *Es seien* (E, d) *und* (E', d') *zwei metrische Räume und* $f: E \to E'$ *eine stetige Abbildung. Ferner sei* $(X_n)_{n\in\mathbb{N}}$ *eine Folge von* E*-wertigen Zufallsgrößen, die ein Prinzip Großer Abweichungen mit einer Ratenfunktion* $I: E \to [0, \infty]$ *erfüllt. Dann erfüllt die Folge* $(f(X_n))_{n\in\mathbb{N}}$ *ein Prinzip Großer Abweichungen auf* E' *auf der selben Skala mit der Ratenfunktion*

$$I'(y) = \inf\{I(x): x \in E, f(x) = y\}, \qquad y \in E'. \tag{3.1.1}$$

W. König, *Große Abweichungen,* Mathematik Kompakt,
https://doi.org/10.1007/978-3-030-52778-5_3

Beweis Die Niveaumengen von I' sind gleich $\{I' \leq s\} = \{f(x) : x \in E, I(x) \leq s\} = f(\{I \leq s\})$, also stetige Bilder kompakter Mengen und damit selber kompakt. Um die restlichen Aussagen zu prüfen, reicht es darauf hinzuweisen, dass für jede Menge $A \subset E'$ gilt: $\inf_A I' = \inf_{f^{-1}(A)} I$ und darauf, dass Urbilder offener bzw. abgeschlossener Mengen unter stetigen Funktionen selber offen bzw. abgeschlossen sind. □

Bemerkung 3.1.2 Eine alternative Formulierung ist, dass die Bildmaße $\mu_n \circ f^{-1}$ ein Prinzip Großer Abweichungen erfüllen, wenn die μ_n dies tun. ◇

Beispiel 3.1.3 (Empirische Maße von Markovketten) Das empirische Maß L_n (siehe (2.4.1)) einer Markovkette $(X_n)_{n\in\mathbb{N}}$ auf einem polnischen Raum Γ mit Übergangskern p ist das Bild des empirischen Paarmaßes L_n^2 (siehe (2.5.1)) unter der – offensichtlich stetigen – Abbildung $\nu \mapsto \overline{\nu}$. Also folgt aus einem Prinzip Großer Abweichungen für L_n^2 (siehe Satz 2.5.2) eines für L_n. Unter der Bedingung (U) erfüllt also $(L_n)_{n\in\mathbb{N}}$ ein Prinzip Großer Abweichungen auf $\mathcal{M}_1(\Gamma)$ in der schwachen Topologie auf der Skala n mit Ratenfunktion

$$\mu \mapsto \inf_{\nu \in \mathcal{M}_1^{(s)}(\Gamma^2) :\, \overline{\nu} = \mu} H(\nu \mid \mu \otimes p), \tag{3.1.2}$$

wie aus einer Kombination von (3.1.1) und (2.5.5) ersichtlich ist. Diese Darstellung der Ratenfunktion lässt sich i. Allg. nicht wesentlich vereinfachen. In dem Fall, dass $(X_n)_{n\in\mathbb{N}}$ sogar aus unabhängigen, identisch verteilten Zufallsgrößen besteht, erhalten wir auf diese Weise den Satz 2.4.1 von Sanov. Tatsächlich: Wenn der Übergangskern $p(\cdot, \cdot)$ nicht vom ersten Argument abhängt, ist die Bedingung (U) trivialerweise erfüllt (man nehme $N = \ell = M = 1$), und das Infimum in (3.1.2) wird in $\nu = \mu \otimes \mu$ angenommen und ergibt die Ratenfunktion von Satz (2.4.1); man beachte, dass $H(\nu \mid \mu \otimes p) = H(\nu \mid \mu \otimes \mu) + H(\mu \mid p) \geq H(\mu \mid p)$ gilt, falls $\overline{\nu} = \mu$. ◇

Beispiel 3.1.4 (Empirische Maße von Irrfahrten auf $\mathbb{Z}^d$) Um ein Prinzip Großer Abweichungen für die empirischen Maße von Irrfahrten auf dem Gitter $\mathbb{Z}^d$ zu erhalten (was in Anwendungen in Modellen der Statistischen Physik oft benutzt wird), muss man sich auf eine endliche Teilmenge $\Lambda \subset \mathbb{Z}^d$ (etwa eine große zentrierte Box) einschränken, so dass die Einschränkung des Übergangskernes auf Λ irreduzibel ist. Dann erfüllt die zugehörige Irrfahrt auf Λ mit Null-Randbedingungen die Bedingung (U), und man erhält ein konditioniertes Prinzip Großer Abweichungen für die empirischen Maße L_n gegeben das Ereignis $\{X_1, X_2, \dots, X_n \in \Lambda\}$ mit Ratenfunktion

$$\begin{aligned} I_{\Lambda,P}(\mu) = & \inf_{\nu \in \mathcal{M}_1^{(s)}(\Lambda^2) :\, \overline{\nu} = \mu} \sum_{x,y\in\Lambda} \nu(x,y) \log \frac{\nu(x,y)}{\mu(x)p(x,y)} \\ & - \inf_{\nu \in \mathcal{M}_1^{(s)}(\Lambda^2)} \sum_{x,y\in\Lambda} \nu(x,y) \log \frac{\nu(x,y)}{\overline{\nu}(x)p(x,y)}. \end{aligned} \tag{3.1.3}$$

Der subtrahierte Term beschreibt die Wahrscheinlichkeit des Ereignisses $\{X_1, X_2, \dots, X_n \in \Lambda\} = \{\mathrm{supp}\,(L_n^2) \subset \Lambda^2\}$, auf das bedingt wird.

Die empirischen Maße einer Irrfahrt erfüllen im Allgemeinen also kein volles Prinzip auf $\mathcal{M}_1(\mathbb{Z}^d)$, sondern nur ein schwaches. Die zeitlich stetige Variante wird in Abschn. 3.6 behandelt werden. ◊

Beispiel 3.1.5 (Funktionale stochastischer Prozesse) Wenn die empirischen Maße L_n eines stochastischen Prozesses $(X_n)_{n\in\mathbb{N}}$ ein Prinzip Großer Abweichungen erfüllen, so auch Funktionale der Form $\frac{1}{n}\sum_{i=1}^n f(X_i) = \int f\,\mathrm{d}L_n$ für jede beschränkte stetige Funktion f. ◊

Beispiel 3.1.6 (Sanov $\Longrightarrow$ Cramér) Wir hatten in Bemerkung 2.4.4(ii) kurz angesprochen, dass der Satz 2.4.1 von Sanov als ein Spezialfall einer abstrakten Version des Satzes 2.2.1 von Cramér gesehen werden kann. Hier diskutieren wir, ob umgekehrt der Satz von Cramér mit Hilfe des Kontraktionsprinzips aus dem Satz von Sanov gewonnen werden kann.

Sei also $(X_n)_{n\in\mathbb{N}}$ eine Folge von unabhängigen, identisch verteilten Zufallsgrößen, deren empirische Maße $L_n = \frac{1}{n}\sum_{i=1}^n \delta_{X_i}$ ein Prinzip Großer Abweichungen erfüllen. Wie wir in Beispiel 3.1.5 bemerkt haben, erfüllt dann $\frac{1}{n}\sum_{i=1}^n f(X_i) = \int f\,\mathrm{d}L_n$ für jede beschränkte stetige Funktion f ein Prinzip Großer Abweichungen. Dies heißt, dass der Satz 2.2.1 von Cramér für die u. i. v. Zufallsvariablen $Y_i = f(X_i)$ an Stelle von X_i gilt. Mit Hilfe des Satzes 3.1.1 können wir also *ad hoc* den Satz von Cramér nur für *beschränkte* Zufallsgrößen $f(X_i)$ herleiten.

Dies wollen wir nun ein wenig ausführen. Nehmen wir also an, dass $|X_i| \le r$ fast sicher für ein $r > 0$ gilt, dann wählen wir die beschränkte stetige Funktion $f_r(x) = (x \wedge r) \vee (-r)$, und die Abbildung $\nu \mapsto \langle f_r, \nu\rangle$ ist stetig. Also erfüllt $\frac{1}{n}\sum_{i=1}^n X_i = \frac{1}{n}\sum_{i=1}^n f_r(X_i) = \int f_r\,\mathrm{d}L_n$ ein Prinzip Großer Abweichungen auf der Skala n mit der Ratenfunktion

$$\widetilde{I}_\mu(x) = \inf_{\nu\in\mathcal{M}_1(\mathbb{R})\colon \langle \nu, f_r\rangle = x} H(\nu \mid \mu), \qquad x \in \mathbb{R},$$

wobei μ die Verteilung von X_1 ist. Wegen der Eindeutigkeit der Ratenfunktion muss natürlich $\widetilde{I}_\mu$ mit der Ratenfunktion I in (1.4.2) übereinstimmen, aber wir wollen das auf direkte Weise einsehen. Wir benutzen die Darstellung in Lemma 2.4.3 und erhalten eine untere Schranke für $\widetilde{I}_\mu(x)$, indem wir im Supremum auf der rechten Seite von (2.4.3) übergehen zu $f = tf_r$ mit beliebigem $t \in \mathbb{R}$. Dann ist $\int f\,\mathrm{d}\nu - \log\int \mathrm{e}^f\,\mathrm{d}\mu = tx - \log\int \mathrm{e}^{tx}\,\mu(\mathrm{d}x) = tx - \log\mathbb{E}[\mathrm{e}^{tX_1}]$ (man vergesse nicht, dass $\mu([-r, r]) = 1$). Der Übergang zum Supremum über $t \in \mathbb{R}$ zeigt, dass $\widetilde{I}_\mu(x) \ge I(x)$. Nun wollen wir auch „$\le$" einsehen, zumindest für alle x im Intervall $(\mathrm{essinf}(X_1), \mathrm{esssup}(X_1))$ (außerhalb des Abschlusses dieses Intervalls ist ja $I \equiv \infty$). Wir wählen den Maximierer t_x von $tx - \log\varphi(t)$ wie in Lemma 1.4.1 und gehen im Infimum über ν zu $\nu_x(\mathrm{d}y) = \mathrm{e}^{t_x f_r(y)}\,\mu(\mathrm{d}y)/\varphi(t_x)$ über, welches ja nach Lemma 1.4.1 zulässig ist. Setzen wir ν_x in die Formel in (2.4.2) ein, so erhalten wir nach einer kleinen Rechnung, dass $\widetilde{I}_\mu(x) \le H(\nu_x \mid \mu) = xt_x - \log\mathbb{E}[\mathrm{e}^{t_x f_r(X_1)}] = I(x)$, wobei wir wieder beachten mussten, dass $\mu([-r, r]) = 1$.

Wir erinnern daran, dass das Obige nur für beschränkte Zufallsgrößen X_i funktioniert. Auswege aus diesem Mangel sind z. B. stärkere Versionen des Kontraktionsprinzips (siehe etwa [DeZe10, Theorem 4.2.23]) oder des Satzes von Sanov (z. B. in einer stärkeren Topologie), was wir aber nicht behandeln werden. ◊

Beispiel 3.1.7 (Zufällig gestörte dynamische Systeme) Nun folgt eine Anwendung des Satzes 2.3.1 auf stochastische Differentialgleichungen. Dies ist der Einstieg in die sogenannte *Freidlin-Wentzell-Theorie;* siehe [FrWe70] und [DeZe10, Sect. 5.6].

Wir erinnern daran, dass $W = (W_t)_{t\in[0,1]}$ eine d-dimensionale Brown'sche Bewegung mit Pfaden in $\mathcal{C} = \mathcal{C}([0,1] \to \mathbb{R}^d)$ ist. Für einen kleinen Störparameter $\varepsilon > 0$ betrachten wir einen Diffusionsprozess $X^{(\varepsilon)} = (X_t^{(\varepsilon)})_{t\in[0,1]}$ mit Pfaden in $\mathcal{C}$, der durch die stochastische Itô-Gleichung

$$\mathrm{d}X_t^{(\varepsilon)} = b(X_t^{(\varepsilon)})\,\mathrm{d}t + \varepsilon\,\mathrm{d}W_t, \qquad t \in [0,1], \tag{3.1.4}$$

mit Startwert $X_0^{(\varepsilon)} = x_0 \in \mathbb{R}^d$ gegeben ist. Hierbei ist $b\colon \mathbb{R}^d \to \mathbb{R}^d$ ein Lipschitz-stetiges Vektorfeld, d. h. es gibt ein $L > 0$ mit $|b(x) - b(y)| \leq L|x - y|$ für alle $x, y \in \mathbb{R}^d$. Man beachte, dass die Gl. (3.1.4), zusammen mit der Startbedingung $X_0^{(\varepsilon)} = x_0$, äquivalent zu der pfadweise definierten Integralgleichung

$$X_t^{(\varepsilon)} = x_0 + \int_0^t b(X_s^{(\varepsilon)})\,\mathrm{d}s + \varepsilon W_t, \qquad t \in [0,1], \tag{3.1.5}$$

ist. Wir können die Lösung $X^{(\varepsilon)}$ als eine Funktion von εW auffassen:

Lemma 3.1.8 *Für jedes $\varphi \in \mathcal{C}$ besitzt die Gleichung*

$$\psi(t) = x_0 + \int_0^t b(\psi(s))\,\mathrm{d}s + \varphi(t), \qquad t \in [0,1], \tag{3.1.6}$$

eine eindeutige Lösung $\psi \in \mathcal{C}$. Die Abbildung $F\colon \mathcal{C} \to \mathcal{C}$, $F(\varphi) = \psi$, ist stetig und injektiv.

Beweis Der Beweis der Existenz einer eindeutigen Lösung von (3.1.6) ist eine beliebte ÜBUNGSAUFGABE zum Banach'schen Fixpunktsatz; dieses Resultat läuft unter dem Namen *Satz von Picard-Lindelöf.* Wir zeigen nun die Lipschitz-Stetigkeit von F mit Hilfe des *Lemmas von Gronwall,* das besagt, dass für alle $\varphi, \psi \in \mathcal{C}$ und für jedes $L > 0$ gilt:

$$\psi(t) \leq L \int_0^t \psi(s)\,\mathrm{d}s + \varphi(t), \qquad t \in [0,1]$$

$$\Longrightarrow$$

$$\psi(t) \leq \varphi(t) + L \int_0^t \mathrm{e}^{L(t-s)} \varphi(s)\,\mathrm{d}s, \qquad t \in [0,1]. \tag{3.1.7}$$

Seien $\varphi_1, \varphi_2, \psi_1, \psi_2 \in \mathcal{C}$ mit $F(\varphi_i) = \psi_i$ für $i = 1, 2$. Dann folgt für alle $t \in [0, 1]$:

$$
\begin{aligned}
|\psi_1(t) - \psi_2(t)| &= \Big| \int_0^t \big[b(\psi_1(s) - b(\psi_2(s)\big]\,\mathrm{d}s + \varphi_1(t) - \varphi_2(t)\Big| \\
&\leq L \int_0^t |\psi_1(s) - \psi_2(s)|\,\mathrm{d}s + |\varphi_1(t) - \varphi_2(t)|,
\end{aligned}
$$

also folgt aus dem Lemma von Gronwall, dass $|\psi_1(t) - \psi_2(t)| \leq |\varphi_1(t) - \varphi_2(t)| + L\int_0^t \mathrm{e}^{L(t-s)}|\varphi_1(s) - \varphi_2(s)|\,\mathrm{d}s$ für alle $t \in [0, 1]$, und daraus folgt $\|\psi_1 - \psi_2\| \leq (1 + \mathrm{e}^L)$ $\|\varphi_1 - \varphi_2\|$, und dies zeigt die Lipschitz-Stetigkeit von F. Offensichtlich ist F injektiv, denn in (3.1.6) ist φ eine Funktion von ψ. □

Nach dem Satz 2.3.1 von Schilder erfüllt $(\varepsilon W)_{\varepsilon>0}$ für $\varepsilon \downarrow 0$ ein Prinzip Großer Abweichungen mit Skala ε^{-2} und Ratenfunktion I, die in (2.3.1) gegeben ist. Nach dem Kontraktionsprinzip in Verbindung mit Lemma 3.1.8 erfüllt $(X^{(\varepsilon)})_{\varepsilon>0}$ für jeden Startwert $x_0 \in \mathbb{R}^d$ ein Prinzip Großer Abweichungen mit Skala ε^{-2} und Ratenfunktion

$$
\begin{aligned}
\psi \mapsto & \inf_{\varphi\in\mathcal{C}\colon F(\varphi)=\psi} I(\varphi) = I\Big(\psi - x_0 - \int_0^{\cdot} b(\psi(s))\,\mathrm{d}s\Big) \\
&= \begin{cases} \frac{1}{2}\int_0^1 |\psi'(t) - b(\psi(t))|^2\,\mathrm{d}t, & \text{falls } \psi(0) = x_0 \text{ und } \psi \text{ absolutstetig,} \\ \infty & \text{sonst.} \end{cases}
\end{aligned}
$$

Insbesondere haben wir ein Gesetz der Großen Zahlen: Wenn $X^{(0)} \in \mathcal{C}$ die (deterministische) Lösung des ungestörten Systems ist, also von (3.1.5) mit $\varepsilon = 0$, d.h. des dynamischen Systems $(X^{(0)})'(t) = b(X^{(0)}(t))$ mit $X^{(0)}(0) = x_0$, so gilt $\lim_{\varepsilon\downarrow} X^{(\varepsilon)} = X^{(0)}$ gleichmäßig in Wahrscheinlichkeit und fast sicher. ◊

3.2 Exponentielle Approximationen

Wir hatten schon mehrmals implizit Fälle gesehen, wo zwei Folgen von Zufallsgrößen dasselbe Prinzip Großer Abweichungen erfüllen, da ihre Verteilungen genügend nahe an einander sind. Diesen Sachverhalt wollen wir hier kurz allgemein betrachten. Es sei (E, d) ein metrischer Raum und $(\gamma_n)_{n\in\mathbb{N}}$ eine Folge positiver reeller Zahlen mit $\lim_{n\to\infty} \gamma_n = \infty$.

Definition 3.2.1 (Exponentielle Äquivalenz, exponentiell gute Approximation)

(i) Zwei Folgen $(X_n)_{n\in\mathbb{N}}$ und $(\widetilde{X}_n)_{n\in\mathbb{N}}$ von E-wertigen Zufallsgrößen heißen exponentiell äquivalent *auf der Skala $(\gamma_n)_{n\in\mathbb{N}}$, wenn sie gemeinsam auf einem Wahrscheinlichkeitsraum definiert werden können, so dass für jedes $n \in \mathbb{N}$ und jedes $\delta > 0$ die Menge $A_{n,\delta} \equiv \{\mathrm{d}(X_n, \widetilde{X}_n) > \delta\}$ messbar ist mit*

$$\lim_{n\to\infty} \frac{1}{\gamma_n} \log \mathbb{P}(A_{n,\delta}) = -\infty.$$

(ii) *Eine Familie von Folgen* $(X_n^{(r)})_{n\in\mathbb{N}}$, $r \in \mathbb{N}$, *von* E*-wertigen Zufallsgrößen heißt eine* exponentiell gute Approximation *einer Folge* $(X_n)_{n\in\mathbb{N}}$ *von* E*-wertigen Zufallsgrößen für* $r \to \infty$, *wenn alle Zufallsgrößen auf einem Wahrscheinlichkeitsraum definiert werden können, so dass für jedes* $n, r \in \mathbb{N}$ *und jedes* $\delta > 0$ *die Menge* $A_{n,r,\delta} \equiv \{\mathrm{d}(X_n, X_n^{(r)}) > \delta\}$ *messbar ist mit*

$$\lim_{r\to\infty} \limsup_{n\to\infty} \frac{1}{\gamma_n} \log \mathbb{P}(A_{n,r,\delta}) = -\infty.$$

Natürlich gibt es auch Formulierungen in Termen von Folgen von Wahrscheinlichkeitsmaßen. Es ist klar, dass exponentiell äquivalente Folgen das selbe Prinzip Großer Abweichungen erfüllen sollten und dass die Prinzipien für exponentiell gute Approximationen nahe bei einander liegen sollten, wenn der Approximationsparameter divergiert. Die genaue Formulierung dieses Sachverhalts ist recht technisch und ihr Beweis auch, weshalb wir uns auf die Formulierung und ein paar Beispiele beschränken. Siehe [DeZe10, Sect. 4.2.2] für mehr über dieses Thema.

Satz 3.2.2 (PGA und exponentiell gute Approximationen) *Es sei die Familie der Folgen* $(X_n^{(r)})_{n\in\mathbb{N}}$, $r \in \mathbb{N}$, *eine exponentiell gute Approximation der Folge* $(X_n)_{n\in\mathbb{N}}$, *und für jedes* $r \in \mathbb{N}$ *erfülle* $(X_n^{(r)})_{n\in\mathbb{N}}$ *ein Prinzip Großer Abweichungen mit Ratenfunktion* $I_r\colon E \to [0, \infty]$. *Dann erfüllt* $(X_n)_{n\in\mathbb{N}}$ *ein schwaches Prinzip Großer Abweichungen (siehe Bemerkung 2.1.2, 6.) mit Ratenfunktion*

$$I(x) \equiv \sup_{\delta>0} \liminf_{r\to\infty} \inf_{B_\delta(x)} I_r, \qquad x \in E. \tag{3.2.1}$$

Falls die Niveaumengen von I *kompakt sind und für jede abgeschlossene Menge* $F \subset E$ *gilt:* $\inf_F I \le \limsup_{r\to\infty} \inf_F I_r$, *so gilt sogar das Prinzip Großer Abweichungen (d. h. im Sinne der Definition 2.1.1).*

Bemerkung 3.2.3 (Gamma-Konvergenz) Die Konvergenz in (3.2.1) von I_r gegen I heißt *Gamma-Konvergenz*. Dieser Konvergenzbegriff ist speziell angepasst an die Konvergenz von Infima und von Minimierern über geeignete Mengen. Viel mehr über Gamma-Konvergenz findet man in [DM93]. ◇

Wendet man Satz 3.2.2 an auf exponentiell gute Approximationen $(X_n^{(r)})_{n\in\mathbb{N}}$, die gar nicht von r abhängen, so ist die Folge der $\widetilde{X}_n = X_n^{(1)}$ sogar exponentiell äquivalent zu $(X_n)_{n\in\mathbb{N}}$, und die Ratenfunktion I_r für $(\widetilde{X}_n)_{n\in\mathbb{N}}$ hängt natürlich auch nicht von r ab. Ausserdem ist wegen Unterhalbstetigkeit $I(x) = \lim_{\delta\downarrow 0} \inf_{B_\delta(x)} I$. Also erhalten wir die folgende Aussage.

Korollar 3.2.4 (PGA und exponentielle Äquivalenz) *Exponentiell äquivalente Folgen von Zufallsgrößen erfüllen das selbe Prinzip Großer Abweichungen, wenn sie überhaupt eines erfüllen.*

Beispiel 3.2.5 (Satz von Sanov) Man zeige als eine ÜBUNGSAUFGABE, dass der Satz 2.4.1 von Sanov auch für n Zufallsgrößen $X_1, \dots, X_n$ gilt, wenn bis zu $n\varepsilon_n$ von ihnen durch andere Zufallsgrößen ersetzt werden für ein $\varepsilon_n \in (0, 1)$, das für $n \to \infty$ gegen Null konvergiert.

Beispiel 3.2.6 (empirische Paarmaße) Die periodisierten empirischen Paarmaße $L_n^{(2,\mathrm{per})}$ und die gewöhnlichen empirischen Paarmaße L_n^2 einer Markovkette in Abschn. 2.5 sind exponentiell äquivalent, denn der Abstand von L_n^2 zur Menge aller symmetrischen Maße ist ja nicht größer als $\frac{1}{n}$. Insbesondere liefert Korollar 3.2.4 die fehlende Begründung im Beweis von Satz 2.5.2. ◊

Beispiel 3.2.7 (Brown'sche Pfade) Im Beweis des Satzes 2.3.1 von Schilder sahen wir, dass die Approximationen $\varepsilon W^{(r)}$ des Brown'schen Pfades εW mit stückweise linearen Funktionen auf dem Gitter $\{0, \frac{1}{r}, \frac{2}{r}, \dots, 1\}$ exponentiell gute Approximationen auf der Skala ε^{-2} sind. Man beachte, dass man $W^{(r)}$ auch erhält mit Hilfe einer Raum-Zeit-reskalierten Irrfahrt mit unabhängigen standardnormalverteilten Schritten durch Übergang zum Polygonzug. Ein Prinzip Großer Abweichungen für Polygonzüge von reskalierten Irrfahrten in $\mathbb{R}^d$ mit geeigneter Schrittverteilung wird in Abschn. 3.5 als Anwendung des Satzes von Gärtner-Ellis erhalten. Dann kann man Satz 3.2.2 anwenden, um einen zweiten Beweis des Satzes von Schilder zu erhalten. Ferner kann man auch $r = r_\varepsilon \to \infty$ abhängig von ε wählen und erhält eine Version des Satzes von Schilder für die Pfade geeignet reskalierter Irrfahrten, was wir aber nicht ausführen werden. ◊

Beispiel 3.2.8 (Treppenfunktionen und Polygonzüge) Sei $(X_i)_{i\in\mathbb{N}}$ eine Folge unabhängiger, identisch verteilter $\mathbb{R}^d$-wertiger Zufallsgrößen, dann definiert $S_n = \sum_{i=1}^n X_i$ eine Irrfahrt auf dem $\mathbb{R}^d$. Wir möchten eine pfadweise Betrachtung dieser Irrfahrt anstellen, und dafür gibt es prinzipiell zwei sinnvolle Möglichkeiten: die Treppenfunktion und ihre lineare Interpolation, d. h.

$$S^{(n,\mathrm{Tr})} = (S_{\lfloor tn\rfloor})_{t\in[0,1]} \quad \text{und} \quad S^{(n,\mathrm{Po})} = (S_{\lfloor tn\rfloor} + (tn - \lfloor tn\rfloor)X_{\lfloor tn\rfloor+1})_{t\in[0,1]}. \tag{3.2.2}$$

Letztere Funktion ist der stetige, stückweise lineare Polygonzug durch die Werte der ersteren an den Zeiten $0, 1/n, 2/n, \dots, 1$ und liegt daher in der Menge $\mathcal{C}$ der stetigen beschränkten Funktionen $[0, 1] \to \mathbb{R}^d$. Beide Funktionen sind zufällige Elemente des Raumes $L^\infty([0, 1])$ aller beschränkten messbaren Funktionen.

Wir setzen voraus, dass die Momenten erzeugende Funktion $\varphi(\lambda) = \mathbb{E}[\mathrm{e}^{\langle\lambda, X_1\rangle}]$ von X_1 endlich ist für jedes $\lambda \in \mathbb{R}^d$. Dann sind die normierten Funktionen $\frac{1}{n}S^{(n,\mathrm{Tr})}$ und $\frac{1}{n}S^{(n,\mathrm{Po})}$ zueinander exponentiell äquivalent auf der Skala n im Sinne der Supremumsnorm $\|\cdot\|$, was wir nun beweisen wollen. Man sieht leicht, dass $\|\frac{1}{n}S^{(n,\mathrm{Tr})} - \frac{1}{n}S^{(n,\mathrm{Po})}\| \leq \frac{1}{n}\sup_{t\in[0,1]}|X_{\lfloor tn\rfloor+1}|$. Daher erhält man für jedes $\delta > 0$ und $\lambda > 0$ mit Hilfe der Markov-Ungleichung

$$\begin{aligned}\mathbb{P}\Big(\Big\|\frac{1}{n}S^{(n,\mathrm{Tr})} - \frac{1}{n}S^{(n,\mathrm{Po})}\Big\| > \delta\Big) &\leq \mathbb{P}\Big(\max_{i=1}^{n}|X_i| > \delta n\Big) \leq n\mathbb{P}(|X_1| > \delta n)\\ &\leq n\mathbb{E}[\mathrm{e}^{\lambda|X_1|}]\mathrm{e}^{-\lambda\delta n}.\end{aligned}$$

Also fällt die betrachtete Wahrscheinlichkeit exponentiell ab mit Rate $\lambda\delta$, und diese kann beliebig groß gemacht werden durch Wahl von λ. Damit haben wir die exponentielle Äquivalenz gezeigt. ◊

3.3 Das Lemma von Varadhan

Eine ganz zentrale Frage in der Theorie der Großen Abweichungen ist die Rate von exponentiellen Integralen. Wir präsentieren nun das wichtigste Resultat zu diesem Thema, eine weit reichende Verallgemeinerung der Laplace-Methode in Lemma 1.3.2, die zuerst in [Va66] bewiesen wurde. Es sei (E, d) ein metrischer Raum. Wir bevorzugen eine Formulierung in Termen von Zufallsgrößen statt Wahrscheinlichkeitsmaßen.

Satz 3.3.1 (Laplace–Varadhan-Methode, Varadhans Lemma) *Sei $(\gamma_n)_{n\in\mathbb{N}}$ eine Folge positiver reeller Zahlen mit $\lim_{n\to\infty}\gamma_n = \infty$. Ferner sei $(X_n)_{n\in\mathbb{N}}$ eine Folge E-wertiger Zufallsgrößen mit Verteilungen μ_n und $I\colon E \to [0, \infty]$ eine Funktion.*

(i) Falls $F\colon E \to \mathbb{R}$ unterhalbstetig ist und die untere Schranke in Definition 2.1.1(ii) gilt, so gilt

$$\liminf_{n\to\infty}\frac{1}{\gamma_n}\log\mathbb{E}\big[\mathrm{e}^{\gamma_n F(X_n)}\big] \geq \sup_E[F - I]. \tag{3.3.1}$$

(ii) Falls $F\colon E \to \mathbb{R}$ oberhalbstetig ist, die obere Schranke in Definition 2.1.1(iii) gilt sowie die Niveaumengen von I kompakt sind und falls gilt:

$$\lim_{M\to\infty}\limsup_{n\to\infty}\frac{1}{\gamma_n}\log\mathbb{E}\big[\mathrm{e}^{\gamma_n F(X_n)}\mathbb{1}_{\{F(X_n)\geq M\}}\big] = -\infty, \tag{3.3.2}$$

so gilt

$$\limsup_{n\to\infty}\frac{1}{\gamma_n}\log\mathbb{E}\big[\mathrm{e}^{\gamma_n F(X_n)}\big] \leq \sup_E[F - I]. \tag{3.3.3}$$

Bemerkung 3.3.2

(i) Die Bedingung (3.3.2) gilt zum Beispiel, wenn es ein $\alpha > 1$ gibt mit

$$\limsup_{n\to\infty} \frac{1}{\gamma_n} \log \mathbb{E}\big[\mathrm{e}^{\alpha\gamma_n F(X_n)}\big] < \infty,$$

also insbesondere auch, wenn F nach oben beschränkt ist. Den Beweis erbringt man als eine ÜBUNGSAUFGABE oder liest man in [DeZe10, Sect. 4.3] nach.

(ii) Wenn F nach oben beschränkt und stetig ist, haben wir natürlich in (3.3.3) und (3.3.1) jeweils Gleichheit, also

$$\lim_{n\to\infty} \frac{1}{\gamma_n} \log \mathbb{E}\big[\mathrm{e}^{\gamma_n F(X_n)}\big] = \sup_E [F - I]. \tag{3.3.4}$$

(iii) Das Supremum auf der rechten Seite von (3.3.3) wird angenommen, wenn F oberhalbstetig und nach oben beschränkt ist und die Niveaumengen von I kompakt sind, wie man als eine ÜBUNGSAUFGABE leicht zeigt.

◇

Beweis von Satz 3.3.1 Zuerst beweisen wir (i). Seien $x \in E$ und $\delta > 0$. Wegen Unterhalbstetigkeit gibt es eine offene Umgebung G von x mit $\inf_G F \geq F(x) - \delta$. Also folgt

$$\begin{aligned}
\liminf_{n\to\infty} \frac{1}{\gamma_n} \log \mathbb{E}\big[\mathrm{e}^{\gamma_n F(X_n)}\big] &\geq \liminf_{n\to\infty} \frac{1}{\gamma_n} \log \mathbb{E}\big[\mathrm{e}^{\gamma_n F(X_n)} \mathbb{1}_{\{X_n\in G\}}\big] \\
&\geq \liminf_{n\to\infty} \frac{1}{\gamma_n} \log \Big[\mathrm{e}^{\gamma_n \inf_G F} \mathbb{P}(X_n \in G)\Big] \\
&\geq \inf_G F + \liminf_{n\to\infty} \frac{1}{\gamma_n} \log \mathbb{P}(X_n \in G) \\
&\geq F(x) - \delta - \inf_G I \geq F(x) - I(x) - \delta.
\end{aligned}$$

Nun folgt die Aussage durch die Übergänge zu $\delta \downarrow 0$ und $\sup_{x\in E}$.

Jetzt beweisen wir (ii). Zunächst betrachten wir Funktionen F, die nach oben beschränkt sind, es existiere also ein $M > 0$ mit $F(x) \leq M$ für alle $x \in E$. Seien $s > 0$ und $\delta > 0$, dann ist ja $\Phi(s) = \{I \leq s\}$ kompakt. Wegen Unterhalbstetigkeit von I und $-F$ gibt es zu jedem $x \in \Phi(s)$ eine offene Umgebung G_x von x mit $\inf_{\overline{G}_x} I \geq I(x) - \delta$ und $\sup_{\overline{G}_x} F \leq F(x) + \delta$. Die kompakte Menge $\Phi(s)$ kann von endlich vielen der G_x überdeckt werden, sagen wir von $G_{x_1}, \dots, G_{x_N}$. Indem wir den Erwartungswert aufspalten in $\{X_n \in \bigcup_{i=1}^N G_{x_i}\}$ und ihr Komplement, erhalten wir

$$\begin{aligned}
\mathbb{E}\big[\mathrm{e}^{\gamma_n F(X_n)}\big] &\leq \sum_{i=1}^N \mathbb{E}\big[\mathrm{e}^{\gamma_n F(X_n)} \mathbb{1}_{\{X_n\in G_{x_i}\}}\big] + \mathrm{e}^{\gamma_n M} \mathbb{P}\Big(X_n \in \Big(\bigcup_{i=1}^N G_{x_i}\Big)^{\mathrm{c}}\Big) \\
&\leq \sum_{i=1}^N \mathrm{e}^{\gamma_n (F(x_i)+\delta)} \mathbb{P}(X_n \in \overline{G}_{x_i}) + \mathrm{e}^{\gamma_n M} \mathbb{P}\Big(X_n \in \bigcap_{i=1}^N G_{x_i}^{\mathrm{c}}\Big).
\end{aligned}$$

Nun benutzen wir die obere Schranke in Definition 2.1.1(iii) für die abgeschlossenen Mengen $\overline{G}_{x_i}$ bzw. für den Schnitt der G_{x_i} und erhalten

$$\begin{aligned}\limsup_{n\to\infty}\frac{1}{\gamma_n}\log\mathbb{E}\big[\mathrm{e}^{\gamma_n F(X_n)}\big] &\le \max\Big\{\max_{i=1}^{N}\big(F(x_i)+\delta-\inf_{\overline{G}_{x_i}} I\big),\, M-\inf_{\bigcap_{i=1}^{N} G^{\mathrm{c}}_{x_i}} I\Big\}\\ &\le \max\Big\{\max_{i=1}^{N}\big(F(x_i)-I(x_i)+2\delta\big),\, M-s\Big\}.\end{aligned}$$

Nun folgt die Behauptung für nach oben beschränkte Funktionen F durch den Übergang zu $\lim_{\delta\downarrow 0}$ und $\lim_{s\to\infty}$.

Im allgemeinen Fall zerlegen wir für jedes $M > 0$ in die Ereignisse $\{F(X_n) < M\}$ und $\{F(X_n) \ge M\}$ und wenden auf dem ersten Ereignis das Bisherige auf $F_M \equiv F \wedge M$ an. So erhalten wir

$$\begin{aligned}&\limsup_{n\to\infty}\frac{1}{\gamma_n}\log\mathbb{E}\big[\mathrm{e}^{\gamma_n F(X_n)}\big]\\ &\qquad\le \max\Big\{\sup_E[F_M-I],\, \limsup_{n\to\infty}\frac{1}{\gamma_n}\log\mathbb{E}\big[\mathrm{e}^{\gamma_n F(X_n)}\mathbb{1}_{\{F(X_n)\ge M\}}\big]\Big\}.\end{aligned}$$

Mit Hilfe der Bedingung (3.3.2) erhalten wir auch dann leicht die Behauptung. □

Ähnlich wie man eine Wahrscheinlichkeitstheorie auch aus dem Konzept des Erwartungswertes heraus aufbauen kann, kann man eine Theorie der Großen Abweichungen prinzipiell auch aus Integralen exponentieller Funktionen her entwickeln. Dies wollen wir hier nicht tun, aber wir wollen kurz auf eine partielle Umkehrung von Varadhans Lemma eingehen: Falls für genügend viele Funktionen F der Grenzwert in (3.3.4) existiert, so haben wir ein Prinzip Großer Abweichungen. Mit $\mathcal{C}_{\mathrm{b}}(E)$ bezeichnen wir die Menge der stetigen beschränkten Funktionen $E \to \mathbb{R}$. Der folgende Satz wurde in [Br90] erstmals bewiesen; siehe auch [DeZe10, Sect. 4.4].

Satz 3.3.3 (Brycs Umkehrung von Varadhans Lemma) *Es seien die Voraussetzungen wie in Satz 3.3.1. Zusätzlich sei die Folge der Verteilungen der X_n exponentiell straff auf der Skala γ_n. Der Grenzwert*

$$\Lambda(F) = \lim_{n\to\infty}\frac{1}{\gamma_n}\log\mathbb{E}\big[\mathrm{e}^{\gamma_n F(X_n)}\big] \tag{3.3.5}$$

existiere für jedes $F \in \mathcal{C}_{\mathrm{b}}(E)$. Dann erfüllt $(X_n)_{n\in\mathbb{N}}$ ein Prinzip Großer Abweichungen auf der Skala γ_n mit Ratenfunktion

$$I(x) = \sup_{F\in\mathcal{C}_{\mathrm{b}}(E)}\big[F(x) - \Lambda(F)\big]. \tag{3.3.6}$$

Außerdem gilt für jedes $F \in \mathcal{C}_{\mathrm{b}}(E)$

$$\Lambda(F) = \sup_{x\in E}\big[F(x) - I(x)\big]. \tag{3.3.7}$$

Es ist klar, dass (3.3.7) aus Varadhans Lemma folgt. Im Spezialfall $E = \mathbb{R}$ ist die Parallele zur logarithmischen Momenten erzeugenden Funktion und ihrer Legendre-Transformierten im Satz von Cramér auffällig, aber die Ratenfunktion I in Satz 3.3.3 ist nicht notwendiger Weise konvex. Satz 3.3.3 hat auch eine große Verwandtschaft zum Gärtner-Ellis-Theorem (siehe Abschn. 3.4), doch dort wird ausschließlich mit *linearen* Funktionalen F gearbeitet, wohingegen Brycs Ergebnis auch in vollständig regulären topologischen Hausdorffräumen gilt. Natürlich ist die Voraussetzung in Satz 3.3.3, dass $\Lambda(F)$ für *alle* $F \in \mathcal{C}_\mathrm{b}(E)$ existiert, zu stark und kann abgeschwächt werden, siehe [DeZe10, Sect. 4.4].

Als eine erste Anwendung von Varadhans Lemma erhalten wir Prinzipien Großer Abweichungen aus absolutstetigen exponentiellen Transformationen:

Lemma 3.3.4 (Exponentielle Transformationen) *Sei $(\gamma_n)_{n\in\mathbb{N}}$ eine Folge positiver reeller Zahlen mit $\lim_{n\to\infty}\gamma_n = \infty$, und sei $(\mu_n)_{n\in\mathbb{N}}$ eine Folge von Wahrscheinlichkeitsmaßen auf E, die ein Prinzip Großer Abweichungen auf $\mathcal{M}_1(E)$ auf der Skala γ_n mit Ratenfunktion I erfüllt. Ferner sei $F\colon E \to \mathbb{R}$ stetig und beschränkt. Wir definieren eine Folge von Wahrscheinlichkeitsmaßen auf E durch*

$$\nu_n(A) = \frac{1}{Z_n}\int_A \mathrm{e}^{\gamma_n F(x)}\,\mu_n(\mathrm{d}x), \qquad A \subset E \textit{ messbar},$$

wobei die Konstante $Z_n = \int_E \mathrm{e}^{\gamma_n F(x)}\,\mu_n(\mathrm{d}x)$ das Maß ν_n normiert. Dann erfüllt $(\nu_n)_{n\in\mathbb{N}}$ ein Prinzip Großer Abweichungen auf $\mathcal{M}_1(E)$ auf der Skala γ_n mit Ratenfunktion $I - F - \min[I - F]$.

Beweisskizze In Bemerkung 3.3.2 erwähnten wir, dass $I - F$ sein Minimum annimmt. Aus Satz 3.3.1 folgt $\lim_{n\to\infty}\frac{1}{\gamma_n}\log Z_n = -\min[I - F]$. Mit einer geeigneten Adaptation des Beweises von Satz 3.3.1 zeigt man, dass der Limes inferior bzw. superior von $\frac{1}{\gamma_n}\log\int_A \mathrm{e}^{\gamma_n F}\,\mathrm{d}\mu_n$ durch $-\inf_A[I - F]$ für offene bzw. abgeschlossene Mengen A nach unten bzw. oben beschränkt wird. Alternativ wende man die beiden Teilaussagen von Satz 3.3.1 auf $F_A = F\mathbb{1}_A - M\mathbb{1}_{A^c}$ an und lasse später $M \to \infty$. □

Beispiel 3.3.5 (Curie-Weiss-Modell) Ein oft benutztes Mean-Field-Modell für Ferromagnetismus ist das *Curie-Weiss-Modell,* das im einfachsten Fall folgendermaßen definiert wird. Auf dem Konfigurationsraum $E = \{-1, 1\}^N$ betrachten wir die Wahrscheinlichkeitsverteilung

$$\nu_N(\sigma) = \frac{1}{Z_N}\mathrm{e}^{-\beta H_N(\sigma)}\frac{1}{2^N}, \qquad \sigma \in E,$$

wobei $\beta > 0$ ein Parameter ist, und

$$H_N(\sigma) = -\frac{1}{2N} \sum_{i,j=1}^{N} \sigma_i \sigma_j, \qquad \sigma = (\sigma_1, \dots, \sigma_N),$$

die *Hamiltonfunktion,* die die *Energie* der Konfiguration σ angibt. Die Energie setzt sich aus den Interaktionen aller Spinpaare zusammen und ist gering, wenn viele Paare die gleiche Ausrichtung haben. Die Konstante Z_N normiert ν_N zu einem Wahrscheinlichkeitsmaß und wird die *Zustandssumme* oder *Partitionsfunktion* genannt. Das Maß bevorzugt Konfigurationen σ mit geringer Energie $H_N(\sigma)$. Der Parameter β wird oft interpretiert als die inverse Temperatur. Der Effekt der Bevorzugung von geringer Energie wird also bei tieferen Temperaturen stärker. Die beiden Extremfälle sind $\beta = \infty$, die Gleichverteilung auf den energetisch optimalen Konfigurationen, und $\beta = 0$, die Gleichverteilung auf allen Konfigurationen (völlige „Unordnung"). Das Modell ist symmetrisch in positiver und negativer Magnetisierung, d. h. der Übergang von σ zu $-\sigma$ ändert nicht das Maß. Wir können ν_N als eine exponentielle Transformation wie in Lemma 3.3.4 auffassen mit $\mu_N = (\frac{1}{2}(\delta_{-1} + \delta_1))^{\otimes N}$ das N-fache Produktmaß des symmetrischen Bernoullimaßes auf dem *Spinraum* $\{-1, 1\}$.

Wir interpretieren σ als eine Magnetisierung und interessieren uns für die *mittlere Magnetisierung* $\overline{\sigma} \equiv \frac{1}{N} \sum_{i=1}^{N} \sigma_i$. Man beachte, dass die Energie eine Funktion davon ist, denn $-\beta H_N(\sigma) = N F(\overline{\sigma}^2)$, wobei $F(\eta) = \frac{\beta}{2}\eta^2$ für alle $\eta \in [-1, 1]$. Also bevorzugt ν_N Konfigurationen mit betragsmäßig geringer mittlerer Magnetisierung. Mit $\overline{\mu}_N$ und $\overline{\nu}_N$ bezeichnen wir die Verteilung von $\overline{\sigma}$ unter μ_N bzw. ν_N. Unser Ziel hier ist ein Prinzip Großer Abweichungen für $\overline{\nu}_N$. Für jede messbare Menge $A \subset [-1, 1]$ ist

$$\overline{\nu}_N(A) = \frac{1}{Z_N} \int_A \mathrm{e}^{N F(\eta)}\, \overline{\mu}_N(\mathrm{d}\eta).$$

Da $\overline{\mu}_N$ die Verteilung des arithmetischen Mittels von N unabhängigen $\{-1, 1, \}$-wertigen Variablen ist, erfüllt $(\overline{\mu}_N)_{N \in \mathbb{N}}$ nach dem Satz von Cramér ein Prinzip Großer Abweichungen auf der Skala N mit Ratenfunktion

$$I(x) = \sup_{y \in \mathbb{R}} \big[xy - H(y)\big], \qquad \text{wobei } H(y) = \log \frac{\mathrm{e}^y + \mathrm{e}^{-y}}{2}.$$

Man sieht leicht, dass $I(x) = \frac{1+x}{2} \log(1 + x) + \frac{1-x}{2} \log(1 - x)$ für $x \in [-1, 1]$ und $I \equiv \infty$ außer halb von $[-1, 1]$. An den Rändern von $[-1, 1]$ hat I senkrechte Asymptoten. Nach Lemma 3.3.4 genügt $(\overline{\nu}_N)_{N \in \mathbb{N}}$ einem Prinzip Großer Abweichungen auf der Skala N mit der Ratenfunktion $I - F - \min[I - F]$.

Man sieht an der Aussage $\lim_{N \to \infty} \frac{1}{N} \log \int \mathrm{e}^{N F(\eta)}\, \overline{\mu}_N(\mathrm{d}\eta) = \sup[F - I]$ einen Wettstreit zweier Effekte: Optimierung des Energieterms F, und Optimierung des Wahrscheinlichkeitsterms (auch manchmal „Entropieterm" genannt) $-I$. Varadhans Lemma zeigt, dass der optimale Kompromiss in der Optimierung der Summe liegt.

Die Bestimmung der Nullstellen der Ratenfunktion $I - F - \min[I - F]$, also die Frage nach einem Gesetz der Großen Zahlen für die mittlere Magnetisierung, ist besonders interessant. Der oder die Minimierer $m \in [-1, 1]$ sind durch die Gleichung $I'(m) = F'(m)$ charakterisiert, also

$$\frac{1}{2}\log\frac{1+m}{1-m} = \beta m, \qquad \text{d.h.} \quad m = \frac{\mathrm{e}^{2\beta m} - 1}{\mathrm{e}^{2\beta m} + 1} = \tanh(\beta m).$$

I' ist streng konvex auf $[0, 1]$ und streng konkav auf $[-1, 0]$ mit $I'(0) = 1$ und $I''(0) = 1$. Hieraus folgt, dass für $\beta \in (0, 1]$ die einzige Lösung von $I'(m) = F'(m)$ gegeben ist durch $m = 0$, denn $(I - F)''(0) = 1 - \beta \geq 0$, und für $\beta = 1$ muss man noch die dritte und vierte Ableitung betrachten. Aber für $\beta > 1$ gibt es drei Lösungen, von denen allerdings die Null nicht minimal für $I - F$ ist, denn $(I - F)''(0) = 1 - \beta < 0$. Also hat $I - F$ dann genau zwei Minimierer $m_-(\beta) \in (-1, 0)$ und $m_+(\beta) = -m_-(\beta) \in (0, 1)$, die die beiden Lösungen von $m = \tanh(\beta m)$ sind.

Also konvergiert die mittlere Magnetisierung für $\beta \leq 1$ gegen Null und für $\beta > 1$ gegen die symmetrische Mischung der Dirac-Maße auf $-m_+(\beta)$ und $m_+(\beta)$. Den letzten Effekt nennt man manchmal auch *spontane Magnetisierung*. Dies ist ein Phasenübergang in der Temperatur: Für genügend tiefe Temperaturen bilden sich für großes N zwei verschiedene optimale Werte der mittleren Magnetisierung. ◊

3.4 Das Gärtner-Ellis-Theorem

In diesem Abschnitt bringen wir eine weitreichende Verallgemeinerung des Satzes von Cramér, die man auch als eine gewisse Umkehrung des Lemmas von Varadhan sehen kann. Wir werden uns von der Unabhängigkeit lösen und viel allgemeinere Zustandsräume betrachten. Es wird voraus gesetzt, dass die Raten aller exponentiellen Integrale von linearen stetigen Funktionalen existieren und genügend regulär sind, und daraus wird ein Prinzip Großer Abweichungen analog zum Satz von Cramér abgeleitet. Insbesondere ist es wesentlich, dass der Zustandsraum eine lineare Struktur besitzt. Die Topologie, in der das Prinzip dann erhalten wird, ist diejenige, die durch alle Integrale gegen lineare stetige Funktionale erzeugt wird. Die Ratenfunktion ist wiederum eine Legendre-Transformierte und damit in jedem Fall konvex. Abschn. 3.5 und 3.6 werden verschiedenen Anwendungen gewidmet sein, insbesondere auf die Verweilzeitmaße von Irrfahrten in stetiger Zeit und der Brown'schen Bewegung.

Das Gärtner-Ellis-Theorem wurde erstmals in [Gä77] in einem Spezialfall bewiesen und in [St84] und [dAc85] erweitert (und natürlich noch in vielen weiteren Arbeiten). Wir halten uns hier teilweise an die Darstellung in [DeZe10, Sect. 4.5].

In diesem Abschnitt sei E ein Hausdorff'scher topologischer Vektorraum, also ein Vektorraum, in dem je zwei Punkte durch disjunkte offene Mengen von einander getrennt werden können und in dem die Addition und die skalare Multiplikation stetig sind. Mit E^* bezeichnen wir den Raum aller stetigen linearen Funktionale $E \to \mathbb{R}$, den *Dualraum* von E. Wir verwenden auch die Notation $\langle F, x\rangle = F(x)$ für $x \in E$ und $F \in E^*$. Auf E verwenden wir die schwache Topologie, d. h. diejenige, die durch alle Auswertungsfunktionale $\langle F, \cdot\rangle$ von linearen stetigen $F \in E^*$ erzeugt wird, und auf E^* die Schwach-*-Topologie, die durch alle Funktionale der Form $\langle \cdot, x\rangle$ mit $x \in E$ erzeugt wird. Also ist die Abbildung $(F, x) \mapsto \langle F, x\rangle$ eine Dualitätspaarung, und die beiden Räume E und E^* sind jeweils dual zu einander.

In unseren späteren Anwendungen werden wir z. B. die Paare $(E, E^*) = (\mathbb{R}^d, \mathbb{R}^d)$ und $(E, E^*) = (\mathcal{C}_b(\Gamma)^*, \mathcal{C}_b(\Gamma))$ benutzen, wobei $\mathcal{C}_b(\Gamma)$ die Menge aller beschränkten stetigen Funktionen auf einem polnischer Raum Γ ist. Es ist bekannt, dass $\mathcal{C}_b(\Gamma)^*$ mit der Menge aller signierten endlichen Maße auf Γ identifiziert werden kann. Tatsächlich werden die von uns betrachteten Zufallsgrößen dann Werte in der Menge $\mathcal{M}_1(\Gamma)$ aller Wahrscheinlichkeitsmaße auf Γ haben, die wir also als eine Teilmenge von $\mathcal{C}_b(\Gamma)^*$ auffassen können.

Sei $(\gamma_n)_{n\in\mathbb{N}}$ eine Folge positiver reeller Zahlen mit $\lim_{n\to\infty} \gamma_n = \infty$, und sei $(X_n)_{n\in\mathbb{N}}$ eine Folge E-wertiger Zufallsgrößen mit Verteilungen μ_n. Die *logarithmische Momenten erzeugende Funktion* oder *Kumulanten erzeugende Funktion* von μ_n ist definiert als

$$\Lambda_n(F) = \log \mathbb{E}\big[\mathrm{e}^{F(X_n)}\big] = \log \int_E \mathrm{e}^{F(x)}\, \mu_n(\mathrm{d}x), \qquad F \in E^*. \tag{3.4.1}$$

Die *Fenchel-Legendre-Transformierte* einer Abbildung $\Lambda\colon E^* \to [-\infty, \infty]$ ist definiert als

$$\Lambda^*(x) = \sup_{F\in E^*} \big[\langle F, x\rangle - \Lambda(F)\big], \qquad x \in E. \tag{3.4.2}$$

Im Folgenden wird die Voraussetzung, dass der Grenzwert

$$\Lambda(F) = \lim_{n\to\infty} \frac{1}{\gamma_n} \Lambda_n(\gamma_n F) \tag{3.4.3}$$

existiert, eine zentrale Rolle spielen und die Transformierte Λ^* ebenfalls. Zunächst zeigen wir, was man erreichen kann, wenn nur der limes superior

$$\overline{\Lambda}(F) = \limsup_{n\to\infty} \frac{1}{\gamma_n} \Lambda_n(\gamma_n F) \in (-\infty, \infty], \qquad F \in E^*, \tag{3.4.4}$$

betrachtet wird. Es kommt immerhin schon die obere Schranke im Prinzip Großer Abweichungen für kompakte Mengen heraus.

Lemma 3.4.1 *Die Funktion* $\overline{\Lambda}\colon E \to (-\infty, \infty]$ *in* (3.4.4) *ist konvex, und ihre Transformierte* $\overline{\Lambda}^*$ *ist nicht negativ, unterhalbstetig und konvex. Ferner gilt für jede kompakte Teilmenge* $\Gamma \subset E$

$$\limsup_{n\to\infty} \frac{1}{\gamma_n} \log \mathbb{P}(X_n \in \Gamma) \leq -\inf_\Gamma \overline{\Lambda}^*. \tag{3.4.5}$$

Beweis Dieser Beweis ist eine Variante des analogen Beweisteils von Satz 1.4.3.

Die Konvexität von Λ_n und damit auch von $\overline{\Lambda}$ folgt aus Hölders Ungleichung. Da $\Lambda_n(0) = 0$ für jedes $n \in \mathbb{N}$ und damit auch $\overline{\Lambda}(0) = 0$, ist $\overline{\Lambda}^*$ nicht negativ. Die Unterhalbstetigkeit von $\overline{\Lambda}^*$ ist klar, da es ein Supremum stetiger Funktionen ist. Die Konvexität von $\overline{\Lambda}^*$ ist leicht zu verifizieren.

Nun beweisen wir (3.4.5). Sei $\Gamma \subset E$ kompakt, und sei $\delta > 0$. Wir setzen $I_\delta = \min\{\overline{\Lambda}^* - \delta, 1/\delta\}$. Dann gibt es für jedes $x \in E$ ein $F_x \in E^*$ mit $F_x(x) - \overline{\Lambda}(F_x) \geq I_\delta(x)$. Wegen Stetigkeit von F_x gibt es eine Umgebung A_x von x mit $\inf_{A_x} F_x \geq F_x(x) - \delta$. Mit Hilfe der Markov-Ungleichung erhalten wir für jedes $g \in E^*$

$$\mathbb{P}(X_n \in A_x) \leq \mathbb{E}\big[\mathrm{e}^{g(X_n)}\big]\,\mathrm{e}^{-\inf_{A_x} g}.$$

Dies wenden wir an auf $g = \gamma_n F_x$ und erhalten

$$\frac{1}{\gamma_n}\log \mathbb{P}(X_n \in A_x) \leq \delta - F_x(x) + \frac{1}{\gamma_n}\Lambda_n(\gamma_n F_x).$$

Aus der offenen Überdeckung von Γ mit den Mengen A_x mit $x \in \Gamma$ können wir endlich viele, sagen wir $A_{x_1}, \dots, A_{x_N}$, wählen, die auch Γ überdecken. Also folgt

$$\begin{aligned}\limsup_{n\to\infty} \frac{1}{\gamma_n}\log \mathbb{P}(X_n \in \Gamma) &\leq \delta - \min_{i=1}^{N}\big(F_{x_i}(x_i) - \overline{\Lambda}(F_{x_i})\big) \leq \delta - \min_{i=1}^{N} I_\delta(x_i)\\ &\leq \delta - \inf_{\Gamma} I_\delta.\end{aligned}$$

Nun wird der Beweis von (3.4.5) beendet durch Übergang zu $\lim_{\delta\downarrow 0}$. □

Bemerkung 3.4.2 (Exponentielle Straffheit) Wir erwähnten in Bemerkung 1.4.4, dass man in der simplen Situation, wo $E = \mathbb{R}$, die Voraussetzung, dass die Funktion in (3.4.4), $\overline{\Lambda}(F)$, für *alle* $F \in E$ endlich ist, abschwächen kann dazu, dass dieser Grenzwert nur für alle F in einer Umgebung der Null existiert. Für $E = \mathbb{R}$ garantiert diese Bedingung die exponentielle Straffheit, wie man einer Durchsicht des Beweises von Satz 1.4.3 entnimmt. Im abstrakten Zusammenhang in Lemma 3.4.1 gilt diese Implikation nicht mehr, und man erhält *a priori* die obere Schranke nur für kompakte Mengen. Ein nützliches abstraktes Kompaktheitskriterium findet man in [dAc85]. ◊

Nun wenden wir uns der unteren Schranke für offene Mengen zu. Wir erinnern uns, dass dieser Beweisteil von Satz 1.4.3 lokaler Natur ist und mit Hilfe einer absolutstetigen exponentiellen Transformation, der Cramér-Transformierten, geführt wurde. Zur Konstruktion dieser Transformation war es dort nötig, dass die Momenten erzeugende Funktion φ im betrachteten Punkt differenzierbar ist. Dies ist im Fall $E = \mathbb{R}$ automatisch erfüllt, wenn φ in einer Umgebung endlich ist, aber im abstrakten Zusammenhang müssen wir die nötige Glattheit voraussetzen. Es stellt sich heraus, dass der Begriff der *Gâteaux-Differenzierbarkeit* hierbei der passende ist. Eine Funktion $\Lambda\colon E^* \to \mathbb{R}$ heißt Gâteaux-differenzierbar in einem Punkt

$F \in E^*$, wenn für jedes $g \in E^*$ die Abbildung $t \mapsto \Lambda(F + tg)$ in $t = 0$ differenzierbar ist. Den Wert der Ableitung bezeichnen wir mit $\mathrm{D}_g \Lambda(F)$.

Ein wichtiges Element im Beweis des Satzes 3.4.4 wird die Tatsache sein, dass man durch Fenchel-Legendre-Transformierung von Λ^* die Funktion Λ wieder zurück erhält. Dies ist eine gut bekannte Tatsache aus der Theorie der konvexen Funktionen und beruht auf der Konvexität und Unterhalbstetigkeit von Λ. Den folgenden Satz findet man für endlich-dimensionale Banachräume in dem Standardwerk [Ro70].

Lemma 3.4.3 (Dualitätsprinzip der Fenchel-Legendre-Transformierten, [DeZe10, Lemma 4.5.8]) *Sei E ein lokalkonvexer Hausdorff'scher topologischer Vektorraum und $\Omega\colon E \to (-\infty, \infty]$ unterhalbstetig und konvex mit Fenchel-Legendre-Transformierter $\Lambda = \Omega^*\colon E^* \to (-\infty, \infty]$. Dann ist Ω die Fenchel-Legendre-Transformierte von Λ, d. h.*

$$\Omega(x) = \sup_{F \in E^*} \big[F(x) - \Lambda(F)\big] = \Lambda^*(x) = \Omega^{**}(x), \qquad x \in E. \tag{3.4.6}$$

Auf der Menge der unterhalbstetigen konvexen Funktionen ist also die Abbildung $\Omega \mapsto \Omega^*$ zu sich selbst invers. Im Allgemeinen, d. h. wenn Ω nicht konvex ist, ist Ω^{**} die größte konvexe Minorante von Ω. Nun können wir das Hauptergebnis dieses Abschnittes formulieren und beweisen. Um die Formulierung einfach zu halten, ziehen wir uns auf den Spezialfall eines Banachraums zurück; siehe Bemerkung 3.4.7 für den allgemeinen Fall.

Satz 3.4.4 (Abstraktes Gärtner–Ellis-Theorem) *Es sei E ein Banachraum. Ferner sei $(\gamma_n)_{n\in\mathbb{N}}$ eine Folge positiver reeller Zahlen mit $\lim_{n\to\infty} \gamma_n = \infty$, und $(X_n)_{n\in\mathbb{N}}$ sei eine Folge E-wertiger Zufallsgrößen mit Verteilungen μ_n. Wir setzen voraus, dass $(\mu_n)_{n\in\mathbb{N}}$ exponentiell straff ist. Ferner existiere der Grenzwert $\Lambda(F) = \lim_{n\to\infty} \frac{1}{\gamma_n} \Lambda_n(\gamma_n F) \in \mathbb{R}$ für jedes $F \in E^*$, und die Funktion Λ sei Gâteaux-differenzierbar und unterhalbstetig. Dann erfüllt $(X_n)_{n\in\mathbb{N}}$ ein Prinzip Großer Abweichungen auf der Skala γ_n mit Ratenfunktion Λ^*.*

Beweis Die Bedingungen (i) (Kompaktheit der Niveaumengen von Λ^*) und (iii) (obere Schranke für abgeschlossene Mengen) von Definition 2.1.1 folgen aus Lemma 3.4.1, zusammen mit der exponentiellen Straffheit, siehe Lemma 2.1.5.

Wir beweisen nun die untere Schranke in der Form von Lemma 2.1.3(ii'). Seien also $x \in E$ und $\delta > 0$. Unser Ziel ist zu zeigen, dass

$$\liminf_{n\to\infty} \frac{1}{\gamma_n} \log \mathbb{P}(X_n \in B_\delta(x)) \geq -\Lambda^*(x) \tag{3.4.7}$$

gilt. Zunächst machen wir uns klar, dass wir die Existenz eines $F \in E^*$ mit

$$F(x) - \Lambda^*(x) = \sup_{z \in E}[F(z) - \Lambda^*(z)] \tag{3.4.8}$$

voraus setzen können. Dies folgt aus [BrRo65, Theorem 2], einem Resultat aus der Theorie der konvexen Funktionen. Es besagt, dass für jedes $x \in E$ eine Folge von Punkten $x_k \in E$ existiert, die jeweils die Zusatzbedingung erfüllen, so dass $\lim_{k\to\infty} x_k = x$ und $\lim_{k\to\infty} \Lambda^*(x_k) = \Lambda^*(x)$ gilt. Es ist nicht schwer zu sehen, dass unser Ziel (3.4.7) folgt, wenn wir (3.4.7) für jedes x_k an Stelle von x gezeigt haben. Dies begründet, dass wir (3.4.8) für ein $F \in E^*$ annehmen können.

Wenn ein solches F existiert, ist x sogar schon der einzige Punkt, der dieses Supremum realisiert, was wir nun zeigen. Man beachte, dass die rechte Seite von (3.4.8) gleich $\Lambda^{**}(F)$ ist. D. h. x realisiert für dieses F gerade das Supremum in der Formel für $\Lambda^{**}(F)$. Nach Lemma 3.4.3 ist diese rechte Seite gleich $\Lambda(F)$, d. h. wir haben

$$\sup_{g \in E^*} \big[g(x) - \Lambda(g)\big] = F(x) - \Lambda(F).$$

Indem wir von g zu $F + tg$ übergehen, folgt für jedes $g \in E^*$ und jedes $t > 0$, dass $g(x) \leq \frac{1}{t}[\Lambda(F + tg) - \Lambda(F)]$. Da Λ Gâteaux-differenzierbar ist, folgt durch Grenzübergang $t \downarrow 0$, dass $g(x) \leq \mathrm{D}_g\Lambda(F)$. Wegen $\mathrm{D}_{-g}\Lambda(F) = -\mathrm{D}_g\Lambda(F)$ ist $g(x) = \mathrm{D}_g\Lambda(F)$ für alle $g \in E^*$. Damit ist x eindeutig identifiziert worden. Da wir hierfür nur (3.4.8) benutzt haben, ist x eindeutig durch (3.4.8) gegeben.

Nach diesen eher technischen Vorbereitungen läuft der Beweis der unteren Schranke nach dem Muster des analogen Beweisteils im Satz 1.4.3 von Cramér ab. Nach dem Einführen einer exponentiellen Transformation wird ein Gesetz der Großen Zahlen notwendig sein, das hier allerdings mit Hilfe eines Prinzips Großer Abweichungen für das transformierte Maß bewerkstelligt werden wird. Dabei werden (3.4.8) sowie die Eindeutigkeit des x in (3.4.8) von Bedeutung sein.

Wir betrachten Zufallsgrößen $\widehat{X}_n$ mit der Verteilung

$$\mathbb{P}(\widehat{X}_n \in A) = \mathbb{E}\Big[\mathrm{e}^{\gamma_n F(X_n) - \Lambda_n(\gamma_n F)} \mathbb{1}_{\{X_n \in A\}}\Big], \qquad A \subset E \text{ mb.}$$

Ein Blick auf die Definition von Λ_n in (3.4.1) zeigt, dass die rechte Seite wirklich eine Wahrscheinlichkeitsverteilung ist. Sei ein kleines $t > 0$ vorgegeben. Da F stetig ist, gibt es ein $\delta' \in (0, \delta)$, sodass $\sup_{B_{\delta'}(x)} F - F(x) < t$. Dann können wir umschreiben und abschätzen:

$$\begin{aligned}
\mathbb{P}(X_n \in B_\delta(x)) &= \mathbb{E}\Big[\mathrm{e}^{-\gamma_n F(\widehat{X}_n) + \Lambda_n(\gamma_n F)} \mathbb{1}_{\{\widehat{X}_n \in B_\delta(x)\}}\Big] \\
&= \mathrm{e}^{-\gamma_n F(x) + \Lambda_n(\gamma_n F)}\, \mathbb{E}\Big[\mathrm{e}^{-\gamma_n F(\widehat{X}_n - x)} \mathbb{1}_{\{\widehat{X}_n \in B_\delta(x)\}}\Big] \\
&\geq \mathrm{e}^{-\gamma_n F(x) + \Lambda_n(\gamma_n F)} \mathrm{e}^{-\gamma_n t}\, \mathbb{P}\big(\widehat{X}_n \in B_{\delta'}(x)\big),
\end{aligned}$$

wobei wir im letzten Schritt benutzten, dass $\sup_{B_{\delta'}(x)} F - F(x) < t$. Daraus und aus der Annahme der Existenz des Grenzwerts $\Lambda(F) = \lim_{n\to\infty} \frac{1}{\gamma_n}\Lambda_n(\gamma_n F)$ folgt

$$\liminf_{n\to\infty} \frac{1}{\gamma_n} \log \mathbb{P}(X_n \in B_\delta(x)) \geq -[F(x) - \Lambda(F)] - t + \liminf_{n\to\infty} \frac{1}{\gamma_n} \log \mathbb{P}\big(\widehat{X}_n \in B_{\delta'}(x)\big).$$

Aus (3.4.8) haben wir, dass $F(x) - \Lambda(F) = \Lambda^*(x)$. Da $t > 0$ beliebig ist, folgt (3.4.7), sobald wir gezeigt haben, dass $\lim_{n\to\infty} \mathbb{P}(\widehat{X}_n \notin B_{\delta'}(x)) = 0$ ist, also das Gesetz der Großen Zahlen für $\widehat{X}_n$.

Um dies zu zeigen, benutzen wir eine exponentielle Abschätzung nach oben für die transformierten Verteilungen, d. h. wir wenden den ersten Beweisteil auf $\widehat{X}_n$ an. Man sieht leicht, dass die logarithmische Momenten erzeugende Funktion $\widehat{\Lambda}_n$ von $\widehat{X}_n$ gegeben ist durch $\widehat{\Lambda}_n(g) = \Lambda_n(\gamma_n F + g) - \Lambda_n(\gamma_n F)$ für alle $g \in E^*$. Also existiert der Grenzwert $\widehat{\Lambda}(g) = \lim_{n\to\infty} \frac{1}{\gamma_n}\widehat{\Lambda}_n(\gamma_n g) = \Lambda(F + g) - \Lambda(F)$ für jedes $g \in E^*$, und $\widehat{\Lambda}$ ist Gâteaux-differenzierbar mit Fenchel-Legendre-Transformierter $\widehat{\Lambda}^*(y) = \sup_{g\in E^*}[g(y) - \Lambda(F + g) + \Lambda(F)]$.

Wenn wir also die obere Schranke auf die Menge $B_{\delta'}(x)^c$ für die transformierten Verteilungen anwenden, bleibt nur noch zu zeigen, dass $\inf_{B_{\delta'}(x)^c} \widehat{\Lambda}^* > 0$ gilt. Da die Niveaumengen von $\widehat{\Lambda}$ kompakt sind, wird dieses Infimum in einem $y \in B_{\delta'}(x)^c$ angenommen. Wenn der Wert des Infimums Null wäre, so hätten wir $g(y) - \Lambda(F + g) \leq -\Lambda(F)$ für alle $g \in E^*$. Die Substitution $h = F + g$ lässt folgen, dass $h(y) - \Lambda(h) \leq F(y) - \Lambda(F)$ für jedes $h \in E^*$ gilt. Ein Übergang zum Supremum über alle $h \in E^*$ impliziert, dass $\Lambda^*(y) \leq F(y) - \Lambda(F)$ gilt. Also erfüllt y die Beziehung in (3.4.8) an Stelle von x. Dies widerspricht der Tatsache, dass es nur einen Punkt aus E geben kann, der dies tut. Dies beendet den Beweis der unteren Schranke und damit den des Satzes. □

Bemerkung 3.4.5 (Konvexität) Das Prinzip von Satz 3.4.4 gilt also nur, wenn die Ratenfunktion konvex ist. Eine große Klasse von Familien $(X_n)_{n\in\mathbb{N}}$, auf die Satz 3.4.4 (oder Varianten davon) anwendbar ist, ist gegeben, wenn $X_n = \frac{1}{n}(Y_1 + \cdots + Y_n)$ der Durchschnitt von Zufallsvariablen Y_i ist, deren Folge etwa als stationär vorausgesetzt wird und genügend gute Mischungseigenschaften aufweist. Für jedes $m \leq n$ besitzt dann nämlich $X_n = \frac{n-m}{n} X_{n-m} + \frac{m}{n} X_m^{(n-m)}$, wobei $X_m^{(n-m)} = \frac{1}{-}m(Y_{n-m+1} + \cdots + Y_n)$, die Verteilung einer Konvexkombination zweier Kopien von X_{n-m} und X_m. Diese Struktur führt heuristisch auf eine asymptotische Konvexität der Abbildung $x \mapsto -\log \mathbb{P}(X_n \approx x)$: Für $\lambda \in (0, 1)$ und $x_1, x_2 \in \mathbb{R}$ ist

$$\begin{aligned}
\mathbb{P}\big(X_n \approx (1-\lambda)x_1 + \lambda x_2\big) &= \mathbb{P}\Big(\frac{n-\lambda n}{n} X_{n-\lambda n} + \frac{\lambda n}{n} X_{\lambda n}^{(n-\lambda n)} \approx (1-\lambda)x_1 + \lambda x_2\Big) \\
&\geq \mathbb{P}\big(X_{(1-\lambda)n} \approx x_1, X_{\lambda n}^{(n-\lambda n)} \approx x_2\big) \\
&\approx \mathbb{P}(X_{(1-\lambda)n} \approx x_1)\mathbb{P}(X_{\lambda n} \approx x_2),
\end{aligned}$$

wobei wir im letzten Schritt benutzt haben, dass eine asymptotische Unabhängigkeit zwischen den beiden Abschnittten der Folge besteht. Der Übergang zu $-\lim_{n\to\infty}\frac{1}{n}\log$ lässt die Konvexität der Ratenfunktion folgen.

Also kann man in diesem Fall eine konvexe Ratenfunktion erwarten. Abstrakte Konvexitätseigenschaften und daraus resultierende abstrakte Prinzipien Großer Abweichungen (mit sehr unexpliziter Ratenfunktion) werden in [Ho00, Sect. III.7] und in [DeZe10, Sect. 6.4] diskutiert. Hauptmittel sind das Subadditivitätslemma 1.3.3 und Brycs inverses Varadhan-Lemma in Satz 3.3.3. ◊

Bemerkung 3.4.6 Die Voraussetzung der Gâteaux-Differenzierbarkeit ist eine starke Voraussetzung, die z. B. nicht erfüllt ist, wenn $(X_n)_{n\in\mathbb{N}}$ einem Prinzip Großer Abweichungen mit *nichtkonvexer* Ratenfunktion genügt; siehe auch Bemerkung 3.4.7. Man sollte also die Gâteaux-Differenzierbarkeit nicht als eine kleine technische Zusatzvoraussetzung sehen, die den Beweis vereinfacht, sondern als ein Charakteristikum einer Situation, in der die Ratenfunktion konvex ist.

Als ein simples Beispiel betrachten wir eine Abbildung $I: [0,1] \to [0,\infty)$ mit $\inf_{[0,1]} I = 0$, die wir der Einfachheit halber als stetig differenzierbar voraussetzen, und betrachten die Wahrscheinlichkeitsmaße $\mu_n(\mathrm{d}x) = \frac{1}{Z_n}\mathrm{e}^{-nI(x)}\,\mathrm{d}x$ auf $[0,1]$, wobei $Z_n > 0$ geeignet gewählt wird. Mit Hilfe etwa der gewöhnlichen Laplace-Methode (siehe Korollar 1.3.2) sieht man leicht, dass $(\mu_n)_{n\in\mathbb{N}}$ ein Prinzip Großer Abweichungen mit Ratenfunktion I erfüllt. Nun nehmen wir an, dass I nicht konvex ist, und wollen dieses Prinzip mit Hilfe des Satzes 3.4.4 herleiten. Dabei stellt sich allerdings heraus, dass die Legendre-Transformierte Λ von I nicht differenzierbar ist in jenen Punkten F, sodass das Supremum $\Lambda(F) = \sup_{x\in[0,1]}(Fx - I(x))$ in zwei verschiedenen Punkten x_1 und x_2 angenommen wird, aber nicht im Intervall (x_1, x_2). Eine solche Stützgerade F existiert für jede nichtkonvexe Funktion. Als eine ÜBUNGSAUFGABE mache man sich klar, dass dann die Rechtsableitung von Λ in F ungleich der Linksableitung ist. Also ist Satz 3.4.4 nicht anwendbar. ◊

Bemerkung 3.4.7 (Exponierte Punkte) Die Voraussetzung der Gâteaux-Differenzierbarkeit kann abgeschwächt werden, indem man von dem betrachteten Punkt der Cramér-Transformierten fordert, dass er *exponiert* für die Funktion Λ^* ist. Diese Eigenschaft ist definiert durch die Existenz einer *exponierten Hyperebene,* d. h. ein $F \in E^*$ mit der Eigenschaft, dass

$$F(x) - \overline{\Lambda}^*(x) > F(z) - \overline{\Lambda}^*(z) \qquad \text{für jedes } z \in E \setminus \{x\}$$

gilt. Mit anderen Worten, (3.4.8) wird durch x und nur durch x erfüllt, eine Eigenschaft, die im Beweis von Satz 3.4.4 wesentlich war. Wenn man im Beweis der unteren Schranke für eine offene Menge $G \subset E$ nur Exponiertheit voraussetzt (und ansonsten einen beliebigen Hausdorff'schen topologischen Vektorraum voraussetzt), so erhält man a priori nur die untere Schranke $\inf_{G\cap\mathcal{F}} \Lambda^*$, wobei $\mathcal{F}$ die Menge der exponierten Punkte bezeichnet.

Zusätzliche Voraussetzungen und Arbeit sind dann nötig, um dieses Infimum als $\inf_G \Lambda^*$ zu identifizieren. Hierfür reicht z. B. die Gâteaux-Differenzierbarkeit aus (wie in Satz 3.4.4), die allerdings nicht in allen Situationen gegeben ist. $\diamondsuit$

3.5 Anwendungen des Satzes von Gärtner–Ellis

Beispiel 3.5.1 (Satz von Cramér) Natürlich ist der Satz 2.2.1 von Cramér ein Spezialfall des Satzes 3.4.4 von Gärtner–Ellis. Seien also $X_1, X_2, \dots$ unabhängige reellwertige Zufallsgrößen mit gemeinsamer Momenten erzeugender Funktion $\varphi(t) = \mathbb{E}[e^{tX_1}]$, die wir als endlich voraus setzen für alle $t \in \mathbb{R}$. Natürlich können wir den Dualraum $\mathbb{R}^*$ von $\mathbb{R}$ identifizieren mit $\mathbb{R}$. Sei $S_n = \frac{1}{n}(X_1 + \cdots + X_n)$. Der Grenzwert $\Lambda(F) = \lim_{n\to\infty} \frac{1}{n} \log \mathbb{E}[e^{FnS_n}]$ existiert natürlich für jedes $F \in \mathbb{R}^*$ mit Wert $\Lambda(F) = \lim_{n\to\infty} \frac{1}{n} \log \mathbb{E}[e^{F(X_1+\cdots+X_n)}] = \lim_{n\to\infty} \frac{1}{n} \log \varphi(F)^n = \log \varphi(F)$, und Λ ist beliebig oft differenzierbar. Nach Satz 3.4.4 erfüllt $(S_n)_{n\in\mathbb{N}}$ ein Prinzip Großer Abweichungen auf der Skala n mit Ratenfunktion Λ^*, und das ist genau der Satz 2.2.1. $\diamondsuit$

Beispiel 3.5.2 (Brown'sche Polygonzugapproximation) Wir erinnern an die exponentielle Approximation des Brown'schen Pfades $W \in \mathcal{C}$ durch den Polygonzug $W^{(r)} \in \mathcal{C}$, der als lineare Interpolation der Punkte $W(t_i)$ mit $i = 0, 1, \dots, r$ definiert ist, wobei $0 = t_0 < t_1 < \cdots < t_r = 1$ eine Unterteilung des Intervalls $[0, 1]$ ist, siehe Beispiel 3.2.7 und Satz 2.3.1. Hier wollen wir für festes $r \in \mathbb{N}$ ein Prinzip Großer Abweichungen für $(\varepsilon W^{(r)})_{\varepsilon>0}$ für $\varepsilon \downarrow 0$ herleiten, also eine diskrete Version des Satzes 2.3.1 von Schilder.

Zunächst bemerken wir, dass zwischen der Menge $\mathcal{C}_r$ aller stetigen, in allen Intervallen $[t_{i-1}, t_i]$ affinen Funktionen, die in Null starten, und dem $\mathbb{R}^r$ ein Homöomorphismus existiert, der eine solche Funktion abbildet auf das Tupel der Werte an den Stellen t_i. Also befassen wir uns zunächst nur mit Großen Abweichungen des Vektors $\varepsilon \overline{W}^{(r)}$, wobei $\overline{W}^{(r)} = (W(t_1), \dots, W(t_r))$. Der Dualraum des $\mathbb{R}^r$ ist der $\mathbb{R}^r$, also müssen wir Test-Skalarprodukte gegen Vektoren $y \in \mathbb{R}^r$ betrachten und deren exponentielle Erwartungswerte. Wir errechnen mit Hilfe der Unabhängigkeit der Zuwächse und der Tatsache, dass $\mathbb{E}[e^{cW(t)}] = e^{c^2 t/2}$ für alle $c \in \mathbb{R}$ und $t > 0$, dass

$$
\begin{aligned}
\mathbb{E}\Big[\exp\Big\{\varepsilon^{-2}\langle y, \varepsilon \overline{W}\rangle\Big\}\Big] &= \mathbb{E}\Big[\exp\Big\{\varepsilon^{-1}\sum_{i=1}^r y_i W(t_i)\Big\}\Big] \\
&= \mathbb{E}\Big[\exp\Big\{\varepsilon^{-1}\sum_{i=1}^r (W(t_i) - W(t_{i-1}))\sum_{l=i}^r y_l\Big\}\Big] \\
&= \prod_{i=1}^r \mathbb{E}\Big[\exp\Big\{\varepsilon^{-1} W(t_i - t_{i-1})\sum_{l=i}^r y_l\Big\}\Big] \\
&= \exp\Big\{\frac{1}{2\varepsilon^2}\sum_{i=1}^r (t_i - t_{i-1})\Big(\sum_{l=i}^r y_l\Big)^2\Big\}.
\end{aligned}
$$

Also existiert der Grenzwert

$$\Lambda^{(r)}(y) = \lim_{\varepsilon \downarrow 0} \varepsilon^2 \log \mathbb{E}\Big[\exp\Big\{\varepsilon^{-2}\big\langle y, \varepsilon \overline{W}\big\rangle\Big\}\Big] = \frac{1}{2}\sum_{i=1}^{r}(t_i - t_{i-1})\Big(\sum_{l=i}^{r} y_l\Big)^2,$$

und er ist offensichtlich differenzierbar. Nach dem Satz von Gärtner–Ellis genügt $(\varepsilon \overline{W}^{(r)})_{\varepsilon>0}$ einem Prinzip Großer Abweichungen auf der Skala ε^{-2} mit Ratenfunktion

$$\begin{aligned}
I^{(r)}(x) &= \sup_{y\in\mathbb{R}^r}\big[\langle x, y\rangle - \Lambda^{(r)}(y)\big] \\
&= \sup_{y\in\mathbb{R}^r}\sum_{i=1}^{r}(t_i - t_{i-1})\Big[\sum_{l=i}^{r} y_l \frac{x_i - x_{i-1}}{t_i - t_{i-1}} - \frac{1}{2}\Big(\sum_{l=i}^{r} y_l\Big)^2\Big] \\
&= \sup_{y\in\mathbb{R}^r}\frac{1}{2}\sum_{i=1}^{r}(t_i - t_{i-1})\Big[\Big(\frac{x_i - x_{i-1}}{t_i - t_{i-1}}\Big)^2 - \Big(\sum_{l=i}^{r} y_l - \frac{x_i - x_{i-1}}{t_i - t_{i-1}}\Big)^2\Big] \\
&= \frac{1}{2}\sum_{i=1}^{r}\frac{(x_i - x_{i-1})^2}{t_i - t_{i-1}}.
\end{aligned} \tag{3.5.1}$$

Wenn wir den oben erwähnten Homöomorphismus anwenden, erhalten wir, dass die Polygonzüge $\varepsilon W^{(r)}$ ein Prinzip Großer Abweichungen auf $\mathcal{C}_r$ erfüllen mit Ratenfunktion

$$\psi \mapsto \frac{1}{2}\sum_{i=1}^{r}\frac{\big(\psi(t_i) - \psi(t_{i-1})\big)^2}{t_i - t_{i-1}} = \frac{1}{2}\int_0^1 |\psi'(t)|^2\, \mathrm{d}t,$$

falls ψ absolutstetig ist mit $\psi(0) = 0$ (sonst ist die Ratenfunktion gleich ∞). Diese Ratenfunktion stimmt überein mit der Einschränkung der Ratenfunktion I im Satz von Schilder auf $\mathcal{C}_r$. Insbesondere sind ihre Niveaumengen gleich den Schnitten der Niveaumengen von I mit $\mathcal{C}_r$.

Natürlich folgt das Prinzip für $(\varepsilon W^{(r)})_{\varepsilon>0}$ auch aus einer Anwendung des Kontraktionsprinzips auf den Satz von Schilder, wie man sich leicht als ÜBUNGSAUFGABE überlegt. ◊

Beispiel 3.5.3 (Satz von Schilder) Der Satz 2.3.1 von Schilder kann auch mit Hilfe des Satzes 3.4.4 von Gärtner–Ellis bewiesen werden, was wir hier nur kurz für $d = 1$ skizzieren. Der Dualraum $\mathcal{C}^*$ kann mit der Menge aller signierten Maße auf $[0, 1]$ identifiziert werden. Für ein signiertes Maß μ errechnet man

$$\varepsilon^2 \log \mathbb{E}\Big[\mathrm{e}^{\varepsilon^{-2}\langle \varepsilon W, \mu\rangle}\Big] = \frac{1}{2}\int_0^1\int_0^1 s \wedge t\, \mu(\mathrm{d}s)\mu(\mathrm{d}t) = \frac{1}{2}\int_0^1 \mathrm{d}s\, \mu\big([s, 1]\big)^2,$$

und daher ist die Kumulanten erzeugende Funktion gegeben als $\Lambda(\mu) = \frac{1}{2}\int_0^1 \mathrm{d}s\, \mu\big([s,1]\big)^2$. Die Unterhalbstetigkeit und Gâteaux-Differenzierbarkeit von Λ sind leicht zu sehen. Analog zu (3.5.1) identifiziert man die Fenchel-Legendre-Transformierte als $\psi \mapsto \frac{1}{2}\int_0^1 \psi'(t)^2\,\mathrm{d}t$, falls $\psi \in \mathcal{C}$ absolutstetig ist mit $\psi(0) = 0$. ◊

Beispiel 3.5.4 (Polygonzüge für Irrfahrten) Wie in Beispiel 3.2.8 betrachten wir eine Folge $(X_i)_{i\in\mathbb{N}}$ unabhängiger, identisch verteilter $\mathbb{R}^d$-wertiger Zufallsgrößen. Es ist von Interesse, ein Prinzip Großer Abweichungen für den in (3.2.2) definierten Polygonzug $\frac{1}{n}S^{(n,\mathrm{Po})}$ zu erhalten. Hier betrachten wir nur die diskrete Variante, also ein Prinzip für den Vektor

$$Z_n = \frac{1}{n}\big(S^{(n,\mathrm{Po})}(t_1), \dots, S^{(n,\mathrm{Po})}(t_r)\big),$$

wobei $0 = t_0 < t_1 < t_2 < \dots < t_r \leq 1$ fest gewählt seien. Dies ist eine Erweiterung des Beispiels 3.5.2 von normalverteilten Schritten auf allgemeinere Verteilungen, und deshalb skizzieren wir den Beweis nur; die genaue Ausführung ist eine ÜBUNGSAUFGABE.

Wir setzen voraus, dass die logarithmische Momenten erzeugende Funktion der Schritte, $\Lambda(\lambda) = \log\varphi(\lambda) = \log\mathbb{E}[\mathrm{e}^{\lambda\cdot X_1}]$ für jedes $\lambda \in \mathbb{R}^d$ endlich ist. Unsere Behauptung ist, dass $(Z_n)_{n\in\mathbb{N}}$ ein Prinzip Großer Abweichungen auf $(\mathbb{R}^d)^r$ auf der Skala n erfüllt, und dass die Ratenfunktion gegeben ist als

$$x = (x_1, \dots, x_r) \mapsto \sum_{i=1}^r (t_i - t_{i-1})\Lambda^*\Big(\frac{x_i - x_{i-1}}{t_i - t_{i-1}}\Big), \qquad x_0 = 0,$$

wobei Λ^* die Legendre-Transformierte von Λ ist. Es ist angenehm, mit dem Homöomorphismus $x \mapsto (x_1, x_2 - x_1, x_3 - x_2, \dots, x_r - x_{r-1})$ den Vektor Z_n auf den Vektor $\widetilde{Z}_n$ abzubilden, dessen Komponenten unabhängig sind (wir ignorieren hier den kleinen Fehler, der auftritt, weil $t_1, \dots, t_r$ nicht unbedingt in $\frac{1}{n}\mathbb{N}_0$ liegen). Das Kontraktionsprinzip besagt, dass die Ratenfunktion analog transformiert wird. Die i-te Komponente von $\widetilde{Z}_n$ ist $\frac{1}{n}$ Mal eine Summe von etwa $(t_i - t_{i-1})n$ unabhängigen Kopien von X_1. Nach dem Satz von Cramér erfüllt sie auf der Skala n ein Prinzip mit Ratenfunktion $y_i \mapsto (t_i - t_{i-1})\Lambda^*(\frac{y_i}{t_i - t_{i-1}})$. Mit Hilfe des Satzes von Gärtner–Ellis sieht man, dass der Vektor $\widetilde{Z}_n$ ein Prinzip erfüllt, dessen Ratenfunktion die Tensorsumme dieser Funktionen ist. ◊

Bemerkung 3.5.5 (Große Abweichungen für Irrfahrt-Pfade) Eine natürliche Frage, die in Beispiel 3.5.4 auftaucht, ist die Frage nach einem Prinzip Großer Abweichungen für die normierten Polygonzüge $\frac{1}{n}S^{(n,\mathrm{Po})}$ im Raum $L^\infty([0,1])$. Nach Beispiel 3.2.8 haben wir dann das selbe Prinzip für die Treppenfunktionen $\frac{1}{n}S^{(n,\mathrm{Tr})}$. Ein solches ist auch tatsächlich gegeben:

Satz 3.5.6 (Mogulskiis Theorem) *Sei $(X_i)_{i\in\mathbb{N}}$ eine Folge unabhängiger, identisch verteilter $\mathbb{R}^d$-wertiger Zufallsgrößen, so dass $\Lambda(\lambda) = \log \mathbb{E}[\mathrm{e}^{\lambda\cdot X_1}] < \infty$ für jedes $\lambda \in \mathbb{R}^d$. Definiere $S^{(n,\mathrm{Po})}$ wie in (3.2.2) als die lineare Interpolation der Irrfahrt $\sum_{i=1}^m X_i$ an den Punkten $\frac{m}{n}$ für $m = 0, 1, \dots, n$. Dann erfüllt $\frac{1}{n}S^{(n,\mathrm{Po})}$ ein Prinzip Großer Abweichungen auf $L^\infty([0,1])$ auf der Skala n mit Ratenfunktion*

$$\varphi \mapsto \begin{cases} \int_0^1 \Lambda^*(\varphi'(t))\,\mathrm{d}t, & falls\ \varphi\ absolutstetig\ mit\ \varphi(0) = 0, \\ \infty & sonst, \end{cases} \tag{3.5.2}$$

wobei $\Lambda^*\colon \mathbb{R}^d \to \mathbb{R}$ die Legendre-Transformierte von Λ ist.

Ein Vorläufer von Satz 3.5.6 erschien in [Va66]. Satz 3.5.6 und gewisse Erweiterungen entstanden aus einer Serie von Arbeiten von Borovkov und Mogulskii zwischen 1965 und 1976; siehe z. B. [Mo93].

Satz 3.5.6 ist eine nahe liegende Erweiterung von Schilders Satz 2.3.1 in zwei Richtungen: von Brown'scher Bewegung zu approximierenden Irrfahrtpfaden und von normalverteilten Zuwächsen zu allgemeineren Verteilungen.

Der in [DeZe10, Sect. 5.1] ausführlich behandelte Beweis benutzt projektive Limiten (siehe Abschn. 3.7, insbesondere Bemerkung 3.7.9), ein alternativer Beweis wird in [DeZe10, Sect. 7.2] vorgestellt. ◇

Eine unserer späteren Anwendungen werden die Aufenthaltsmaße stochastischer Prozesse in stetiger Zeit betreffen, wie Irrfahrten auf dem $\mathbb{Z}^d$ oder Brown'scher Bewegungen im $\mathbb{R}^d$. Also werden wir Prinzipien Großer Abweichungen für zufällige Wahrscheinlichkeitsmaße benötigen. Wir betrachten hier an Stelle von $\mathbb{Z}^d$ oder $\mathbb{R}^d$ einen polnischen Raum Γ sowie den Banachraum $E = \mathcal{C}_\mathrm{b}(\Gamma)$ der stetigen beschränkten Funktionen $\Gamma \to \mathbb{R}$. Die Menge $\mathcal{M}_1(\Gamma)$ aller Wahrscheinlichkeitsmaße können wir auffassen als eine Teilmenge des Dualraums $E^* = \mathcal{C}_\mathrm{b}(\Gamma)^*$ vermöge der Dualitätspaarung $(\mu, f) \mapsto \langle \mu, f\rangle = \int_\Gamma f(\gamma)\,\mu(\mathrm{d}\gamma)$. Die durch diese Paarung induzierte schwach-*-Topologie auf $\mathcal{M}_1(\Gamma)$ stimmt also mit der Topologie der schwachen Konvergenz von Wahrscheinlichkeitsmaßen überein.

In Abschn. 3.6 werden wir den folgenden Satz 3.5.7 auf zeitstetige Irrfahrten und auf die Brown'sche Bewegung anwenden.

Satz 3.5.7 (Zufällige Wahrscheinlichkeitsmaße) *Es sei Γ ein polnischer Raum und $(\mu_n)_{n\in\mathbb{N}}$ eine exponentiell straffe Folge von $\mathcal{M}_1(\Gamma)$-wertigen Zufallsgrößen. Es sei $(\gamma_n)_{n\in\mathbb{N}}$ eine Folge positiver Zahlen mit $\gamma_n \to \infty$ für $n \to \infty$. Für jedes $f \in \mathcal{C}_\mathrm{b}(\Gamma)$ existiere der Grenzwert*

$$\Lambda(f) = \lim_{n\to\infty} \frac{1}{\gamma_n} \log \mathbb{E}\big[e^{\gamma_n \langle \mu_n, f\rangle}\big]$$

und sei endlich. Die Funktion $\Lambda\colon \mathcal{C}_b(\Gamma) \to \mathbb{R}$ *sei Gâteaux-differenzierbar und stetig in Null bezüglich punktweiser Konvergenz, d. h. für jede Folge* $(f_n)_{n\in\mathbb{N}}$ *in* $\mathcal{C}_b(\Gamma)$ *mit* $\lim_{n\to\infty} f_n(x) = 0$ *für alle* $x \in \Gamma$ *gelte* $\lim_{n\to\infty} \Lambda(f_n) = 0$.

Dann genügt $(\mu_n)_{n\in\mathbb{N}}$ *einem Prinzip Großer Abweichungen mit Skala* γ_n *und Ratenfunktion*

$$I(\mu) = \sup_{f\in\mathcal{C}_b(\Gamma)} \big[\langle \mu, f\rangle - \Lambda(f)\big], \qquad \mu \in \mathcal{M}_1(\Gamma). \tag{3.5.3}$$

Die Ratenfunktion I ist also die Einschränkung der Fenchel-Legendre-Transformierten von Λ auf $\mathcal{M}_1(\Gamma)$.

Beweis Wir fassen also μ_n als eine $\mathcal{C}_b(\Gamma)^*$-wertige Zufallsgröße auf. Satz 3.4.4 impliziert also ein Prinzip Großer Abweichungen auf $\mathcal{C}_b(\Gamma)^*$, und die Ratenfunktion ist die Fenchel-Legendre-Transformierte Λ^* von Λ. Unser Ziel ist die Einschränkung dieses Prinzips auf die Teilmenge $\mathcal{M}_1(\Gamma)$. Es reicht also zu zeigen, dass $\Lambda^*(\mu) = \infty$ für jedes $\mu \in \mathcal{C}_b(\Gamma)^* \setminus \mathcal{M}_1(\Gamma)$ gilt. (Diese Eigenschaft wird benötigt beim Beweis der unteren Schranke: Eine offene Menge G in $\mathcal{M}_1(\Gamma)$ ist der Schnitt einer offenen Menge $\widetilde{G}$ in $\mathcal{C}_b(\Gamma)^*$ mit $\mathcal{M}_1(\Gamma)$, und daher benötigt man, dass $\inf_G \Lambda^* = \inf_{\widetilde{G}} \Lambda^*$ gilt.)

Dies zeigen wir folgendermaßen. Nach dem *Satz von Daniell-Stone* (siehe etwa [Ba92]) liegt ein $\mu \in \mathcal{C}_b(\Gamma)^*$ notwendigerweise schon in $\mathcal{M}_1(\Gamma)$, wenn es erfüllt: (1) $\langle \mu, f\rangle \geq 0$ für jedes $f \geq 0$, (2) $\langle \mu, \mathbb{1}\rangle = 1$, und (3) $\lim_{n\to\infty}\langle \mu, f_n\rangle = 0$ für jede Folge $(f_n)_{n\in\mathbb{N}}$ in $\mathcal{C}_b(\Gamma)$ mit $\lim_{n\to\infty} f_n = 0$ punktweise.

Sei nun $\mu \in \mathcal{C}_b(\Gamma)^*$ mit $\Lambda^*(\mu) < \infty$. Wir zeigen, dass die obigen drei Bedingungen erfüllt sind. Zu (i): Falls $\langle \mu, f\rangle < 0$ für ein $f \geq 0$, so ist $\Lambda^*(\mu) \geq \limsup_{\lambda\to-\infty}[\langle \mu, \lambda f\rangle - \Lambda(\lambda f)] = \infty$, denn $\langle \mu, \lambda f\rangle \to \infty$ und $\Lambda(\lambda f) \leq 0$. Zu (ii): Falls $\langle \mu, \mathbb{1}\rangle \neq 1$, so folgt $\Lambda^*(\mu) \geq \sup_{\lambda\in\mathbb{R}}[\langle \mu, \lambda\mathbb{1}\rangle - \Lambda(\lambda\mathbb{1})] = \sup_{\lambda\in\mathbb{R}} \lambda[\langle \mu, \mathbb{1}\rangle - 1] = \infty$. Zu (iii): Angenommen, es gilt $f_n(x) \to 0$ für jedes $x \in \Gamma$, und mit einem $c > 0$ gilt $\langle \mu, f_n\rangle \geq c$ für jedes $n \in \mathbb{N}$. Dann haben wir für jedes $\lambda \in \mathbb{R}$: $\Lambda^*(\mu) \geq \lambda\langle \mu, f_n\rangle - \Lambda(\lambda f_n) \geq \lambda c - \Lambda(\lambda f_n) \to \lambda c$ auf Grund der Voraussetzung der Stetigkeit von Λ in Null bezüglich punktweiser Konvergenz. Das heißt, es gilt $\Lambda^*(\mu) \geq \lambda c$ für jedes $\lambda > 0$, also $\Lambda^*(\mu) = \infty$. □

Beispiel 3.5.8 (Der Satz von Sanov) Auch der Satz 2.4.1 ist ein Spezialfall des Satzes 3.4.4 von Gärtner–Ellis (genauer: des Satzes 3.5.7), wie man als ÜBUNGSAUFGABE zeigt. Die Gâteaux-Differenzierbarkeit der Kumulanten erzeugenden Funktion und ihre Stetigkeit in Null zeigt man elementar mit Hilfe des Satzes von der majorisierten Konvergenz, und Lemma 2.4.3 ist hilfreich bei der Identifikation der Ratenfunktion. ◊

3.6 Aufenthaltsmaße zeitstetiger stochastischer Prozesse

In diesem Abschnitt wollen wir als Anwendungen von Satz 3.5.7 Große Abweichungen für die normierten Aufenthaltsmaße der einfachen Irrfahrt auf dem $\mathbb{Z}^d$ in stetiger Zeit sowie für die Brown'sche Bewegung erhalten. Wie in dem zeitdiskreten Modell in Beispiel 3.1.4 müssen wir uns auf beschränkte Teilmengen des $\mathbb{Z}^d$ bzw. des $\mathbb{R}^d$ einschränken. Allerdings werden wir mit Hilfe des Satzes von Gärtner–Ellis und ein wenig Spektraltheorie eine einfachere und schönere Darstellung der Ratenfunktion erhalten.

3.6.1 Irrfahrten

Wir betrachten die sogenannte *einfache Irrfahrt* $(X_t)_{t\in[0,\infty)}$ auf $\mathbb{Z}^d$ in stetiger Zeit. Der Generator ist die diskrete Variante des Laplace-Operators:

$$\Delta f(x) = \sum_{y\in\mathbb{Z}^d:\, |x-y|=1} [f(y) - f(x)], \qquad x \in \mathbb{Z}^d, f \in \mathbb{R}^{\mathbb{Z}^d},$$

und $|\cdot|$ ist die ℓ^1-Norm auf dem $\mathbb{R}^d$. Statt $|x - y| = 1$ werden wir $x \sim y$ schreiben. Δ ist die $\mathbb{Z}^d \times \mathbb{Z}^d$-Matrix, die auf der Diagonalen $-2d$ hat und auf der Nebendiagonalen (d. h. in allen Punkten (x, y) mit $x \sim y$) den Wert 1. Unter dem Maß $\mathbb{P}_x$ startet die Irrfahrt in $X_0 = x \in \mathbb{Z}^d$. Es gilt also $\Delta f(x) = \frac{\partial}{\partial t}|_{t=0}\mathbb{E}_x[f(X_t)]$ für alle beschränkten Funktionen $f : \mathbb{Z}^d \to \mathbb{R}$ und alle $x \in \mathbb{Z}^d$. Jeweils nach unabhängigen, zum Parameter Eins exponentiell verteilten Zufallszeiten macht die Irrfahrt einen Sprung zu einem der $2d$ nächsten Nachbarn, jeweils mit der gleichen Wahrscheinlichkeit $\frac{1}{2d}$, unabhängig von allen anderen Entscheidungen. Man erhält eine Realisation mit einer zeitdiskreten einfachen Nächstnachbarschaftsirrfahrt $(Z_n)_{n\in\mathbb{N}_0}$, die in Null startet, und einem davon unabhängigen Poissonprozess $(N_t)_{t\in[0,\infty)}$, indem man $X_t = x + Z_{N_t}$ setzt.

Das Hauptobjekt unserer Betrachtungen sind die *Lokalzeiten* oder (nicht normierten) *empirischen Maße* oder *Aufenthaltsmaße*

$$\ell_t(z) = \int_0^t \mathbb{1}_{\{X_s=z\}}\, \mathrm{d}s, \qquad z \in \mathbb{Z}^d,$$

die angeben, wieviel Zeit die Irrfahrt bis zum Zeitpunkt t im Zustand z verbringt. Für jede beschränkte Funktion $f : \mathbb{Z}^d \to \mathbb{R}$ gilt $\langle \ell_t, f\rangle = \int_0^t f(X_s)\, \mathrm{d}s$. Die normierten Lokalzeiten $\frac{1}{t}\ell_t$ sind zufällige Elemente in der Menge $\mathcal{M}_1(\mathbb{Z}^d)$ aller Wahrscheinlichkeitsmaße auf $\mathbb{Z}^d$. Wir werden im Folgenden die Irrfahrt auf eine feste, aber große Box $Q_R = [-R, R]^d \cap \mathbb{Z}^d$ einschränken, genauer: Wir werden die Verteilungen von $\frac{1}{t}\ell_t$ unter dem Maß $\mathbb{P}_x^{(t)} = \mathbb{P}_x(\,\cdot \mid \mathrm{supp}\,(\ell_t) \subset Q_R)$ betrachten, wobei $\mathrm{supp}\,(\varphi) = \{z \in \mathbb{Z}^d : \varphi(z) \neq 0\}$ der *Träger* von $\varphi : \mathbb{Z}^d \to \mathbb{R}$ ist. Der Grund ist, dass $\mathcal{M}_1(\mathbb{Z}^d)$ nicht kompakt ist, und dass daher die exponentielle Straffheit der Familie $(\frac{1}{t}\ell_t)_{t>0}$ nicht ohne Weiteres gegeben ist.

Die Einschränkung auf einen kompakten Bereich ist die technisch einfachste hinreichende Maßnahme.

Das Ereignis $\{\mathrm{supp}\,(\ell_t) \subset Q_R\}$, auf das wir konditionieren, kann man auch als $\{\ell_t(Q_R) = t\}$ schreiben, oder als $\{\tau_R > t\}$, wobei $\tau_R = \inf\{t > 0\colon X_t \notin Q_R\}$ die *Austrittszeit* der Irrfahrt aus der Box Q_R ist, oder als $\{X_s \in Q_R$ für alle $s \in [0, t]\}$. Unter $\mathbb{P}_x^{(t)}$ ist $\frac{1}{t}\ell_t \in \mathcal{M}_1(Q_R)$ mit Wahrscheinlichkeit Eins.

Unter $\mathbb{P}_x^{(t)}$ ist $(X_s)_{s\in[0,t]}$ zwar keine Irrfahrt, aber wir können der Familie der Sub-Wahrscheinlichkeitsmaße $\mathbb{P}_x(\,\cdot \cap \{\mathrm{supp}\,(\ell_t) \subset Q_R\})$ den Generator Δ_R zuordnen, der die Einschränkung von Δ auf die Menge aller Funktionen $\mathbb{Z}^d \to \mathbb{R}$ mit Träger in Q_R ist:

$$\Delta_R f(x) = \sum_{y\in\mathbb{Z}^d\colon x\sim y} [f(y) - f(x)], \qquad x \in Q_R,\ f \in \mathbb{R}^{\mathbb{Z}^d},\ \mathrm{supp}\,(f) \subset Q_R.$$

(Man beachte, dass sich die Summe über y insbesondere über den äußeren Rand von Q_R erstreckt, wo f Null ist.) Wir werden $\mathbb{R}^{Q_R}$ auch als den Hilbertraum $\ell^2(Q_R)$ auffassen. Auf diesem Raum kann man $-\Delta_R$ als einen symmetrischen positiv definiten Operator auffassen. Man sagt auch, Δ_R sei der Laplace-Operator in Q_R mit Null-Randbedingungen.

Satz 3.6.1 (Große Abweichungen für normierte Irrfahrtslokalzeiten) *Sei $R > 0$ fest, und sei $(X_t)_{t\in[0,\infty)}$ die einfache Irrfahrt auf $\mathbb{Z}^d$ mit Generator Δ. Dann erfüllen die normierten Lokalzeiten $\frac{1}{t}\ell_t$ für $t \to \infty$ unter $\mathbb{P}_x^{(t)} = \mathbb{P}_x(\,\cdot \mid \mathrm{supp}\,(\ell_t) \subset Q_R)$ ein Prinzip Großer Abweichungen auf $\mathcal{M}_1(Q_R)$ auf der Skala t mit Ratenfunktion I_R, die gegeben ist durch*

$$I_R(\mu) = \Big\langle -\Delta_R\sqrt{\mu}, \sqrt{\mu}\Big\rangle - C_R = \frac{1}{2}\sum_{x,y\in\mathbb{Z}^d\colon x\sim y}\Big(\sqrt{\mu(x)} - \sqrt{\mu(y)}\Big)^2 - C_R, \tag{3.6.1}$$

wobei

$$C_R = \inf_{\mu\in\mathcal{M}_1(Q_R)} \frac{1}{2}\sum_{x,y\in Q_R\colon x\sim y}\Big(\sqrt{\mu(x)} - \sqrt{\mu(y)}\Big)^2. \tag{3.6.2}$$

Beweis Wir werden Satz 3.5.7 anwenden und müssen dafür vorher die Asymptotik der exponentiellen Momente identifizieren. Zunächst bemerken wir, dass $\mathcal{M}_1(Q_R)$ kompakt ist, also $(\frac{1}{t}\ell_t)_{t>0}$ exponentiell straff.

Wir benötigen ein wenig Spektraltheorie für den Operator $\Delta_R + V$ auf dem $\ell^2(Q_R)$ für beliebige Funktionen $V \in \ell^\infty(Q_R)$.[1] Mit $\langle \cdot, \cdot \rangle$ bezeichnen wir das Skalarprodukt auf dem $\ell^2(Q_R)$. Für jedes $V \in \mathbb{R}^{Q_R}$ sei

$$\begin{aligned}\lambda(V) &= \sup_{g \in \ell^2(Q_R):\, \|g\|_2 = 1} \big\langle (\Delta_R + V)g, g \big\rangle \\ &= - \inf_{\substack{g \in \ell^2(\mathbb{Z}^d) \\ \mathrm{supp}\,(g) \subset Q_R, \|g\|_2 = 1}} \Big(\frac{1}{2} \sum_{x,y \in \mathbb{Z}^d:\, x \sim y} \big(g(x) - g(y) \big)^2 - \langle V, g^2 \rangle \Big)\end{aligned} \tag{3.6.3}$$

der größte Eigenwert des Operators $\Delta_R + V : \ell^2(Q_R) \to \ell^2(Q_R)$.

Es gibt offensichtlich ein $c > 0$, so dass die Matrix $\Delta_R + c\mathrm{Id} + V$ ausschließlich nichtnegative Einträge besitzt und für jedes $x, y \in Q_R$ die k-te Potenz $(\Delta_R + c\mathrm{Id} + V)^k$ dieser Matrix in der (x, y)-Position positive Einträge hat. Mit anderen Worten, $\Delta_R + c\mathrm{Id} + V$ ist eine nichtnegative und irreduzible Matrix. Der *Satz von Perron-Frobenius* (siehe etwa [Se81, Ch. 1]) besagt, dass $\Delta_R + c\mathrm{Id} + V$ einen geometrisch und algebraisch einfachen Eigenwert besitzt und dass die zugehörige Eigenfunktion auf ganz Q_R positiv gewählt werden kann und auch (bis auf konstante Vielfache) die einzige positive Eigenfunktion ist. Offensichtlich besitzen $\Delta_R + c\mathrm{Id} + V$ und $\Delta_R + V$ die selben Eigenfunktionen, und ihre Eigenwerte unterscheiden sich nur um die Differenz c. Also ist der Eigenwert $\lambda(V)$ einfach, und die zugehörige Eigenfunktion $u_V : Q_R \to (0, \infty)$ kann positiv gewählt werden.

Wir betrachten nun für jedes $t > 0$ den Operator P_t^V auf $\ell^2(Q_R)$, der gegeben ist durch

$$P_t^V f(x) = \mathbb{E}_x \Big[\mathrm{e}^{\int_0^t V(X_s)\, \mathrm{d}s} f(X_t) \mathbb{1}_{\{\mathrm{supp}\,(\ell_t) \subset Q_R\}} \Big], \qquad x \in Q_R,\ f \in \ell^2(Q_R).$$

Das Perron-Frobenius-Theorem ist auch auf P_t^V anwendbar. Wir behaupten, dass u_V die (bis auf Vielfache) eindeutige positive Eigenfunktion von P_t^V ist, und zwar zum Eigenwert $\mathrm{e}^{t\lambda(V)}$. Um dies einzusehen, zeigt man, dass Δ_R der Generator der Irrfahrt unter den Sub-Wahrscheinlichkeitsmaßen $\mathbb{P}_x(\,\cdot\, \cap \{\mathrm{supp}\,(\ell_t) \subset Q_R\})$ ist in dem Sinne, dass

$$\Delta_R f(z) = \frac{\partial}{\partial t}\Big|_{t=0} \mathbb{E}_z \big[f(X_t) \mathbb{1}_{\{\mathrm{supp}\,(\ell_t) \subset Q_R\}} \big], \qquad z \in Q_R,\ f \in \mathbb{R}^{Q_R}.$$

Dann sieht man, dass

$$(\Delta_R + V) f(z) = \frac{\partial}{\partial t}\Big|_{t=0} P_t^V f(z), \qquad z \in Q_R,\ f \in \mathbb{R}^{Q_R},$$

[1] Tatächlich handelt es sich im Folgenden um die Lineare Algebra gewöhnlicher Matrizen, denn die Indexmenge Q_R ist ja endlich. Der Multiplikationsoperator V ist die Diagonalmatrix $(V(x)\delta_{xy})_{x,y \in Q_R}$.

gilt. Mit Hilfe der Markoveigenschaft ist leicht zu sehen, dass die Familie $(P_t^V)_{t\geq 0}$ eine stark-stetige Halbgruppe von linearen, stetigen Operatoren auf dem $\ell^2(Q_R)$ ist, d. h., P_0^V ist die Einheitsmatrix, und es gilt $P_t^V \circ P_s^V = P_{t+s}^V$ für jede $s, t \geq 0$. Damit errechnet man, dass für $z \in Q_R$ und $t \geq 0$ gilt:

$$\frac{\partial}{\partial t} P_t^V u_V(z) = P_t^V\big[(\Delta_R + V)u_V\big](z) = P_t^V(\lambda(V)u_V)(z) = \lambda(V) P_t^V u_V(z).$$

Also gilt $P_t^V u_V = \mathrm{e}^{t\lambda(V)} u_V$. Damit fällt es leicht, die Kumulanten erzeugende Funktion zu identifizieren:

$$\begin{aligned}\Lambda_R(V) &= \lim_{t\to\infty} \frac{1}{t} \log \mathbb{E}_x\Big[\mathrm{e}^{t\langle \frac{1}{t}\ell_t, V\rangle} \,\Big|\, \mathrm{supp}\,(\ell_t) \subset Q_R\Big] \\ &= \lim_{t\to\infty} \frac{1}{t} \log \mathbb{E}_x\Big[\mathrm{e}^{\int_0^t V(X_s)\,\mathrm{d}s} \mathbb{1}_{\{\mathrm{supp}\,(\ell_t)\subset Q_R\}}\Big] \\ &\qquad - \lim_{t\to\infty} \frac{1}{t} \log \mathbb{P}_x\big(\mathrm{supp}\,(\ell_t) \subset Q_R\big) \\ &= \lambda(V) - \lambda(0),\end{aligned}$$

denn es gilt ja

$$P_t^V \mathbb{1}(x) \leq \frac{1}{\inf_{Q_R} u_V} P_t^V u_V(x) = \frac{1}{\inf_{Q_R} u_V} \mathrm{e}^{t\lambda(V)} u_V(x) \leq \mathrm{e}^{t\lambda(V)} \frac{\sup_{Q_R} u_V}{\inf_{Q_R} u_V}$$

und eine analoge untere Abschätzung.

Mit Hilfe des Satzes von Perron-Frobenius und elementarer linearer Algebra zeigt man leicht die Gâteaux-Differenzierbarkeit der Kumulanten erzeugenden Funktion sowie die Stetigkeit in Null. Also ist Satz 3.5.7 anwendbar und ergibt das gesuchte Prinzip Großer Abweichungen. Die Ratenfunktion ist gegeben als

$$\widetilde{I}_R(\mu) = \sup_{V\in\mathbb{R}^{Q_R}} \big[\langle V, \mu\rangle - \lambda(V)\big] + \lambda(0), \qquad \mu \in \mathcal{M}_1(Q_R). \tag{3.6.4}$$

Um $\widetilde{I}_R$ mit der in (3.6.1) gegebenen Funktion I_R zu identifizieren, beachte man, dass nach einer Substitution $\mu = g^2$ der Eigenwert auch wie folgt geschrieben werden kann:

$$\lambda(V) = \sup_{\mu\in\mathcal{M}_1(Q_R)} \Big(\langle V, \mu\rangle - \big(I_R(\mu) + C_R\big)\Big), \qquad V \in \mathbb{R}^{Q_R}, \tag{3.6.5}$$

denn eine kleine Rechnung zeigt, dass $\langle g, \Delta_R g\rangle = -\|(-\Delta_R)^{1/2} g\|_2^2$. Insbesondere entpuppt sich $\lambda(0)$ als $-C_R$ (siehe (3.6.2)). Natürlich ist der Raum $\mathbb{R}^{Q_R}$ identisch mit seinem Dualraum. Wenn wir I_R in (3.6.5) ersetzen durch seine Fortsetzung $\widehat{I}_R\colon (\mathbb{R}^{Q_R})^* \to [0, \infty]$ durch $\widehat{I}_R|_{(\mathbb{R}^{Q_R})^*\setminus\mathcal{M}_1(Q_R)} = \infty$, und wenn wir in (3.6.5) das Supremum über alle $\mu \in (\mathbb{R}^{Q_R})^*$ erstrecken, bleibt (3.6.5) richtig, und wir erhalten, dass $\lambda(\cdot) - \lambda(0)$ die Fenchel-Legendre-Transformierte von $\widehat{I}_R$ ist. Man beachte, dass $\widehat{I}_R$ unterhalbstetig und konvex ist, da $\mathcal{M}_1(Q_R)$ in $(\mathbb{R}^{Q_R})^*$ abgeschlossen ist. Nach dem Dualitätsprinzip (siehe Lemma 3.4.3) ist die Fenchel-Legendre-Transformierte von λ gleich $\widehat{I}_R$ auf $(\mathbb{R}^{Q_R})^*$. Wenn wir diese Tatsache auf $\mathcal{M}_1(Q_R)$

einschränken, erhalten wir genau die gesuchte Tatsache, dass $\widetilde{I}_R = \widehat{I}_R = I_R$ auf $\mathcal{M}_1(Q_R)$ gilt. □

Bemerkung 3.6.2 (Die Normierungskonstante als Eigenwert) Man entnimmt dem Beweis des Satzes 3.6.1, dass die Normierungskonstante in (3.6.2) auch geschrieben werden kann als

$$C_R = \inf_{g\in\ell^2(Q_R):\ \|g\|_2=1} \big\langle -\Delta_R g, g\big\rangle = -\lambda(0)$$

und ist daher der Haupteigenwert des Operators $-\Delta_R$ in $\ell^2(Q_R)$. Insbesondere erhalten wir, dass

$$\lim_{t\to\infty} \frac{1}{t} \log \mathbb{P}\big(X_s \in Q_R \text{ für alle } s \in [0,t]\big) = -\lambda(0),$$

d. h. eine spektrale Charakterisierung der Asymptotik der Nichtverlassenswahrscheinlichkeit. ◊

Bemerkung 3.6.3 (Die Ratenfunktion als Dirichletform) Die Ratenfunktion I_R ist also (bis auf Addition von $-C_R$) die quadratische Form $g^2 \mapsto \langle -\Delta_R g, g\rangle$, die man auch die *Dirichletform* von $-\Delta_R$ nennt. Die Subtraktion von C_R trägt einerseits der Normierung durch die Definition der bedingten Verteilung Rechnung und sorgt andererseits dafür, dass das Infimum der Ratenfunktion gleich Null ist. Der Minimierer von I_R ist also das Quadrat der ℓ^2-normierten Haupteigenfunktion von Δ_R. Insbesondere haben wir also ein Gesetz der Großen Zahlen, d. h. die normierten Lokalzeiten $\frac{1}{t}\ell_t$ konvergieren unter $\mathbb{P}_x(\cdot \mid \operatorname{supp}(\ell_t) \subset Q_R)$ gegen das Quadrat dieser Haupteigenfunktion. ◊

Bemerkung 3.6.4 (Allgemeinere Irrfahrten) Versionen von Satz 3.6.1 gibt es für beliebige endliche Teilmengen Q statt Q_R und für viele Irrfahrten auf Q. Der oben gegebene Beweis funktioniert, solange der Generator $A = (a_{x,y})_{x,y\in Q}$ der Irrfahrt nichtpositiv definit ist und die Eigenschaft besitzt, dass $A + c\mathrm{Id}$ nichtnegativ und irreduzibel ist für ein $c \in \mathbb{R}$. Die Ratenfunktion ist dann gegeben durch

$$I_Q(\mu) = -\sum_{x,y\in Q} a_{x,y}\Big(\sqrt{\mu(x)} - \sqrt{\mu(y)}\Big)^2 = \Big\|(-A)^{1/2}\sqrt{\mu}\Big\|_2^2, \qquad \mu \in \mathcal{M}_1(Q). \tag{3.6.6}$$

Also ist I_Q die Dirichletform des Operators $-A$.

Der in den fundamentalen Arbeiten [DoVa75-83] gegebene Beweis löst sich von der Voraussetzung der Symmetrie des Generators, bringt aber keine so explizite Gestalt der Ratenfunktion hervor. ◊

Bemerkung 3.6.5 (Periodisierte einfache Irrfahrt) Die folgende Irrfahrt, ein Spezialfall der in Bemerkung 3.6.4 erwähnten Irrfahrten, wird in späteren Anwendungen ebenfalls von Bedeutung sein. Betrachte die gewöhnliche symmetrische Nächstnachbarschaftsirrfahrt auf dem $\mathbb{Z}^d$ (die sogenannte *einfache Irrfahrt*) und die Box $Q_R = [-R, R)^d \cap \mathbb{Z}^d$. Wir „wickeln" die Lokalzeiten um den Torus Q_R auf, indem wir ihre periodisierte Variante $\ell_t^{(R)}(z) = \sum_{k\in\mathbb{Z}^d} \ell_t(z + 2kR)$ auf Q_R betrachten. Dann ist $\frac{1}{t}\ell_t^{(R)} \in \mathcal{M}_1(Q_R)$ das normierte Aufenthaltsmaß der periodisierten Irrfahrt, die modulo Q_R betrachtet wird. Der Generator dieser Irrfahrt auf $\ell^2(Q_R)$ ist die Einschränkung $\Delta_{R,\mathrm{per}}$ des diskreten Laplace-Operators auf $\ell^2(Q_R)$ mit periodischen Randbedingungen. Wie in Bemerkung 3.6.4 erwähnt, erfüllen die normierten Lokalzeiten $\frac{1}{t}\ell_t^{(R)}$ ein Prinzip Großer Abweichungen auf $\mathcal{M}_1(Q_R)$, und die Ratenfunktion ist in (3.6.6) gegeben mit $A = \Delta_{R,\mathrm{per}}$. ◊

3.6.2 Brown'sche Bewegung

Es sei $W = (W_t)_{t\in[0,\infty)}$ eine Brown'sche Bewegung im $\mathbb{R}^d$ mit Generator $\frac{1}{2}\Delta$, wobei Δ der übliche Laplace-Operator ist. Unter $\mathbb{P}_x$ startet die Bewegung in $W_0 = x \in \mathbb{R}^d$. Das Hauptobjekt unseres Interesses sind hier die *Aufenthaltsmaße*

$$\mu_t(C) = \int_0^t \delta_{W_s}(C)\,\mathrm{d}s, \qquad C \subset \mathbb{R}^d \text{ messbar,}$$

auch *Verweilzeitmaße* genannt. Die Zahl $\mu_t(C)$ ist die Gesamtlänge der Zeit, die die Bewegung in C verbringt. Das Maß $\frac{1}{t}\mu_t$ ist ein zufälliges Element der Menge $\mathcal{M}_1(\mathbb{R}^d)$ der Wahrscheinlichkeitsmaße auf $\mathbb{R}^d$. In $d = 1$ besitzt μ_t eine Dichte, die sogenannten Brown'schen Lokalzeiten, aber in allen anderen Dimensionen ist der Träger von μ_t, nämlich der Pfad $\{W_s : s \in [0, t]\}$, eine Lebesgue'sche Nullmenge (obwohl von Hausdorff-Dimension Zwei), und daher besitzt μ_t dort keine Dichte. Für jede beschränkte stetige Funktion $f : \mathbb{R}^d \to \mathbb{R}$ gilt $\langle \mu_t, f\rangle = \int_0^t f(W_s)\,\mathrm{d}s$.

Wir wollen Große Abweichungen für die Familie $(\frac{1}{t}\mu_t)_{t>0}$ betrachten, und dies wird sich als das kontinuierliche Analogon zu der Situation in Abschn. 3.6.1 herausstellen. Wie dort werden wir uns auf einen beschränkten Bereich einschränken. Sei also $M \subset \mathbb{R}^d$ eine beschränkte offene zusammenhängende Menge mit glattem Rand. Mit Δ_M bezeichnen wir den Laplace-Operator in M mit Null-Randbedingung. Wir fassen Δ_M auf als die Abschließung des Operators Δ auf der Menge aller $f \in \mathcal{C}^\infty$ mit $\mathrm{supp}\,(f) \subset M$.

Das folgende Prinzip wurde in [Gä77] bewiesen. Die Aussage und der Beweis sind so analog zu dem räumlich diskreten Fall, dass wir uns auf eine Beweisskizze beschränken.

Satz 3.6.6 (Brown'sche Aufenthaltsmaße in einem Kompaktum) *Sei $M \subset \mathbb{R}^d$ beschränkt und offen mit glattem Rand, und sei $x \in M$. Dann erfüllen die normierten Aufenthaltsmaße $\frac{1}{t}\mu_t$ der Brown'schen Bewegung W unter $\mathbb{P}_x(\,\cdot \mid \mathrm{supp}\,(\mu_t) \subset M)$ für $t \to \infty$ ein Prinzip Großer Abweichungen auf der Skala t mit Ratenfunktion*

$$I_M(\mu) = \begin{cases} \frac{1}{2}\Big\|(-\Delta_M)^{\frac{1}{2}}\sqrt{\frac{\mathrm{d}\mu}{\mathrm{d}x}}\Big\|_2^2 - C_M, & \textit{falls } \sqrt{\frac{\mathrm{d}\mu}{\mathrm{d}x}} \in \mathcal{D}(\Delta_M) \textit{ existiert}, \\ \infty & \textit{sonst}, \end{cases} \tag{3.6.7}$$

wobei

$$C_M = \frac{1}{2} \inf_{\substack{g \in \mathcal{C}^2(\mathbb{R}^d) \\ \mathrm{supp}\,(g) \subset M, \|g\|_2 = 1}} \|(-\Delta)^{\frac{1}{2}} g\|_2^2 \tag{3.6.8}$$

der negative Haupteigenwert des Laplace-Operators in M mit Nullrandbedingung ist.

Beweisskizze Wiederum müssen wir uns nicht um die exponentielle Straffheit kümmern, denn $\mathcal{M}_1(M)$ ist kompakt. Wir fixieren ein $V \in \mathcal{C}_\mathrm{b}(M)$, erinnern uns, dass $\langle \mu_t, V\rangle = \int_0^t V(W_s)\,\mathrm{d}s$ gilt, und betrachten die Operatoren P_t^V, gegeben durch

$$\big(P_t^V f\big)(x) = \mathbb{E}_x\Big[\mathrm{e}^{\int_0^t V(W_s)\,\mathrm{d}s}\mathbb{1}_{\{\mathrm{supp}\,(\mu_t) \subset M\}} f(W_t)\Big], \qquad t \geq 0, f \in \mathcal{C}_\mathrm{b}(M), x \in M.$$

Dann ist $(P_t)_{t\geq 0}$ eine stark-stetige Halbgruppe linearer stetiger Operatoren auf dem Banachraum $\mathcal{C}_\mathrm{b}(M)$, d. h. jedes $P_t^V : \mathcal{C}_\mathrm{b}(M) \to \mathcal{C}_\mathrm{b}(M)$ ist ein linearer stetiger Operator, $P_{s+t}^V = P_s^V P_t^V$ gilt für alle $s, t \geq 0$, und für jedes $f \in \mathcal{C}_\mathrm{b}(M)$ gilt $P_t^V f \to f$ für $t \downarrow 0$ im Sinne der Norm. Der Generator dieser Familie ist $L_V = \frac{1}{2}\Delta_M + V$, dessen Definitionsbereich gleich dem von Δ_M ist. L_V besitzt eine bis auf Vielfache eindeutige Eigenfunktion $u_V : M \to (0, \infty)$ zum Eigenwert

$$\lambda(V) = \sup_{g \in \mathcal{D}(L_V):\, \|g\|_2 = 1} \langle L_V g, g\rangle = - \inf_{\substack{g \in \mathcal{C}^2(\mathbb{R}^d) \\ \mathrm{supp}\,(g) \subset M, \|g\|_2 = 1}} \Big(\frac{1}{2}\|\nabla g\|_2^2 - \langle V, g^2\rangle\Big), \tag{3.6.9}$$

und $\lambda(V)$ ist isoliert und besitzt die algebraische Vielfachheit Eins, d. h. die Dimension des Eigenprojektors ist gleich Eins. Die Funktion u_V ist auch eine Eigenfunktion des Operators P_t^V, und zwar zum Eigenwert $\mathrm{e}^{t\lambda(V)}$. Also identifiziert man die Kumulanten erzeugende Funktion leicht als

$$\Lambda(V) = \lim_{t\to\infty} \frac{1}{t} \log \mathbb{E}_x\Big[\mathrm{e}^{t\langle \frac{1}{t}\mu_t, V\rangle}\Big|\,\mathrm{supp}\,(\mu_t) \subset M\Big] = \lambda(V) - \lambda(0).$$

Die Gâteaux-Differenzierbarkeit von Λ erhält man aus der Einfachheit und Isoliertheit des Eigenwerts $\lambda(V)$ mit Hilfe bekannter Sätze aus der Störungstheorie linearer Operatoren (siehe etwa [Ka95]). Also impliziert Satz 3.5.7 das gesuchte Prinzip Großer Abweichungen mit Ratenfunktion

$$\widetilde{I}_M(\mu) = \sup_{V \in \mathcal{C}_\mathrm{b}(M)} \Big[\langle \mu, V\rangle - \lambda(V)\Big] + \lambda(0), \qquad \mu \in \mathcal{M}_1(M).$$

Nun bleibt noch, $\widetilde{I}_M$ mit I_M zu identifizieren. (Es ist klar, dass $\lambda(0) = -C_M$.) Zunächst zeigt man, dass μ eine Dichte hat, wenn $\widetilde{I}_M(\mu)$ endlich ist, was wir hier nicht ausführen wollen.

Als zweiten Schritt sieht man, dass für jedes $\mu \in \mathcal{M}_1(M)$ gilt:

$$\sup_{V \in \mathcal{C}_\mathrm{b}(M)} \Big[\langle \mu, V\rangle - \lambda(V)\Big] = -\inf_{\substack{u \in \mathcal{D}(\Delta_M)\\ \inf_M u > 0}} \Big\langle \mu, \frac{\frac{1}{2}\Delta_M u}{u}\Big\rangle = -\inf_{\substack{u \in \mathcal{C}^\infty(M)\\ \inf_M u > 0}} \Big\langle \mu, \frac{\frac{1}{2}\Delta_M u}{u}\Big\rangle. \qquad (3.6.10)$$

Um dies zu sehen, beachte man, dass die Eigenwertgleichung $(\frac{1}{2}\Delta_M + V - \lambda(V))u_V = 0$ äquivalent ist zu $\lambda(V) - V = \frac{1}{u_V}\frac{1}{2}\Delta_M u_V$, also durchläuft V die Menge $\mathcal{C}_\mathrm{b}(M)$ genau dann, wenn u_V die Menge der strikt positiven Funktionen in $\mathcal{D}(\Delta_M)$ durchläuft, und dies impliziert die erste Gleichung in (3.6.10). Die zweite erhält man durch ein Approximationsargument.

Für $\mu \in \mathcal{M}_1(M)$ mit genügend glatter Dichte $p\colon M \to (0, \infty)$ mit Träger in M und positives $u \in \mathcal{C}^\infty(M)$ errechnet man mit Hilfe einer partiellen Integration und einer quadratischen Ergänzung

$$\begin{aligned}\Big\langle \mu, \frac{\Delta_M u}{u}\Big\rangle &= -\int \nabla\Big(\frac{p}{u}\Big)\cdot \nabla u = -\int_M p\Big[\frac{\nabla p}{p}\cdot\frac{\nabla u}{u} - \Big|\frac{\nabla u}{u}\Big|^2\Big]\\ &= -\frac{1}{4}\int_M p\Big|\frac{\nabla p}{p}\Big|^2 + \int_M p\Big|\frac{1}{2}\frac{\nabla p}{p} - \frac{\nabla u}{u}\Big|^2\\ &= -\int_M \big|\nabla\sqrt{p}\big|^2 + \int_M p\Big|\frac{1}{2}\frac{\nabla p}{p} - \frac{\nabla u}{u}\Big|^2.\end{aligned}$$

Wenn man dies in (3.6.10) einsetzt, ist klar, dass das Infimum in $u = \sqrt{p}$ angenommen wird und den Wert

$$\sup_{V \in \mathcal{C}_\mathrm{b}(M)} \Big[\langle \mu, V\rangle - \lambda(V)\Big] = \frac{1}{2}\big\|\nabla\sqrt{p}\big\|_2^2$$

ergibt. Das beweist die Identifikation $\widetilde{I}_M(\mu) = I_M(\mu)$ für diese μ, womit wir die Beweisskizze beenden wollen. □

Bemerkung 3.6.7 (Nichtverlassenswahrscheinlichkeit) Wiederum erhalten wir nebenbei, dass

$$\lim_{t\to\infty} \frac{1}{t}\log \mathbb{P}_x\big(W_s \in M \text{ für alle } s \in [0, t]\big) = \lambda(0) = -C_M$$

gleich dem Haupteigenwert des Laplace-Operators in M mit Null-Randbedingung ist. ◊

Bemerkung 3.6.8 (Allgemeinere Prozesse) Es gibt Versionen von Satz 3.6.6 für die normierten Aufenthaltsmaße vieler Prozesse auf kompakten Mannigfaltigkeiten M. Der obige Beweis funktioniert, solange der Generator A des Prozesses gleichmäßig negativ definit ist auf dem Raum $L^2(M)$, und die zugehörige Ratenfunktion ist dann gegeben als die Dirichletform des Generators A, also

$$I_M(\mu) = \begin{cases} \left\| (-A)^{\frac{1}{2}} \sqrt{\frac{\mathrm{d}\mu}{\mathrm{d}x}} \right\|_2^2, & \text{falls } \sqrt{\frac{\mathrm{d}\mu}{\mathrm{d}x}} \in \mathcal{D}(A) \text{ existiert,} \\ \infty & \text{sonst.} \end{cases}$$

Wir wollen hier auf die besondere Situation hinweisen (die später von Bedeutung sein wird), wo M der Torus $[-R, R]^d$ ist und A der halbe Laplace-Operator auf M, also der halbe Laplace-Operator in M mit periodischen Randbedingungen. Der zugehörige Prozess ist die Brown'sche Bewegung, die modulo den Würfel $[-R, R]^d$ betrachtet wird. Die zugehörigen Aufenthaltsmaße kann man auch auffassen als die periodisierten Versionen $\mu_t^{(R)}(C) = \sum_{k\in\mathbb{Z}^d} \mu_t(C + 2Rk)$ der freien Brown'schen Bewegung im $\mathbb{R}^d$. ◊

3.7 Projektive Grenzwerte

Nun wollen wir zeigen, wie man ein PGA für ein komplexes Objekt (etwa eine unendlich lange Folge oder eine Funktion $[0, 1] \to \mathbb{R}^d$) gewinnen kann, indem man für jede Projektion ein PGA zeigt und dann mittels eines projektiven Grenzwerts „hochzieht". Beispiele sind PGAs für zufällige Folgen $\mathbb{X}^{(n)} = (X_i^{(n)})_{i\in\mathbb{N}}$ für $n \to \infty$, die man aus PGAs für deren Projektionen $(X_i^{(n)})_{i\in\{1,\dots,j\}}$, $j \in \mathbb{N}$, gewinnt, oder PGAs für zufällige Funktionen $F^{(\varepsilon)}\colon [0, 1] \to \mathbb{R}^d$ für $\varepsilon \downarrow 0$, die man aus PGAs für die endlich-dimensionalen Verteilungen $(F^{(\varepsilon)}(t_1), \dots, F^{(\varepsilon)}(t_j))$, $j \in \mathbb{N}, 0 \le t_1 < \dots < t_j \le 1$, gewinnt. Das „Hochziehen" erinnert strukturell an die Identifikation von Verteilungen oder ihrer Konvergenz mittels der endlich-dimensionalen Verteilungen, muss aber wegen der exponentiellen Natur der Aussagen anders behandelt werden, und es entstehen ein paar technische Detailfragen. Beispiele für Anwendungen sind der Satz 2.3.1 von Schilder, den wir allerdings auch ohne Benutzung projektiver Grenzwerte unter Ausnutzung von Stetigkeit bewiesen, und der Satz 3.5.6 von Mogulskii.

Wir halten uns an [DeZe10, Section 4.6]. Um diese Technik geeignet zu formulieren, setzen wir voraus, dass J eine Indexmenge sei, auf der eine Ordnung $\le$ erklärt ist, die partiell geordnet und *rechts-filternd* ist, wobei das Letztere bedeutet, dass für $i, j \in J$ ein $k \in J$ existieren soll mit $i \le k$ und $j \le k$. Ein *projektives System* $(\mathcal{Y}_j, p_{i,j})_{i\le j}$ besteht aus topologischen Hausdorff'schen Räumen $\mathcal{Y}_j$ und stetigen Abbildungen $p_{i,j}\colon \mathcal{Y}_j \to \mathcal{Y}_i$ mit $p_{i,k} = p_{i,j} \circ p_{j,k}$ für alle $i \le j \le k$ (wobei $p_{j,j}$ die identische Abbildung auf $\mathcal{Y}_j$ ist). Der *projektive Grenzwert* dieses Systems ist die Teilmenge $\mathcal{X} = \lim \mathcal{Y}_j$ des Produktraums $\mathcal{Y} = \prod_{j\in J} \mathcal{Y}_j$ derjenigen Elemente $x = (y_j)_{j\in J}$, sodass $y_i = p_{i,j}(y_j)$ für alle $i \le j$ gilt. Der projektive Grenzwert von abgeschlossenen Teilmengen der $\mathcal{Y}_j$ ist analog definiert. Die Projektionen $p_j\colon \mathcal{X} \to \mathcal{Y}_j$ (die Einschränkungen der kanonischen Projektionen $\mathcal{Y} \to \mathcal{Y}_j$) sind stetig.

Beispiel 3.7.1 (Folgenraum) Ein projektives System ist für jeden polnischen Raum Γ die Folge der $\mathcal{Y}_j = \Gamma^j$ mit $j \in \mathbb{N}$ mit $J = \mathbb{N}$ und den Projektionen $p_{i,j}\colon (y_1, \dots, y_j) \mapsto (y_1, \dots, y_i)$; sein projektiver Grenzwert ist die Menge $\Gamma^{\mathbb{N}}$ aller Folgen mit Koeffizienten aus Γ. Natürlich statten wir die Produkte Γ^j und $\Gamma^{\mathbb{N}}$ mit der Produkttopologie aus. Es ist eine elementare topologische ÜBUNGSAUFGABE, sich zu vergewissern, dass dies polnische Räume sind, also insbesondere topologische Hausdorff'sche Räume. ◊

Beispiel 3.7.2 (Maße auf einem Folgenraum) Ein weiteres projektives System ist für jeden polnischen Raum Γ die Folge der Mengen $\mathcal{Z}_j = \mathcal{M}_1(\Gamma^j)$ der Wahrscheinlichkeitsmaße auf den Mengen Γ^j mit $j \in J = \mathbb{N}$. Die zugehörigen Projektionen $\pi_{i,j} : \mathcal{Z}_j \to \mathcal{Z}_i$ sind gegeben durch $\pi_{i,j}(\nu) = \nu \circ p_{i,j}^{-1}$ mit den Projektionen aus Beispiel 3.7.1. Der projektive Grenzwert ist die Menge (genauer: kann mit ihr identifiziert werden) $\mathcal{M}_1(\Gamma^{\mathbb{N}})$ aller Wahrscheinlichkeitsmaße auf der Menge aller Folgen mit Koeffizienten in Γ, und $\pi_j : \mathcal{M}_1(\Gamma^{\mathbb{N}}) \to \mathcal{M}_1(\Gamma^j)$ ist natürlich die Projektion auf die Koordinaten $1, \dots, j$.

Der Beweis dieser Aussage ist nicht völlig trivial (siehe [DeZe10, Lemma 6.5.14]), da man zunächst $\mathcal{M}_1(\Gamma^{\mathbb{N}})$ als einen polnischen Raum auffassen muss und dann mit Kolmogorovs Erweiterungssatz jedes Element aus dem projektiven Grenzwert (der ja zunächst nur das Produkt der $\mathcal{Z}_j$ ist) als ein Maß auf $\Gamma^{\mathbb{N}}$ erkennen muss und am Ende die Stetigkeit der Abbildung $\nu \mapsto (\pi_j(\nu))_{j\in\mathbb{N}}$ zeigen muss. ◊

Beispiel 3.7.3 (Abbildungen) Ein wichtiges Beispiel eines projektiven Systems ist die Familie aller Abbildungen $A \to \mathbb{R}$ (also $\mathbb{R}^A$, isomorph zum $\mathbb{R}^{\#A}$) mit endlichen Teilmengen $A \subset [0, 1]$. Die natürliche Ordnung $\leq$ auf dieser Familie ist gegeben durch die Teilmengenbeziehung: Wir schreiben $\mathbb{R}^A \leq \mathbb{R}^B$, falls $A \subset B$. Die Projektionen sind gegeben durch $p_{A,B}(f)(x) = f(x)$, falls $x \in A$, d. h. die Einschränkungen der Abbildung von B auf A. Dann kann man den projektiven Grenzwert dieses Systems identifizieren als die Menge aller Abbildungen $f : [0, 1] \to \mathbb{R}$ mit $f(0) = 0$, ausgestattet mit der Topologie der punktweisen Konvergenz. Um dies zu sehen, muss man ein wenig argumentieren. Zunächst kann man jedes $f \in \mathbb{R}^{[0,1]}$ identifizieren mit dem Element $(f|_A)_{A\subset[0,1]}$, das zum projektiven Grenzwert gehört, da $(f|_B)|_A = f|_A$ für alle $A \subset B \subset [0, 1]$. Auf der anderen Seite kann man jedes Element $(f|_A)_{A\subset[0,1]}$ identifizieren mit der Abbildung $\widetilde{f} \in \mathbb{R}^{[0,1]}$, die gegeben ist durch $\widetilde{f}(x) = f|_{\{x\}}$ für $x > 0$ und $\widetilde{f}(0) = 0$. Mit dieser Identifikation stimmt die projektive Topologie auf dem projektiven Grenzwert mit der Topologie der punktweisen Konvergenz auf $\mathbb{R}^{[0,1]}$ überein, und die Abbildungen p_A mit den Einschränkungsabbildungen $f \mapsto f|_A$.

Dieses Beispiel ist der Ausgangspunkt des Beweises von Mogulskiis Theorem 3.5.6 mit Hilfe projektiver Grenzwerte; siehe [DeZe10, Section 5.1] und Bemerkungen 3.5.5 sowie 3.7.9. ◊

Die folgenden beiden Beispiele bilden eine Grundlage für das PGA für markierte Punktprozesse, das wir in Abschn. 3.8 betrachten werden.

Beispiel 3.7.4 (Punktprozesse) Wir betrachten die Menge aller markierten Punktprozesse

$$\mathbb{S}(\Lambda; \mathfrak{M}) = \Big\{\omega = \sum_{x\in\xi} \delta_{(x,m_x)} : \xi \subset \Lambda \text{ lokal endlich, } m_x \in \mathfrak{M}\ \forall x \in \xi\Big\}$$

in einer Box $\Lambda \subset \mathbb{R}^d$ (eventuell $\Lambda = \mathbb{R}^d$) mit einem polnischen Markenraum $\mathfrak{M}$. (Wir nennen eine Teilmenge von $\mathbb{R}^d$ *lokal endlich,* wenn ihr Schnitt mit jeder kompakten Teilmenge endlich ist.) Die Menge $\mathbb{S}(\Lambda; \mathfrak{M})$ trägt die *vage Topologie,* die durch die Funktionale

$$N_W^{(\varphi)}(\omega) = \sum_{x \in \xi \cap W} \varphi(m_x),$$

mit kompaktem $W \subset \Lambda$, dessen Rand eine Nullmenge ist, und messbarem beschränkten $\varphi : \mathfrak{M} \to \mathbb{R}$ gegeben ist. Man mache sich klar, dass diese Topologie sie zu einem Hausdorff'schen Raum macht; siehe auch [DaVe03, DaVe08] für Eigenschaften von Punktmaßen bezüglich Topologie und Messbarkeit. Die Familie der $\mathbb{S}(\Lambda; \mathfrak{M})$ mit beschränkten zentrierten Boxen Λ bildet ein projektives System, zusammen mit den Projektionen $p_{\Lambda',\Lambda}$, die $\omega = \sum_{x\in\xi} \delta_{(x,m_x)}$ abbilden auf $\sum_{x\in\xi\cap\Lambda'} \delta_{(x,m_x)}$, wobei wir $\mathbb{S}(\Lambda'; \mathfrak{M}) \leq \mathbb{S}(\Lambda; \mathfrak{M})$ schreiben, wenn $\Lambda' \subset \Lambda$. Der projektive Grenzwert kann mit $\mathbb{S}(\mathbb{R}^d; \mathfrak{M})$ identifiziert werden, wie man als ÜBUNGSAUFGABE zeigt (da werden ähnliche Argumente benutzt wie wir in Beispiel 3.7.2 skizzierten). ◊

Beispiel 3.7.5 (Zufällige Punktprozesse) Wir werden in Abschn. 3.8 auch zufällige Punktprozesse betrachten, d. h. deren Verteilungen, also Zufallsgrößen mit Werten in der Menge $\mathcal{Z}_\Lambda = \mathcal{M}_1(\mathbb{S}(\Lambda; \mathfrak{M}))$, wobei Λ eine endliche zentrierte Box im $\mathbb{R}^d$ oder gleich dem $\mathbb{R}^d$ ist. Analog zu Beispiel 3.7.2 betrachten wir die Projektionen $\pi_{\Lambda',\Lambda}$, die die Bildmaße unter den $p_{\Lambda',\Lambda}$ aus Beispiel 3.7.4 sind. Auf $\mathcal{Z}_\Lambda$ betrachten wir die *zahme Topologie,* die durch Testintegrale gegen lokale und zahme Funktionen gegeben ist, d. h. Wahrscheinlichkeitsmaße P_n auf $\mathbb{S}(\Lambda; \mathfrak{M})$ konvergieren gegen ein P zahm, wenn für jede lokale und zahme Funktion $F : \mathbb{S}(\Lambda; \mathfrak{M}) \to \mathbb{R}$ gilt: $\lim_{n\to\infty}\langle F, P_n\rangle = \langle F, P\rangle$, wobei wir $\langle f, \mu\rangle$ für das Integral einer Funktion f unter einem Maß μ schrieben. Wir werden in Abschn. 3.8 diese Topologie einführen und diskutieren. An dieser Stelle wollen wir nur darauf hinweisen, dass die $\mathcal{Z}_\Lambda$ (mit beschränkten zentrierten Boxen $\Lambda \subset \mathbb{R}^d$) damit ein projektives System bilden und dass der projektive Grenzwert mit $\mathcal{M}_1(\mathbb{S}(\mathbb{R}^d; \mathfrak{M}))$ identifiziert werden kann, was man analog zu den Argumenten in Beispiel 3.7.2 zeigen kann. ◊

Nun kommt das Hauptergebnis zu PGAs von projektiven Systemen.

Theorem 3.7.6 (Dawson–Gärtner) *Sei $(\mathcal{Y}_j, p_{i,j})_{i\leq j}$ ein projektives System mit projektivem Grenzwert $\mathcal{X}$. Sei $(\mu_n)_{n\in\mathbb{N}}$ eine Folge von Wahrscheinlichkeitsmaßen auf $\mathcal{X}$ so dass für jedes $j \in J$ die Folge $(\mu_n \circ p_j^{-1})_{n\in\mathbb{N}}$ ein Prinzip Großer Abweichungen auf $\mathcal{Y}_j$ mit guter Ratenfunktion I_j erfüllt. Dann erfüllt $(\mu_n)_{n\in\mathbb{N}}$ ein Prinzip mit guter Ratenfunktion $I : \mathcal{X} \to [0, \infty]$, gegeben durch*

$$I(x) = \sup\{I_j(p_j(x)) : j \in J\}, \qquad x \in \mathcal{X}. \tag{3.7.1}$$

Beweis Zunächst zeigen wir die Kompaktheit der Niveaumengen. Wir bezeichnen mit $\Psi_{I_j}(\alpha) = \{y_j \in \mathcal{Y}_j : I_j(y_j) \leq \alpha\}$ die Niveaumenge von I_j in $\alpha \in [0, \infty)$, analog mit $\Psi_I(\alpha)$ die von I. Man beachte, dass $\mu_n \circ p_i^{-1} = (\mu_n \circ p_j^{-1}) \circ p_{i,j}^{-1}$, also folgt aus dem Kontraktionsprinzip (Satz 3.1.1), dass $I_i(y_i) = \inf_{y_j \in p_{i,j}^{-1}(\{y_i\})} I_j(y_j)$ oder, anders ausgedrückt, $\Psi_{I_i}(\alpha) = p_{i,j}(\Psi_{I_j}(\alpha))$. Also ist $\Psi_I(\alpha) = \mathcal{X} \cap \prod_{j \in J} \Psi_{I_j}(\alpha) = \lim \Psi_{I_j}(\alpha)$. Diese Menge ist als projektiver Grenzwert von kompakten Mengen nach Tychonovs Satz[2] kompakt. Also sind die Niveaumengen von I kompakt, also ist I eine gute Ratenfunktion.

Nun beweisen wir die untere Schranke für offene Mengen. Dazu wählen wir eine Menge $A \subset \mathcal{X}$ und ein $x \in A^\circ$ und müssen nur zeigen, dass es ein $j \in J$ gibt mit

$$\liminf_{n\to\infty} \frac{1}{n} \log \mu_n(A) \geq -I_j(p_j(x)).$$

Da die Mengen $p_j^{-1}(U_j)$ mit $j \in J$ und offenen Mengen $U_j \subset \mathcal{Y}_j$ eine Basis der Topologie von $\mathcal{X}$ bilden, gibt es ein $j \in J$ und eine offene Menge $U_j \subset \mathcal{Y}_j$ mit $x \in p_j^{-1}(U_j) \subset A^\circ$. Aus der unteren Schranke für $(\mu_n \circ p_j^{-1})(U_j)$ erhalten wir

$$\liminf_{n\to\infty} \frac{1}{n} \log \mu_n(A) \geq \liminf_{n\to\infty} \frac{1}{n} \log(\mu_n \circ p_j^{-1}(U_j)) \geq -\inf_{U_j} I_j \geq -I_j(p_j(x)).$$

Im Beweis der oberen Schranke lassen wir alle topologischen Argumente weg, da sie sehr technisch (aber nicht wirklich schwer) sind. Sei $A \subset \mathcal{X}$, und sei $A_j = p_j(\overline{A})$. Dann zeigt man, das $\overline{A}$ gleich dem projektiven Grenzwert der $\overline{A_j}$ ist. Daraus folgt für jedes $\alpha \in [0, \infty)$, dass $\overline{A} \cap \Psi_I(\alpha)$ gleich dem projektiven Grenzwert der $\overline{A_j} \cap \Psi_{I_j}(\alpha)$ ist. Nun wählen wir $\alpha < \inf_{\overline{A}} I$, so dass also $\overline{A} \cap \Psi_I(\alpha) = \emptyset$ gilt. Dann gibt es ein $j \in J$ mit $\overline{A_j} \cap \Psi_{I_j}(\alpha) = \emptyset$, wobei wir benutzten, dass der projektive Grenzwert von nichtleeren kompakten Mengen nichtleer ist. Da $A \subset p_j^{-1}(\overline{A_j})$ gilt, folgt aus der oberen Schranke des PGAs für $\mu_n \circ p_j^{-1}$, dass

$$\limsup_{n\to\infty} \frac{1}{n} \log \mu_n(A) \leq \limsup_{n\to\infty} \frac{1}{n} \log \mu_n(p_j^{-1}(\overline{A_j})) \leq -\inf_{\overline{A_j}} I_j \leq -\alpha.$$

Da dies für jedes $\alpha < \inf_{\overline{A}} I$ gilt, folgt die obere Schranke im PGA für $(\mu_n)_{n\in\mathbb{N}}$. □

Beispiel 3.7.7 (Empirische Maße von unendlich langen Markovketten) Wir wollen Bemerkung 2.5.5(iii) im Licht des PGAs aus Satz 3.7.6 etwas genauer ausführen; siehe auch [Ho00, Sect. II.5] für einen endlichen Zustandsraum und [DeZe10, Sect. 6.5.3] für einen polnischem Zustandsraum. Es geht hier also um das Hochziehen eines PGAs auf Tupel-Level (manchmal auch ein *Level-2-PGA* genannt) zu einem PGA auf Prozess-Level, manchmal auch ein *Level-3-PGA* genannt.

[2]Der *Satz von Tychonov* besagt, dass das Produkt kompakter Mengen im topologischen Produktraum kompakt ist.

Es sei also $\mathbb{X} = (X_n)_{n\in\mathbb{N}}$ eine Markovkette auf einem polnischen Raum Γ mit Übergangskern $p\colon \Gamma \times \mathcal{B}(\Gamma) \to [0,1]$, wobei $\mathcal{B}(\Gamma)$ die Borel-σ-Algebra auf Γ sei. Wir interessieren uns für das empirische Maß

$$L_n^\infty = \frac{1}{n}\sum_{i=0}^{n-1} \delta_{\theta^i(\mathbb{X})} \in \mathcal{M}_1(\Gamma^{\mathbb{N}}), \tag{3.7.2}$$

wobei θ^i die i-fache Hintereinanderausführung des Shift-Operators $\theta((x_n)_{n\in\mathbb{N}}) = (x_{n+1})_{n\in\mathbb{N}}$ ist. Dies ist die Version für $j = \infty$ des empirischen j-Tupel-Maßes

$$L_n^j = \frac{1}{n}\sum_{i=1}^{n} \delta_{(X_i,\dots,X_{i+j-1})} \in \mathcal{M}_1(\Gamma^j),$$

für das wir in Satz 2.5.4 ein PGA zitierten (das wir gleich noch einmal zitieren werden).

Nun wollen wir sehen, welches PGA für die Verteilungen μ_n von L_n^∞ entsteht durch das Hochziehen mittels des Satzes 3.7.6. Wir benutzen das projektive System $(\mathcal{M}_1(\Gamma^j), (\pi_{i,j})_{i\leq j})_{j\in\mathbb{N}}$ von Beispiel 3.7.2, wobei π_j natürlich die Projektion eines Maßes auf $\Gamma^{\mathbb{N}}$ auf die ersten j Koeffizienten ist. Zunächst sieht man, dass

$$\mu_n \circ \pi_j^{-1} = \big(\mathbb{P} \circ (L_n^\infty)^{-1}\big) \circ \pi_j^{-1} = \mathbb{P} \circ (\pi_j(L_n^\infty))^{-1} = \mathbb{P} \circ (L_n^j)^{-1}$$

die Verteilung von L_n^j ist, denn L_n^j ist die Projektion von L_n^∞, da die Projektion von $\theta^{i-1}(\mathbb{X})$ gleich $(X_i,\dots,X_{i+j-1})$ ist. Wir machen die sehr starke Ergodizitätsvoraussetzung (U), die vor Satz 2.5.4 formuliert wurde; insbesondere gilt sie, wenn Γ endlich ist und die Übergangsmatrix in jedem Eintrag positiv ist; auch Irreduzibilität und positive Rekurrenz reichen aus.

Nach Satz 2.5.4 erfüllen die Maße $\mu_n \circ \pi_j^{-1}$ ein PGA auf $\mathcal{M}_1(\Gamma^j)$ für jedes $j \in \mathbb{N}$ mit Ratenfunktion $I^{(j)}\colon \mathcal{M}_1(\Gamma^j) \to [0,\infty]$, definiert durch $I^{(j)}(\nu) = H_j(\nu \mid \overline{\nu} \otimes p)$, falls $\nu \in \mathcal{M}_1^{(\mathrm{s})}(\Gamma^j)$, und $= \infty$ sonst, wobei wir H_j für die Entropie auf $\mathcal{M}_1(\Gamma^j)$ schrieben. Wir erinnern daran, dass $\overline{\nu}$ die Projektion von ν auf die ersten $j-1$ Koordinaten ist und dass $\mathcal{M}_1^{(\mathrm{s})}(\Gamma^j)$ die Menge aller derjenigen Maße ν in $\mathcal{M}_1(\Gamma^j)$ ist, für die die beiden Marginalmaße (also die Projektion auf die Koordinaten $1,\dots,j-1$ und die Projektion auf die Koordinaten $2,\dots,j$) übereinstimmen. (Mit den Begriffen aus Beispiel 3.7.2 können wir auch $\overline{\nu} = \pi_{k-1,k}(\nu)$ schreiben.)

Nun ziehen wir diese Aussage mit Hilfe von Satz 3.7.6 hoch und erhalten, dass die Verteilungen von L_n^∞ ein PGA auf $\mathcal{M}_1(\Gamma^{\mathbb{N}})$ erfüllen mit Ratenfunktion

$$I^{(\infty)}(\nu) = \begin{cases} \sup_{j\in\mathbb{N}\colon j\geq 2} H_j(\pi_j(\nu)|\pi_{j-1}(\nu)\otimes p), & \text{falls } \pi_j(\nu) \in \mathcal{M}_1^{(\mathrm{s})}(\Gamma^j)\, \forall j, \\ +\infty & \text{sonst.} \end{cases} \tag{3.7.3}$$

In [DeZe10, Cor. 6.5.17] kann man sehen, dass $I^{(\infty)}(\nu)$ für shift-invariantes ν auch gleich der Entropie von $\pi_{\mathbb{Z}\cap(-\infty,1]}(\nu)$ bezüglich $\pi_{\mathbb{Z}\cap(-\infty,0]}(\nu) \otimes p$ ist, wobei wir die Verteilung des stationären Maßes ν auf die Koordinaten in ganz $\mathbb{Z}$ erweiterten und mit π_A die Projektion auf die Indizes in $A \subset \mathbb{Z}$ bezeichnen, also z. B. $\pi_{\{1,\dots,j\}} = \pi_j$. ◊

Bemerkung 3.7.8 (Spezifische relative Entropie) Alles, was wir in Beispiel 3.7.7 sagten, gilt auch für u. i. v. Folgen $\mathbb{X} = (X_n)_{n\in\mathbb{N}}$, und den Kern p ersetzen wir dann durch die Verteilung von X_1. Die Ratenfunktion $I^{(\infty)}$ in (3.7.3) stellt sich dann heraus als die *relative spezifische Entropie pro Index* von ν bezüglich der Verteilung $\mathbb{Q} = p^{\otimes\mathbb{N}}$ von $\mathbb{X}$:

$$H(\nu|\mathbb{Q}) = -h(\nu) = \begin{cases} \lim_{k\to\infty} \frac{1}{k} H_k(\pi_k(\nu)|\pi_k(\mathbb{Q})), & \text{falls } \nu \in \mathcal{M}_1^{(\mathrm{s})}(\Gamma^{\mathbb{N}}), \\ +\infty & \text{sonst.} \end{cases} \tag{3.7.4}$$

Man nennt $h(\nu) \in [-\infty, 0]$ die spezifische relative Entropie von ν bezüglich des Referenzmaßes $\mathbb{Q}$. Die Existenz dieses Grenzwerts wird in [Ge11, Theorem 15.12] gezeigt; man kann in (3.7.4) auch $\sup_{k\in\mathbb{N}}$ schreiben statt $\lim_{k\to\infty}$. Die Funktion $-h(\cdot)$ ist nach [Ge11, Proposition 15.14] affin und von unten halbstetig und hat kompakte Levelmengen. Die Tatsache, dass $I^{(\infty)}(\nu) = H(\nu|\mathbb{Q})$ gilt, wird in [Ge11, Proposition 15.16] gezeigt, basierend auf unserer Bemerkung am Ende von Beispiel 3.7.7.

Eine d-dimensionale stetige Variante dieser Entropie wird als Ratenfunktion für das PGA für Poisson'sche Punktprozesse in Abschn. 3.8 auftreten. ◊

Bemerkung 3.7.9 (Beweis von Mogulskiis Theorem) An dieser Stelle sei bemerkt, dass wir nun einen großen Teil eines Beweises von Mogulskiis Theorem 3.5.6 zusammengetragen haben. Es ist der Beweis, der in [DeZe10, Section 5.1] ausgeführt wird: In Beispiel 3.7.3 stellten wir ein geeignetes projektives System vor, in Beispiel 3.5.4 skizzierten wir einen Beweis für die projizierten PGAs (die endlich-dimensionalen Verteilungen der Irrfahrt-Interpolation mit einem Polygonzug), in Beispiel 3.2.8 wiesen wir darauf hin, dass Polygonzüge und die Treppenfunktionen das selbe PGA erfüllen, und Satz 3.7.6 liefert ein PGA für die Interpolation. Es fehlt dann nur noch die Identifikation der Ratenfunktion in (3.5.2). ◊

3.8 Markierte Poisson'sche Punktprozesse

In diesem Abschnitt betrachten wir Poisson'sche Punktprozesse (PPPs) mit zufälligen Marken in großen Boxen im $\mathbb{R}^d$. Wir interessieren uns für lokale Funktionale der Punkte, deren Werte wir über alle Poisson'schen Punkte in der Box mischen. Zunächst stellen wir den räumlichen Ergodensatz vor, der sagt, dass diese Mischung der Werte sich asymptotisch für große Boxen wie das Volumen der Box mal den Erwartungswert des Funktionals verhält. Dies ist nichts als die räumliche, stetige Variante des bekannten Birkhoff'schen Ergodensatzes, der das Starke Gesetz der Großen Zahlen als Spezialfall enthält. Anschließend interessieren uns die großen Abweichungen vom Ergodensatz, und zwar hauptsächlich aus zwei Gründen: Erstens gibt dies die Abfallrate der Wahrscheinlichkeit an, dass der Durchschnittswert vom

Grenzwert abweicht, und zwar in Termen einer (mehr oder weniger expliziten) Ratenfunktion, und zweitens sind in der Statistischen Mechanik etliche interessante Modelle von der Form eines Erwartungswerts von negativen Exponentialen solcher gemittelten Funktionalwerte, z. B. die Vielkörpersysteme.

Die erste Motivation wird insbesondere im Lichte von Anwendungen in der Telekommunikation in [JaKö20] ausführlich diskutiert, die letztere zum Beispiel in [RaSe15], allerdings im $\mathbb{Z}^d$-Zusammenhang statt im Zusammenhang mit Punktprozessen im $\mathbb{R}^d$. Weitere Anwendungen, meist in der Statistischen Physik, im räumlich stetigen Fall werden in [GeZe93] gegeben. Siehe Abschn. 4.7 für eine Anwendung auf das interagierende Bose-Gas. Für die Theorie der (markierten) PPPs einschließlich des Ergodensatzes und der großen Abweichungen siehe [JaKö20] und die Literatur, die dort erwähnt wird.

Die Theorie, die wir nun skizzieren, kann man auffassen als eine sehr starke Verallgemeinerung der Theorie der großen Abweichungen der empirischen k-Stringmaße, die wir am Ende von Abschn. 2.5 kurz anrissen, siehe Bemerkung 2.5.5. Im Wesentlichen erweitern wir dieses Konzept auf allgemeine Dimension d für die Indexmenge (die wir dann räumlich interpretieren) und dann auf den räumlich stetigen Fall, also $\mathbb{R}^d$ statt $\mathbb{Z}^d$. Wir machten schon Vorbereitungen in Beispielen 3.7.4 und 3.7.5.

Wir betrachten also einen markierten homogenen *Poisson'schen Punktprozess (PPP)* $\omega_{\rm P} = \sum_{x\in\xi_{\rm P}} \delta_{(x,M_x)}$ im $\mathbb{R}^d$ mit Marken M_x aus einem polnischen lokalkompakten Markenraum $\mathfrak{M}$. Das heißt, dass $\xi_{\rm P} \subset \mathbb{R}^d$ ein homogener PPP im $\mathbb{R}^d$ ist mit Intensitätsmaß λLeb oder einfach mit Intensität $\lambda \in (0, \infty)$, und gegeben ξ ist $(M_x)_{x\in\xi}$ eine Kollektion von zufälligen u. i. v. $\mathfrak{M}$-wertigen Zufallsvariablen. Alternativ kann man $\omega_{\rm P}$ auffassen als einen PPP auf dem Zustandsraum $\mathbb{R}^d \times \mathfrak{M}$ mit Intensitätsmaß gleich dem Produktmaß aus λLeb und der Marginalverteilung der M_x. Dann ist $\omega_{\rm P}$ eine Zufallsgröße mit Werten in der Menge $\mathbb{S}(\mathbb{R}^d; \mathfrak{M})$ aller Punktprozesse $\omega = \sum_{x\in\xi} \delta_{(x,m_x)}$ mit lokal endlicher Punktmenge $\xi \subset \mathbb{R}^d$ (d. h., für jede kompakte Menge $K \subset \mathbb{R}^d$ enthält $K \cap \xi$ nur endlich viele Punkte) und Marken $m_x \in \mathfrak{M}$ für $x \in \xi$. Mit $\mathbb{S}(\Lambda; \mathfrak{M})$ bezeichnen wir die Menge aller Punktprozesse ω mit $\xi \subset \Lambda$. Wir sehen Punktprozesse ω auch manchmal als Teilmenge von $\mathbb{R}^d \times \mathfrak{M}$.

Wir werden den *Shift-Operator*

$$\theta_x : \mathbb{S}(\mathbb{R}^d; \mathfrak{M}) \to \mathbb{S}(\mathbb{R}^d; \mathfrak{M}), \qquad \theta_x(\omega) = \sum_{y\in\xi - x} \delta_{(y,m_{y+x})},$$

benötigen, denn wir sind interessiert an räumlichen Mischungen. Natürlich heißt eine $\mathbb{S}(\mathbb{R}^d; \mathfrak{M})$-wertige Zufallsgröße *stationär,* wenn seine Verteilung invariant ist unter θ_x für jedes $x \in \mathbb{R}^d$, wenn also eine Verschiebung der gesamten Konfiguration um einen festen Vektor nichts an ihrer Verteilung ändert. Der obige PPP ist stationär.

Ganz analog zum Birkhoff'schen Ergodensatz für Folgen von reellen Zufallsgrößen gibt es auch die räumliche, stetige Variante. Wir schreiben $W_N = [-N, N]^d$.

Theorem 3.8.1 (Wieners Ergodensatz) *Sei* ω_{P} *ein homogener PPP, und sei* $F\colon \mathbb{S}(\mathbb{R}^d;\mathfrak{M}) \to \mathbb{R}$ *integrierbar, dann gilt*

$$\frac{1}{|W_N|}\int_{W_N} \mathrm{d}x\, F(\theta_x(\omega_{\mathrm{P}})) \to \mathbb{E}[F(\omega_{\mathrm{P}})] \qquad fast\ sicher\ und\ im\ L^1\text{–}Sinn. \tag{3.8.1}$$

Dies ist die Spezialversion des berühmten Satzes (siehe etwa [JaKö20, Theorem 5.4.1]) für den PPP, der ja insbesondere ergodisch ist, aber hier wollen wir nicht tiefer in Details über Ergodizität gehen, und wir wollen auch nicht allgemeine Varianten für beliebige stationäre markierte Punktprozesse diskutieren.

Im Folgenden wollen wir ein Prinzip Großer Abweichungen vom Wiener'schen Ergodensatz diskutieren. Im Hinblick darauf wollen wir die (sehr große) Funktionenklasse, die in Satz 3.8.1 betrachtet wird, deutlich einschränken auf Funktionen F, die von der Konfiguration nur in einem kompakten Bereich abhängen, sogenannte lokale Funktionale.

Bemerkung 3.8.2 (Warum lokale Funktionale?) Es ist natürlich, bei der Betrachtung großer Abweichungen von Wieners Ergodensatz sich auf lokale Funktionen einzuschränken, und zwar aus dem folgenden Grund. Wenn F lokal ist, dann sind die Zufallsvariablen $F(\theta_x(\omega_{\mathrm{P}}))$ und $F(\theta_y(\omega_{\mathrm{P}}))$ unabhängig, sobald x und y einen genügend großen Abstand haben. Dies wird in der Beschreibung der großen Abweichungen sehr hilfreich sein, wenn wir (nach dem Rezept aus dem Satz 3.7.6 von Dawson-Gärtner über PGAs in projektive Grenzwerte) die Verteilungen der Projektionen auf endliche Boxen betrachten werden.

Ein weiterer Grund dafür, dass man für das folgende Hauptergebnis, das PGA von Wieners Ergodentheorem, nur lokale und zahme Funktionen betrachten sollte, wird hier nicht dargestellt (siehe [GeZe93]). Es handelt sich darum, dass dann ein PGA für die sogenannten *empirischen individuellen Felder*

$$\mathcal{R}_\Lambda^{(o)}(\omega) = \frac{1}{|\Lambda|}\sum_{x\in\xi\cap\Lambda} \delta_{(m_x,\theta_x(\omega))}$$

auf sehr einfache Weise folgt, und zwar in der Topologie, die durch die lokalen zahmen Testfunktionen gegeben ist. Dies führen wir hier aber nicht weiter aus. ◊

Also werfen wir einen genaueren Blick auf lokale Funktionale. Auf $\mathbb{S}(\mathbb{R}^d;\mathfrak{M})$ setzen wir eine Topologie voraus, so dass die Funktionale $N_\Lambda^{(\varphi)}\colon \mathbb{S}(\mathbb{R}^d;\mathfrak{M}) \to \mathbb{R}$, definiert durch

$$N_\Lambda^{(\varphi)}(\omega) = \sum_{x\in\xi\cap\Lambda} \varphi(m_x), \qquad \Lambda \subset \mathbb{R}^d \text{ kompakt}, \qquad \varphi\colon \mathfrak{M} \to \mathbb{R} \text{ messbar und beschränkt}, \tag{3.8.2}$$

stetig sind, insbesondere messbar, denn wir betrachten die von der Topologie erzeugte messbare Struktur auf $\mathbb{S}(\mathbb{R}^d; \mathfrak{M})$. Zum Beispiel zählt das Funktional $N_\Lambda^{(1)}$ die Punkte der Konfiguration in Λ, und das ist eine stetige Operation. Die Funktionale in (3.8.2) werden für unsere Pläne im Zusammenhang mit großen Abweichungen wichtig werden, denn sie definieren die Klasse derjenigen Funktionale, die wir dort betrachten werden:

Definition 3.8.3 (Lokale und zahme Funktionale)*Wir nennen eine messbare Abbildung* $F: \mathbb{S}(\mathbb{R}^d; \mathfrak{M}) \to \mathbb{R}$

1. lokal, *wenn es eine beschränkte Box* $\Lambda \subset \mathbb{R}^d$ *gibt und eine Abbildung* $G_\Lambda : \mathbb{S}(\Lambda; \mathfrak{M}) \to \mathbb{R}$, *sodass* $F(\omega) = G_\Lambda(\omega \cap (\Lambda \times \mathfrak{M}))$, *d. h., wenn* $F(\omega)$ *nur von den Punkten in* Λ *abhängt,*
2. zahm, *falls es ein* $C \in (0, \infty)$ *und beschränkte Box* Λ *gibt mit* $|F| \leq C(1 + N_\Lambda^{(1)})$.

Dies ist eine recht große und natürliche Klasse von Funktionen, mit denen man recht viele Modelle formulieren kann. Eine nicht lokale Funktion ist zum Beispiel die Abbildung $\omega \mapsto \sum_{x,y \in \xi \cap \Lambda} \mathbb{1}\{x \leftrightsquigarrow y\}$, wobei $x \leftrightsquigarrow y$ heißt, dass x und y in der selben Zusammenhangskomponenten von ξ sind (wir verbinden zwei Punkte aus ξ, wenn ihr Abstand ≤ 1 ist). Im allgemeinen sind Paarinteraktionen von der Form $\omega \mapsto \sum_{x,y \in \xi \cap \Lambda} f(x, m_x, y, m_y)$ leider a priori nicht lokal und zahm, aber es gibt Methoden, mit denen man sie durch lokale zahme Funktionen approximieren kann, wenn z. B. f in $x - y$ gewisse Abfalleigenschaften und in m_x, m_y gewisse Beschränktheitseigenschaften besitzt.

Bemerkung 3.8.4 (Lokale zahme Funktionen sind integrierbar) Als ÜBUNGSAUFGABE mache man sich klar, dass jede lokale zahme Funktion integrierbar bezüglich der Verteilung des homogenen PPP ist. ◊

Beispiel 3.8.5 (Vielkörpersystem I) (Vieles von dem Folgenden kann man z. B. in [Ru69] nachlesen.) Wir betrachten ein System von N zufällig in einer großen Box $\Lambda \subset \mathbb{R}^d$ platzierten Punkten mit einer Paarinteraktion, die dafür sorgt, dass sich die N Punkte nicht häufen können. Es stellt sich dann die Frage, was für Konfigurationen wir für große Systeme typischerweise sehen werden. Um das Modell zu definieren, beginnen wir mit der *Partitionsfunktion* oder *Zustandssumme*

$$Z_N(\beta, \Lambda) = \frac{1}{N!} \int_\Lambda \mathrm{d}x_1 \ldots \int_\Lambda \mathrm{d}x_N \exp\Big\{ -\beta \sum_{1 \leq i < j \leq N} v(|x_i - x_j|) \Big\}, \qquad (3.8.3)$$

mit einem *Paarpotential* $v: [0, \infty) \to (-\infty, \infty]$, das wir der Einfachheit halber als stetig auf $\{v < \infty\} = \{r \in [0, \infty): v(r) < \infty\}$ und mit kompaktem Träger annehmen wollen.

Für unsere Betrachtungen hier sind weitere Eigenschaften von v unerheblich. In interessanten Anwendungen darf v einen *harten Kern* besitzen, d. h. ein $a > 0$ mit $v(r) = \infty$

für alle $r \in [0, a]$. Man setzt oft voraus, dass $v(r) \to \infty$ für $r \downarrow 0$. Besonders interessant sind Potentiale v, die ein striktes Minimum in einem Punkt in $(0, \infty)$ besitzen, in dem v negativ ist (dann sollte man voraussetzen, dass $v(r)$ genügend schnell explodiert bei Null). Solche Potentiale verhindern, dass sich die N Punkte $x_1, \dots, x_N$ irgendwo häufen, aber sie bevorzugen Punktkonfigurationen, in denen möglichst viele Paare einen gewissen Anstand einnehmen. Der Effekt ist desto stärker, je größer der Parameter β ist.

Natürlich kann man aus der Zustandssumme auf natürliche Weise ein Wahrscheinlichkeitsmaß auf der Menge aller N-elementigen Punktkonfigurationen konstruieren, aber wir belassen es hier mit einer Behandlung von $Z_N(\beta, \Lambda)$. Wir sind hier am meisten interessiert an dem Verhalten im *thermodynamischen Grenzwert,* d. h. im Grenzwert $N \to \infty$ in einer zentrierten Box $\Lambda = \Lambda_N$, die ein Volumen der Größe N/ρ besitzt. Dann ist ρ die Zahl der Punkte pro Volumeneinheit, die *Partikeldichte.* Dann interessiert man sich für die *freie Energie* pro Volumen,

$$f(\beta, \rho) = -\frac{1}{\beta} \lim_{N\to\infty} \frac{1}{|\Lambda_N|} \log Z_N(\beta, \Lambda_N), \qquad \beta, \rho \in (0, \infty).$$

Die Existenz dieses Grenzwerts kann mit Hilfe von Subadditivität und einer räumlichen Version des Lemmas 1.3.3 von Fekete gezeigt werden, aber wir möchten gerne eine Formel haben, und das erfordert viel mehr Aufwand. Hier machen wir den ersten Schritt: Wir schreiben $Z_N(\beta, \Lambda_N)$ mit Hilfe eines homogenen PPPs. Hier allerdings benötigen wir keine Marken; es sind aber reichhaltigere Vielkörpersysteme denkbar und sinnvoll, in denen die Punkte zusätzliche Attribute besitzen.

Sei also $\omega_{\mathrm{P}} = \sum_{x\in\xi_{\mathrm{P}}} \delta_x = \xi_{\mathrm{P}}$ ein homogener PPP, dessen Intensität wir einfach als die Partikeldichte ρ wählen. Natürlich werden wir die Punkte $x_1, \dots, x_N$ als die N Punkte von ω_{P} auffassen, aber wir müssen beachten, dass sie jeweils ein Label $i \in \{1, \dots, N\}$ haben und dass sie noch keine Zufallsvariablen sind. Aber ohne Probleme fügen wir auf der rechten Seite von (3.8.3) zu jedem Integral den Term $1/|\Lambda_N| = \rho/N$ ein und gleichen das mit einem Term $(N/\rho)^N$ wieder aus. Dann können wir $x_1, \dots, x_N$ auffassen als unabhängige, in Λ_N uniform verteilte Zufallspunkte. Damit hat die Menge $\{x_1, \dots, x_N\}$ die Verteilung von $\omega_{\mathrm{P}} \cap \Lambda_N$, konditioniert auf das Ereignis $\{N_{\Lambda_N}^{(\mathbb{1})}(\omega_{\mathrm{P}}) = N\}$. Wir schreiben die Konditionierung als Einschränkung mit Division durch die Wahrscheinlichkeit des Ereignisses, was (da $N_{\Lambda_N}^{(\mathbb{1})}(\omega_{\mathrm{P}})$ Poisson-verteilt mit Parameter $\rho|\Lambda_N| = N$ ist), gleich $\mathrm{e}^{o(N)}$ ist, wie man mit Hilfe von Stirlings Formel $N! = (N/\mathrm{e})^N \mathrm{e}^{o(N)}$ sieht. Sie sagt auch, dass $\frac{1}{N!}(N/\rho)^N$ die Rate $\rho - \rho \log \rho$ hat (auf der Skala $|\Lambda_N|$).

Die Interaktion kann man schreiben als

$$\begin{aligned}\sum_{1\le i<j\le N} v(|x_i - x_j|) &= \frac{1}{2} \sum_{x,y\in\xi_{\mathrm{P}}\cap\Lambda_N :\, x\neq y} v(|x-y|)\\ &= \int_{\Lambda_N} \mathrm{d}x\, F(\theta_x(\omega_{\mathrm{P}})) + R_N(\omega_{\mathrm{P}}),\end{aligned}$$

wobei $F(\xi) = \frac{1}{2}\sum_{x,y\in\xi\colon x\neq y, x\in U} v(|x-y|)$, wobei $U = [-\frac{1}{2}, \frac{1}{2}]^d$ die zentrierte Einheitsbox ist, und $R_N(\omega_\mathrm{P})$ ist ein Randterm, der sich (bei genügender Arbeit) als von der Größe $o(N)$ herausstellen wird. Als eine ÜBUNGSAUFGABE mache man die obige Rechnung exakt und leite eine Formel für den Randterm her (siehe dazu aber auch [JaKö20, Section 5.5]). Wir ignorieren ihn im Folgenden. Als eine weitere ÜBUNGSAUFGABE zeige man, dass F zwar lokal ist, wenn v kompakten Träger besitzt, aber nicht zahm. Bei nichtkompaktem Träger von v muss man früher oder später F approximieren mit lokalen zahmen Funktionen, aber hier kümmern wir uns nicht um solche Details.

Insgesamt ergeben die voranstehenden Überlegungen, dass

$$-\beta f(\beta,\rho) - \rho + \rho\log\rho = \lim_{N\to\infty}\frac{1}{|\Lambda_N|}\log\mathbb{E}\Big[\mathrm{e}^{-\beta\int_{\Lambda_N}\mathrm{d}x\, F(\theta_x(\omega_\mathrm{P}))}\mathbb{1}\{N^{(1)}_{\Lambda_N}(\omega_\mathrm{P}) = N\}\Big]. \tag{3.8.4}$$

Also müssen wir noch verstehen, wie man den Grenzwert auf der rechten Seite behandelt. Wir verschieben dies auf Beispiel 3.8.10. ◊

Nun kommen wir zu dem Objekt, das ein PGA erfüllt, so dass wir die großen Abweichungen in Wieners Ergodensatz behandeln können. Es ist natürlich wieder ein empirisches Maß, wie in schon vielen vorangegangenen Beispielen. Wir betrachten also das *empirische Maß*

$$\mathcal{R}_\Lambda(\omega) = \frac{1}{|\Lambda|}\int_\Lambda \mathrm{d}x\,\delta_{\theta_x(\omega)}, \qquad \omega\in\mathbb{S}(\mathbb{R}^d;\mathfrak{M}),\ \Lambda\subset\mathbb{R}^d, \tag{3.8.5}$$

ein Wahrscheinlichkeitsmaß auf der Menge $\mathbb{S}(\mathbb{R}^d;\mathfrak{M})$. Wenn wir die Schreibweise $\langle F, P\rangle$ für das Integral einer Funktion F bezüglich eines Maßes P benutzen, dann sehen wir, dass gilt:

$$\int_\Lambda \mathrm{d}x\, F(\theta_x(\omega)) = |\Lambda|\,\langle F, \mathcal{R}_\Lambda(\omega)\rangle, \tag{3.8.6}$$

dass also die linke Seite von (3.8.1) gleich $\langle F, \mathcal{R}_{W_N}(\omega_\mathrm{P})\rangle$ ist. Wieners Ergodensatz sagt also, dass das zufällige Wahrscheinlichkeitsmaß $\mathcal{R}_{W_N}(\omega_\mathrm{P})$ gegen die Verteilung von ω_P konvergiert, und zwar in dem Sinne, dass alle Integrale gegen L^1-Funktionen konvergieren. Für das gleich folgende PGA betrachten wir aber eine andere Topologie:

Definition 3.8.6 (Zahme Topologie) *Wir sagen, eine Folge $(P_N)_{N\in\mathbb{N}}$ von Wahrscheinlichkeitsmaßen auf $\mathbb{S}(\mathbb{R}^d;\mathfrak{M})$* konvergiert zahm *gegen ein Wahrscheinlichkeitsmaß P auf $\mathbb{S}(\mathbb{R}^d;\mathfrak{M})$, wenn alle Integrale gegen lokale zahme Funktionen konvergieren, d. h. wenn gilt:*

$$\lim_{N\to\infty}\langle F, P_N\rangle = \langle F, P\rangle, \qquad F \textit{ lokal und zahm}.$$

Wir müssen noch die Ratenfunktion für das PGA einführen. Es wird die Entropie bezüglich des Referenzmaßes (der Verteilung des markierten PPP) sein, aber was soll das heißen? Das ist wegen der Unbeschränktheit von $\mathbb{R}^d$ *a priori* nicht ganz klar. Es stellt sich heraus, dass man einen Grenzübergang in großen Boxen machen muss. Wir benötigen den *Projektionsoperator* π_Λ, der auf die Box Λ einschränkt, also $\pi_\Lambda(\omega) = \omega \cap (\Lambda \times \mathfrak{M})$, und $\pi_\Lambda(P)$ ist das Bildmaß eines Wahrscheinlichkeitsmaßes P auf $\mathbb{S}(\mathbb{R}^d; \mathfrak{M})$ unter π_Λ. Mit $H_\Lambda(Q|P)$ bezeichnen wir die relative Entropie eines Wahrscheinlichkeitsmaßes Q bezüglich eines anderen, P, auf $\mathbb{S}(\Lambda \times \mathfrak{M})$. Diesen Begriff kennen wir von (2.4.2); siehe auch Bemerkung 2.4.2. Wir erinnern an die Notation $W_N = [-N, N]^d$. Nun definieren wir

$$
\begin{aligned}
I(P) &= H(P|\mathbb{Q}) = -h(P) \\
&= \begin{cases} \lim_{N\to\infty} \frac{1}{|W_N|} H_{W_N}\big(\pi_{W_N}(P)\big|\pi_{W_N}(\mathbb{Q})\big), & \text{falls } P \text{ stationär,} \\ +\infty & \text{sonst,} \end{cases}
\end{aligned}
\tag{3.8.7}
$$

wobei $\mathbb{Q}$ die Verteilung des PPP ω_{P} ist. Wir nennen $-h(P|\omega_{\mathrm{P}})$ die *spezifische relative Entropie* von P bezüglich des PPP. Dies ist die d-dimensionale räumlich stetige Variante der spezifischen relativen Entropie, die wir in Bemerkung 3.7.8 ankündigten.

Lemma 3.8.7 (Eigenschaften der spezifischen relativen Entropie, [GeZe93]) *Der Grenzwert in* (3.8.7) *existiert. Die Abbildung I ist von unten halbstetig und hat kompakte Niveaumengen in der zahmen Topologie; sie ist sogar affin, d. h. linear auf jeder Verbindungsstrecke zwischen zwei Maßen auf* $\mathbb{S}(\mathbb{R}^d; \mathfrak{M})$.

Nun kommt endlich das angekündigte PGA.

Theorem 3.8.8 (PGA für $\mathcal{R}_{W_N}(\omega_{\mathrm{P}})$; [GeZe93]) *Sei ω_{P} ein homogener markierter PPP, dann erfüllt $(\mathcal{R}_{W_N}(\omega_{\mathrm{P}}))_{N\in\mathbb{N}}$ ein Prinzip Großer Abweichungen auf der Menge $\mathbb{S}(\mathbb{R}^d; \mathfrak{M})$ in der zahmen Topologie auf der Skala $|W_N|$ mit Ratenfunktion I, gegeben in* (3.8.7).

Bemerkung 3.8.9 (Stationäres empirisches Feld) Anstelle des empirischen Maßes $\mathcal{R}_\Lambda$ hat manchmal das *empirische stationäre Feld*

$$
\mathcal{R}^{(\mathrm{s})}_\Lambda(\omega) = \frac{1}{|\Lambda|} \int_\Lambda \mathrm{d}x\, \delta_{\theta_x(\omega^{(\Lambda)})}, \qquad \omega \in \mathbb{S}(\mathbb{R}^d; \mathfrak{M}),
$$

Vorteile, wobei $\omega^{(\Lambda)} \in \mathbb{S}(\mathbb{R}^d; \mathfrak{M})$ aus ω entsteht, indem die auf die zentrierte Box Λ eingeschränkte Konfiguration überall in $\mathbb{R}^d$ Λ-periodisch wiederholt wird. Als ÜBUNGSAUFGABE mache man sich klar, dass $\mathcal{R}^{(\mathrm{s})}_\Lambda(\omega)$ stationär ist. Das Verhältnis zwischen $\mathcal{R}^{(\mathrm{s})}_\Lambda(\omega)$ und $\mathcal{R}_\Lambda(\omega)$ ist analog zu dem zwischen dem empirischen Paarmaß einer Markovkette $(X_0, \dots, X_N)$ mit freiem Ende oder mit periodisiertem Ende $X_N = X_0$; siehe Beispiel 3.2.6. Als eine weitere

ÜBUNGSAUFGABE beweise man mit Hilfe des Konzeptes der exponentiellen Äquivalenz aus Abschn. 3.2, dass $(\mathcal{R}^{(s)}_{W_N}(\omega_P))_{N\in\mathbb{N}}$ das selbe PGA wie $(\mathcal{R}_{W_N}(\omega_P))_{N\in\mathbb{N}}$ erfüllt. ◊

Beweisskizze von Satz 3.8.8 Der Beweis benutzt projektive Grenzwerte und den Satz 3.7.6 von Dawson–Gärtner sowie das projektive System, das wir in Beispiel 3.7.5 vorstellten. Also wird im ersten Schritt ein PGA für die Projektion $(\pi_W(\mathcal{R}_{W_N}(\omega_P)))_{N\in\mathbb{N}}$ für eine feste Box $W \subset \mathbb{R}^d$ gezeigt. Nach dem Satz 3.4.4 von Gärtner–Ellis zeigt man dafür zunächst nur die Existenz des Grenzwerts

$$\begin{aligned}\Lambda_W(F) &= \lim_{N\to\infty} |W_N|^{-1} \log \mathbb{E}\Big[\exp\Big\{\int_{W_N} F\big(\pi_W(\theta_x(\omega_P))\big)\,\mathrm{d}x\Big\}\Big] \\ &= \lim_{N\to\infty} |W_N|^{-1} \log \mathbb{E}\Big[\exp\Big\{|W_N|\langle F, \mathcal{R}_{W_N}(\omega_P)\circ\pi_W^{-1}\rangle\Big\}\Big]\end{aligned} \tag{3.8.8}$$

für alle lokalen und zahmen Testfunktionen $F\colon \mathbb{S}(W;\mathfrak{M}) \to \mathbb{R}$. Dies geht hier alleine mit Subadditivitätsargumenten und der räumlichen Version des Satzes 1.3.3 von Fekete. Nach der „oberen" Hälfte des Satzes von Gärtner–Ellis hat man nun die obere Schranke für abgeschlossene Mengen mit der Ratenfunktion Λ_W^*, der Fenchel–Legendre-Transformierten von Λ_W.

(Man beachte, dass wir hier nicht analog zum Beweis des analogen Resultats für die „Indexmenge" $\mathbb{N}$ bei Markovketten statt $\mathbb{R}^d$ verfahren können, also erst Paarmaße und dann k-Tupel-Maße behandeln wie am Ende des Kap. 2.)

Im zweiten Schritt wenden wir die „obere" Hälfte des Satzes von Dawson–Gärtner an und erhalten, dass $(\mathcal{R}_{W_N}(\omega_P))_{N\in\mathbb{N}}$ die obere Schranke für abgeschlossene Mengen $\subset \mathbb{S}(\mathbb{R}^d;\mathfrak{M})$ erfüllt mit Ratenfunktion

$$\widetilde{I}(P) = \sup\{\Lambda_W^*(P\circ\pi_W^{-1})\colon W\subset\mathbb{R}^d \text{ zentrierte Box}\}, \qquad P\in\mathcal{M}_1^{(s)}(\mathbb{S}(\mathbb{R}^d;\mathfrak{M})). \tag{3.8.9}$$

Ein technisches Detail ist hier, zu sehen, dass Λ_W eine gewisse Straffheitseigenschaft besitzt, weswegen man zeigen kann, dass $\widetilde{I}$ kompakte Niveaumengen besitzt.

Im dritten Schritt identifizieren wir die Ratenfunktion $\widetilde{I}$ als die gewünschte Ratenfunktion I in (3.8.7). Um die Ungleichung $\widetilde{I}(P) \geq I(P)$ zu sehen, leitet man zunächst eine Abschätzung her von der Form

$$\Lambda_W(F) \leq \gamma_W^{-1} \log \mathbb{E}\Big[\exp\Big\{\gamma_W\langle F, \mathcal{R}_W(\omega_P)\rangle\Big\}\Big],$$

mit geeignetem $\gamma_W \sim |W|$ für $W \uparrow \mathbb{R}^d$. Daher ist Λ_W nach oben abgeschätzt gegen einen exponentiellen Erwartungswert bezüglich einer beschränkten Testfunktion. Mit Hilfe von Lemma 2.4.3 (die Entropie $I(P)$ als Legendre-Transformierte) erhalten wir, dass $\widetilde{I}(P) \geq I(P)$, da $\widetilde{I}(P)$ der projektive Grenzwert der Legendre-Transformierten von Λ_W ist. Dies beendet den Beweis der oberen Schranke im PGA für $(\mathcal{R}_{W_N}(\omega_P))_{N\in\mathbb{N}}$ für abgeschlossene Mengen mit Ratenfunktion I.

Die umgekehrte Ungleichung $\widetilde{I}(P) \le I(P)$ kommt als Nebenprodukt des vierten Schrittes heraus, aber es gibt auch das folgende, unabhängige Argument. Mit Hilfe der Stationarität von ω_{P} kann man für jedes shift-invariante P und jedes $N \in \mathbb{N}$ zeigen:

$$\begin{aligned}
&\int F(\pi_W(\omega))\, P(\mathrm{d}\omega) - |W_N|^{-1} \log \mathbb{E}\Big[\exp\Big\{\int_{W_N} F\big(\pi_W(\theta_x(\omega_{\mathrm{P}}))\big)\,\mathrm{d}x\Big\}\Big]\\
&\le |W_N|^{-1}\Big[\int F_N\big(\pi_{W+W_N}(\omega)\big)\, P(\mathrm{d}\omega) - \log \mathbb{E}\Big[\exp\big\{F_N\big(\pi_{W+W_N}(\omega_{\mathrm{P}})\big)\big\}\Big]\Big]\\
&\le |W_N|^{-1} H_{W+W_N}(\pi_{W+W_N}(P)|\pi_{W+W_N}(\mathbb{Q})),
\end{aligned}$$

wobei F_N eine geeignete lokale zahme Testfunktion ist. Hierbei wurde wiederum Lemma 2.4.3 benutzt. Nun muss man noch ein paar elementare Argumente zusammensetzen, um zu erhalten, dass $\widetilde{I}(P) \le I(P)$ gilt.

Im vierten und letzten Schritt nun zeigen wir, dass die untere Schranke im PGA für $(\mathcal{R}_{W_N}(\omega_{\mathrm{P}}))_{N\in\mathbb{N}}$ für offene Mengen gilt. Wir wählen eine offene Menge G in $\mathcal{M}_1^{(\mathrm{s})}(\mathbb{S}(\mathbb{R}^d; \mathfrak{M}))$ und ein $P \in G$ und müssen zeigen, dass gilt:

$$\liminf_{N\to\infty} |W_N|^{-1} \log \mathbb{Q}\big(\mathcal{R}_{W_N}(\omega_{\mathrm{P}}) \in G\big) \ge -I(P). \tag{3.8.10}$$

Dieser Beweis folgt im Wesentlichen einer abstrakten Version des Beweises der unteren Schranke im Satz 2.2.1 von Cramér, d. h. mit Hilfe einer exponentiellen Cramér-Transformierten, wiederum zusammen mit Lemma 2.4.3. Wir verzichten darauf, Details zu geben. □

Beispiel 3.8.10 (Vielkörpersystem II) Nun haben wir die Mittel, um den Grenzwert auf der rechten Seite von (3.8.4) zu behandeln. Mit Hilfe von (3.8.6) schreiben wir den Exponenten um, und analog erhalten wir für das Ereignis im Indikator (mit $U = [-\frac{1}{2}, \frac{1}{2}]^d$):

$$N_{\Lambda_N}^{(\mathbb{1})}(\omega_{\mathrm{P}}) = \int_{\Lambda_N} \mathrm{d}x\, N_U^{(\mathbb{1})}(\theta_x(\omega_{\mathrm{P}})) + \widetilde{R}_N(\omega_{\mathrm{P}}),$$

wobei $\widetilde{R}_N(\omega_{\mathrm{P}})$ ein weiterer Randterm ist, von dem man (mit ein wenig Arbeit) zeigen muss, dass er in gewissem Sinne betragsmäßig nicht größer als $o(N)$ ist. Damit erhalten wir, dass die rechte Seite von (3.8.4) sich wie folgt verhält.

$$\begin{aligned}
&\mathbb{E}\Big[\mathrm{e}^{-\beta \int_{\Lambda_N} \mathrm{d}x\, F(\theta_x(\omega_{\mathrm{P}}))} \mathbb{1}\{N_{\Lambda_N}^{(\mathbb{1})}(\omega_{\mathrm{P}}) = N\}\Big]\\
&\approx \mathbb{E}\Big[\exp\Big\{-\beta|\Lambda_N|\langle F, \mathcal{R}_{\Lambda_N}(\omega_{\mathrm{P}})\rangle\Big\} \mathbb{1}\{\langle N_U^{(\mathbb{1})}, \mathcal{R}_{\Lambda_N}(\omega_{\mathrm{P}})\rangle \approx \rho\}\Big],
\end{aligned}$$

wobei die beiden $\approx$ ÜBUNGSAUFGABEN sind. Im Lichte des PGAs von Satz 3.8.8 (und eingedenk des Lemmas 3.3.1 von Varadhan) haben wir nun eine konkrete Vermutung:

$$\text{Rechte Seite von (3.8.4)} = -\inf\Big\{\beta\langle F, P\rangle + I(P)\colon P \in \mathcal{M}_1(\mathbb{S}(\mathbb{R}^d)),\ \langle N_U^{(\mathbb{1})}, P\rangle = \rho\Big\}. \tag{3.8.11}$$

Diese Vermutung ist auch richtig unter geeigneten, natürlichen Annahmen an das Paarinteraktionspotential v, aber der Beweis hat zwei Tücken:

1. Da F leider nicht zahm ist (siehe eine frühere ÜBUNGSAUFGABE in Beispiel 3.8.5), also die Abbildung $P \mapsto \langle F, P\rangle$ nicht beschränkt und stetig ist, müssen wir F mit einigem technischem Aufwand leider erst mit zahmen und beschränkten Funktionen approximieren, bevor das Lemma von Varadhan anwendbar ist.
2. Da die Menge $\{P\colon \langle N_U^{(\mathbb{1})}, P\rangle = \rho\}$ nicht offen ist, muss auch hier approximiert werden, z. B. mit den Mengen $\{P\colon |\langle N_U^{(\mathbb{1})}, P\rangle - \rho| < \delta\}$ für $\delta \downarrow 0$.

Beide Aufgaben sind nicht wirklich schwierig, aber lästig, also lassen wir sie hier als ÜBUNGSAUFGABEN stehen. (Dazu gehört natürlich auch eine Spezifizierung der Voraussetzung an die Paarinteraktionsfunktion v.)

Die Variationsformel, die wir nun für die freie Energie $f(\beta, \rho)$ erreicht haben, gibt einigen Einblick in das ganze Vielkörpermodell. Die Formel hat drei Zutaten: die Paarenergie (das F-Integral), die Entropie $I(P)$ und den Dichtenterm (das $N_U^{(\mathbb{1})}$-Integral). Die letzten beiden hängen von der Partikeldichte ρ ab, was man auch vermeiden kann, indem man die Partikeldichte des Referenzprozesses ω_{P} nicht gleich ρ wählt, sondern etwa gleich Eins; dann entsteht ein zusätzlicher, expliziter Entropieterm, den man leicht aus der Formel holen kann. $\diamondsuit$

Ausgewählte Anwendungen

4

In diesem Kapitel behandeln wir eine Reihe von ausgewählten Anwendungen der Theorie der Großen Abweichungen. Bis auf das eher historische Beispiel aus der Statistik in Abschn. 4.1 stammen alle aus der Forschung der letzten 20 bis 30 Jahre: die Spektra zufälliger großer Matrizen, die räumliche Ausbreitung zufälliger Polymerketten, Langzeitverhalten von zufälligem Massentransport durch ein zufälliges Feld von Quellen und Senken, Irrfahrten in zufälliger Umgebung etc. Wir haben uns bemüht, Beispiele auszuwählen, die nicht aus der Theorie der Großen Abweichungen heraus motiviert werden, aber zu deren Verständnis diese Theorie einen substanziellen oder sogar unverzichtbaren Beitrag liefert.

4.1 Testen von Hypothesen

Ein grundlegendes Problem der Statistik ist das folgende.[1] Es sei $X_1, X_2, \dots, X_n$ eine Folge von unabhängigen identisch verteilten Zufallsgrößen, von denen nur bekannt ist, dass die Verteilung entweder μ_0 oder μ_1 ist, wobei μ_0 und μ_1 zwei gegebene Wahrscheinlichkeitsmaße auf $\mathbb{R}$ sind. Auf Grund der Beobachtungen $X_1, X_2, \dots, X_n$ soll nun die Entscheidung gefällt werden, ob die *Hypothese* zutrifft, dass es μ_0 ist, oder ob die *Alternative* gewählt werden muss, dass es μ_1 ist. Dazu bedienen wir uns eines statistischen *Tests,* also einer messbaren Abbildung $T_n : \mathbb{R}^n \to \{0, 1\}$, die uns im Falle $T_n(X_1, \dots, X_n) = 0$ die Hypothese wählen lässt und im anderen Fall (also $T_n(X_1, \dots, X_n) = 1$) die Alternative. Natürlich wollen wir die Wahrscheinlichkeit eines Fehlers dieser Entscheidung gering halten, und zwar sowohl eines Fehlers Erster Art (dass wir die Hypothese verwerfen, obwohl es μ_0 war) als auch eines Fehlers Zweiter Art (dass wir die Hypothese wählen, obwohl es μ_1 war). Mit anderen Worten, wir wollen die Fehlerwahrscheinlichkeiten

[1] Den statistischen Hintergrund liefert z. B. [Ge02], der Zusammenhang mit Großen Abweichungen ist in [Ho00, Kap. VI] und [DeZe10, Abschn. 3.4] dargestellt; er geht auf [Ch52] zurück.

W. König, *Große Abweichungen,* Mathematik Kompakt,
https://doi.org/10.1007/978-3-030-52778-5_4

$$\alpha_n = \mathbb{P}_0(T_n \text{ verwirft die Hypothese}) \qquad \text{und} \qquad \beta_n = \mathbb{P}_1(T_n \text{ akzeptiert sie})$$

gering halten, wobei $\mathbb{P}_k$ unter μ_k misst. Genauer gesagt, wir wollen entweder voraussetzen, dass α_n unter einer gegebenen Schranke ist, und dann β_n minimieren, oder umgekehrt.

Der Einfachheit halber setzen wir voraus, dass die beiden Maße μ_0 und μ_1 gegenseitig absolutstetig sind und nicht ununterscheidbar, so dass also der beobachtete *log-likelihood Quotient*

$$Y_i = \log \frac{\mathrm{d}\mu_1}{\mathrm{d}\mu_0}(X_i), \qquad i \in \mathbb{N},$$

existiert und nicht fast sicher konstant ist. (Wir haben soeben Dichten vorausgesetzt; im diskreten Fall wird der log-likelihood Quotient analog definiert.) Die Zufallsgrößen Y_i sind sowohl unter μ_0 als auch unter μ_1 unabhängig und identisch verteilt. Die Erwartungswerte

$$x_0 = \mathbb{E}_0[Y_1] = -H(\mu_0 \mid \mu_1) \qquad \text{und} \qquad x_1 = \mathbb{E}_1[Y_1] = H(\mu_1 \mid \mu_0)$$

(siehe (2.4.2) und Bemerkung 2.4.2) erfüllen

$$-\infty \le x_0 = \mathbb{E}_0[Y_1] < \mathbb{E}_0[Y_1 \mathrm{e}^{Y_1}] = x_1 \ge \infty.$$

Dir Ungleichung ist strikt, da Y_1 nicht fast sicher konstant ist. Mit Hilfe von Jensens Ungleichung erhalten wir sogar

$$x_0 < \log \mathbb{E}_0[\mathrm{e}^{Y_1}] = 0 = \log \mathbb{E}_1[\mathrm{e}^{-Y_1}] < x_1.$$

Der Einfachheit halber setzen wir nun voraus, dass μ_0 und μ_1 eine Dichte besitzen, d. h. wir schließen den diskreten Fall aus. Ein *Neyman–Pearson-Test* ist ein Test der Form $T_n(X_1, \dots, X_n) = \mathbb{1}_{\{Y_1+\dots+Y_n > n\gamma_n\}}$ für ein $\gamma_n > 0$, das heißt, ein Test, der sich für die Alternative entscheidet, sobald der Durchschnitt der Y_i einen gegebenen Wert γ_n überschreitet.[2] Nach dem *Lemma von Neyman–Pearson* sind alle solchen Tests optimal in dem Sinne, dass alle Tests mit dem selben Wert von α_n keinen geringeren Wert von β_n besitzen und umgekehrt. Damit ist das Problem des optimalen Testens gelöst. Also ist es von Interesse, für konstante Schwellenwerte $\gamma \in (x_0, x_1)$ das Verhalten der Folgen $(\alpha_n)_{n\in\mathbb{N}}$ und $(\beta_n)_{n\in\mathbb{N}}$ zu studieren.

[2] Im diskreten Fall beinhaltet die Definition eines Neyman–Pearson-Tests, dass im Fall $Y_1 + \dots + Y_n < n\gamma_n$ definitiv die Alternative gewählt wird, aber im Fall $Y_1 + \dots + Y_n = n\gamma_n$ eine (eventuell unfaire) Münze geworfen wird.

Satz 4.1.1 *Der Neyman–Pearson-Test mit konstantem Schwellenwert* $\gamma \in (x_0, x_1)$ *erfüllt*

$$\lim_{n\to\infty} \frac{1}{n} \log \alpha_n = -\Lambda_0^*(\gamma) < 0 \quad \textit{und} \quad \lim_{n\to\infty} \frac{1}{n} \log \beta_n = \gamma - \Lambda_1^*(\gamma) < 0, \tag{4.1.1}$$

wobei Λ_0^* *die Legendre-Transformierte (siehe (1.1.4) oder (3.4.2)) der Kumulanten erzeugenden Funktion* $\Lambda_0(\lambda) = \log \mathbb{E}_0[\mathrm{e}^{\lambda Y_1}]$ *ist.*

Beweis Die erste Aussage in (4.1.1) folgt aus Satz 1.4.3 (genauer gesagt, einer Variante von Satz 1.4.3, die mit endlichen exponentiellen Momenten nur in einer Umgebung der Null auskommt, siehe Bemerkung 1.4.4 (iv)), denn $\alpha_n = \mathbb{P}_0\left(\frac{1}{n}(Y_1 + \cdots + Y_n) > \gamma\right)$, und die Y_i sind unabhängig und identisch verteilt unter $\mathbb{P}_0$. Man beachte auch, dass $\gamma > x_0 = \mathbb{E}_0[Y_1]$. Ferner liegt γ im Bereich $(\operatorname{essinf}_k(Y_1), \operatorname{esssup}_k(Y_1))$ für $k \in \{0, 1\}$, wobei essinf_k bzw esssup_k das essentielle Infimum bzw. Supremum bezüglich μ_k ist.

Nun zur zweiten Aussage in (4.1.1). Wir haben $\beta_n = \mathbb{P}_1\left(\frac{1}{n}(Y_1 + \cdots + Y_n\right) \le \gamma)$ und brauchen also zunächst die Momenten erzeugende Funktion Λ_1 von Y_1 unter μ_1. Diese ist gleich

$$\mathbb{E}_1[\mathrm{e}^{\lambda Y_1}] = \int_{\mathbb{R}} \mu_1(\mathrm{d}x) \left(\frac{\mathrm{d}\mu_1}{\mathrm{d}\mu_0}(x)\right)^{\lambda} = \int_{\mathbb{R}} \mu_0(\mathrm{d}x) \left(\frac{\mathrm{d}\mu_1}{\mathrm{d}\mu_0}(x)\right)^{\lambda+1} = \mathbb{E}_0[\mathrm{e}^{(\lambda+1)Y_1}].$$

Also gilt $\Lambda_1(\lambda) = \Lambda_0(\lambda + 1)$, und daher ist die Ratenfunktion für $\frac{1}{n}(Y_1 + \cdots + Y_n)$ unter μ_1 gegeben als $\gamma \mapsto \Lambda_0^*(\gamma) - \gamma$. Wegen $\gamma < x - 1 = \mathbb{E}_1[Y_1]$ ist Satz 1.4.3 anwendbar und liefert die zweite Aussage in (4.1.1). □

Bemerkung 4.1.2 (Chernoff-Information) Es fällt auf, dass die beiden Raten in (4.1.1) einander genau im Fall $\gamma = 0$ gleichen, also für den Neyman–Pearson-Test mit Schwellenwert Null. Der Wert $\gamma = 0$ ist auch optimal für das Problem, das Maximum der Raten von α_n und β_n zu minimieren, denn für $\gamma < 0$ ist $-\Lambda_0^*(\gamma) > -\Lambda_0^*(0)$ (denn Λ_0^* ist konvex mit eindeutiger Nullstelle in $x_0 \in [-\infty, 0)$, also steigend in (x_0, x_1)), und für $\gamma > 0$ ist $\gamma - \Lambda_0^*(\gamma) > -\Lambda_0^*$ (denn aus analogen Gründen für μ_1 an Stelle von μ_0 ist $\lambda \mapsto \gamma - \Lambda_0^*(\gamma)$ ebenfalls steigend in (x_0, x_1)). Die optimale Rate des Maximums, $-\Lambda_0^*(0)$, wird auch die *Chernoff-Information* genannt. ◊

4.2 Das Spektrum zufälliger Matrizen

Auf Anregung von E. Wigner benutzte man seit den 1950er Jahren gewisse zufällige große Matrizen als Modelle für die angeregten Energiezustände der Atome in gewissen Materialien bei langsamen Kernreaktionen. Der Prototyp einer solchen zufälligen Matrix ist das sogenannte *Gaußsche Unitäre Ensemble (GUE),* eine $(N \times N)$-Matrix mit unabhängigen komplex standardnormalverteilten Einträgen, bedingt darauf, hermitesch zu sein. Genauer betrachten wir eine komplexe Matrix $M = (M_{i,j})_{i,j=1,\dots,N}$ mit $M^{\mathrm{I}} = M$, sodass die Kollektion der Real- und der Imaginärteile von $M_{i,j}$ für $i < j$, zusammen mit den (reellen) Diagonaleinträgen $M_{i,i}$ unabhängige normalverteilte Zufallsgrößen sind, so dass die Varianz der jeweiligen reellen Größen außerhalb der Diagonalen jeweils Eins ist und auf der Diagonalen jeweils Zwei. Damit haben wir also unterhalb und inklusive der Diagonalen komplette Unabhängigkeit, und oberhalb stehen die konjugiert komplexen Einträge, so dass die Matrix hermitesch ist. Die Bezeichnung ‚unitäres Ensemble' kommt von der Invarianz dieser Matrixverteilung unter Konjugation mit unitären Matrizen.

Mit $\lambda_1^{(N)} \leq \cdots \leq \lambda_N^{(N)}$ bezeichnen wir die Eigenwerte von M. Also ist $\lambda^{(N)} = (\lambda_1^{(N)}, \dots, \lambda_N^{(N)})$ ein zufälliger Vektor, und zwar ein Element des Abschlusses der Menge $W = \{x \in \mathbb{R}^N : x_1 < \cdots < x_N\}$. Dieser zufällige Vektor erhält die Interpretation des Energiespektrums der Atome für gewisse Materialien.

Die Hoffnung ist, dass 1) dieses Modell tatsächlich dieser Interpretation physikalisch adäquat entspricht (worum wir uns hier nicht kümmern wollen), und dass 2) das mathematische Modell erfolgreich mit den Mitteln der Wahrscheinlichkeitstheorie behandelt werden kann. Es gibt eine Handvoll anderer Matrixensembles, die mit ähnlichen Intentionen definiert wurden, darunter auch die reelle Variante (das Gaußsche Orthogonale Ensemble, GOE) und die simplektische Variante (das Gaußsche Simplektische Ensemble, GSE). Die Theorie dieser Typen von Matrizenensembles (die sogenannte *Random Matrix Theory*) ist ausufernd, die Standardreferenz vom physikalischen Standpunkt ist [Me91]. Für einen mathematischen Überblick siehe [Kö05] und viele Referenzen darin.

Das Hauptinteresse konzentriert sich auf das Verhalten des Spektrums λ von M für $N \to \infty$. Wir werden uns hier nur um das Gesetz der Großen Zahlen und die Großen Abweichungen davon kümmern, also um die Fragen:

1. Wie muss man $\lambda^{(N)}$ reskalieren, damit Konvergenz eintritt, und wogegen und in welchem Sinne?
2. Was sind die Skala und die Ratenfunktion für ein eventuelles Prinzip Großer Abweichungen?

Die erste Frage wurde historisch zuerst gelöst [Wi55, Wi58], und die zweite wurde Anfang der 1990er Jahre heuristisch von Voiculescu diskutiert und dann in [BAG97] gelöst; siehe auch [HiPe00]. Natürlich gibt es eine Reihe anderer Fragen, von denen die wichtigste und faszinierendste wohl die Frage nach der asymptotischen Verteilung der Lücken zwischen aufeinander folgenden Eigenwerten ist. Diese Frage ist die physikalisch zugänglichste (denn Lücken zwischen Energielevels können experimentell sehr gut bestimmt werden), und ihre Lösung offenbart eine weit reichende Universalität. Diese Universalität, die schon Wigner intuitiv vermutete, war eine der Triebfedern für die Beschäftigung mit der Theorie der zufälligen Matrizen, und in den 1970er Jahren entdeckte man, dass die Nullstellenverteilung der Riemannschen Zetafunktion ebenfalls in die selbe Universalitätsklasse gehören sollte. Die Universalität für das Spektrum zufälliger Matrizen ist Ende der 1990er Jahre weitgehend gelöst worden (bis auf eines der Teilprobleme, das um 2010 gelöst wurde), aber noch nicht für die Riemannsche Zetafunktion, obwohl einige rigorose Zusammenhänge gefunden worden sind.

Da die Anzahl der Koeffizienten von $\lambda^{(N)}$ mit N wächst, kann es nicht $\lambda^{(N)}$ selber sein, was konvergiert. Wie wir schon seit Abschn. 2.4 wissen, sollte das empirische Maß von $\lambda^{(N)}$ ein guter Kandidat sein, also das *Spektralmaß*. Aber zuvor muss man eine geeignete Reskalierung finden, nämlich eine Potenz $\alpha \in (0, \infty)$, sodass das empirische Maß des Vektors $N^{-\alpha}\lambda^{(N)}$ konvergiert. Es stellt sich heraus, dass $\alpha = \frac{1}{2}$ geeignet ist, eine Wahl, die auf Grund des Zentralen Grenzwertsatzes allerdings nicht übermäßig verwundert:

Satz 4.2.1 (Wigners Halbkreisgesetz) *Für jedes $N \in \mathbb{N}$ sei $\lambda^{(N)} \in \overline{W}$ das Tupel der Eigenwerte einer GUE-Matrix M_N. Wir betrachten das empirische Maß von $N^{-\frac{1}{2}}\lambda^{(N)}$, also*

$$\mu_N = \frac{1}{N}\sum_{i=1}^N \delta_{\widetilde{\lambda}_i^{(N)}}, \qquad \textit{wobei } \widetilde{\lambda}_i^{(N)} = N^{-\frac{1}{2}}\lambda_i^{(N)}. \tag{4.2.1}$$

Dann konvergiert μ_N schwach in Verteilung gegen die Halbkreisverteilung

$$\frac{\mu_*(\mathrm{d}x)}{\mathrm{d}x} = \frac{1}{\pi}\sqrt{2 - x^2}\,\mathbb{1}_{[-\sqrt{2},\sqrt{2}]}(x). \tag{4.2.2}$$

Beweisskizze Dieser Beweis (siehe [Wi55, Wi58] und auch [HiPe00, Kap. 4]) benutzt die *Momentenmethode:* Es reicht zu zeigen, dass

$$\lim_{N\to\infty} \mathbb{E}\Big[\int_{\mathbb{R}} x^k\,\mu_N(\mathrm{d}x)\Big] = \int_{\mathbb{R}} x^k\,\mu_*(\mathrm{d}x), \qquad k \in \mathbb{N}. \tag{4.2.3}$$

Wegen Symmetrie sind alle ungeraden Momente sowohl von μ_N als auch von μ_* gleich Null, also reicht es, $k = 2m$ zu betrachten. Die $(2m)$-ten Momente von μ_* sind als $\frac{2^{-m}}{1+m}\binom{2m}{m}$ bekannt. Diejenigen von μ_N kann man mit Hilfe der normierten Spur von M_N ausdrücken:

$$\begin{aligned}\mathbb{E}\Big[\int_{\mathbb{R}} x^{2m}\,\mu_N(\mathrm{d}x)\Big] &= \frac{1}{N}\sum_{i=1}^N \mathbb{E}\Big[\int x^{2m}\,\delta_{\widetilde{\lambda}_i^{(N)}}(\mathrm{d}x)\Big] = \frac{1}{N^{1+m}}\mathbb{E}\Big[\sum_{i=1}^N \big(\lambda_i^{(N)}\big)^{2m}\Big]\\ &= \frac{1}{N^{1+m}}\mathbb{E}\big[\mathrm{tr}(M_N^{2m})\big] = \frac{1}{N^{1+m}}\sum_{i_1,\dots,i_{2m}=1}^N \mathbb{E}\Big[\prod_{j=1}^{2m} M_{i_{j-1},i_j}\Big].\end{aligned} \tag{4.2.4}$$

Nun muss einige Kombinatorik geleistet werden, um die führenden Terme zu finden und die restlichen zu kontrollieren. Hierbei nutzt man die Unabhängigkeit der Matrixeinträge und grobe Schranken für deren Momente. Der Term, der von der Teilsumme über die Multiindizes $i_1, \dots, i_{2m}$ mit $\#\{i_1, \dots, i_{2m}\} < m + 1$ kommt, verschwindet asymptotisch, und derjenige Term mit $\#\{i_1, \dots, i_{2m}\} > m + 1$ ist sogar gleich Null. □

Bemerkung 4.2.2

1. Die Konvergenz ist in dem Sinn zu verstehen, dass für jede beschränkte stetige Funktion $f : \mathbb{R} \to \mathbb{R}$ gilt: $\lim_{N\to\infty} \mathbb{E}[\int_{\mathbb{R}} f(x)\, \mu_N(\mathrm{d}x)] = \int_{-\sqrt{2}}^{\sqrt{2}} f(x)\, \mu_*(\mathrm{d}x)$.
2. Also liegt das Spektrum einer N-reihigen GUE-Matrix für großes N im Wesentlichen im Intervall $[-\sqrt{2N}, \sqrt{2N}]$, und der größte Eigenwert erfüllt $\lim_{N\to\infty} N^{-\frac{1}{2}} \lambda_N^{(N)} = \sqrt{2}$ im schwachen Sinn. Ferner ist die Anzahl der Eigenwerte im Intervall $N^{\frac{1}{2}}[a, b]$ ungefähr gleich $\mu_*([a, b])$ für jedes $a < b$.
3. Die Momentenmethode funktioniert für viel allgemeinere Verteilungen der Matrixelemente, denn sie benutzt nur grobe Schranken für die Momente. Andererseits wird sie viel schwieriger bei fehlender Unabhängigkeit der Matrixeinträge.

◊

Kommen wir zu der Frage der Großen Abweichungen für das reskalierte Spektralmaß μ_N. Wir suchen also nach einem Prinzip auf der Menge $\mathcal{M}_1(\mathbb{R})$ der Wahrscheinlichkeitsmaße auf $\mathbb{R}$, und die betreffende Ratenfunktion sollte ein e eindeutige Nullstelle in μ_* besitzen. Daraus wird insbesondere ein alternativer Beweis des Wigner'schen Halbkreisgesetzes folgen.

Es stellt sich heraus, dass ohne eine explizite Rechnung ein solches Prinzip (zur Zeit noch) nicht zu erhalten ist. Wir sind allerdings in der glücklichen Lage, die Verteilung des Zufallsvektors $\lambda^{(N)}$ für das GUE explizit identifizieren zu können:

Lemma 4.2.3 (Spektralverteilung des GUE) *Sei $N \in \mathbb{N}$ fest und M eine $(N \times N)$-GUE-Matrix sowie $\lambda \in \overline{W}$ der Vektor der Eigenwerte von M. Dann hat der Zufallsvektor λ die Dichte*

$$P_N(x) = \frac{1}{Z_N} \prod_{1\le i<j\le N} (x_j - x_i)^2 \prod_{i=1}^{N} \mathrm{e}^{-x_i^2}, \qquad x = (x_1, \dots, x_N), \tag{4.2.5}$$

wobei Z_N eine geeignete Normierungskonstante ist.

Beweisskizze Wir wählen eine (zufällige) unitäre Matrix U, die M diagonalisiert, d. h. die Matrix $D = UMU^{-1}$ ist die Diagonalmatrix mit den λ_i auf der Diagonalen. Dann errechnet man

$$\begin{aligned} \mathrm{d}M &= \mathrm{d}\left(U^* D U\right) = \mathrm{d}U^* \cdot D \cdot U + U^* \cdot \mathrm{d}D \cdot U + U^* \cdot D \cdot \mathrm{d}U \\ &= U^* \cdot \left(\mathrm{d}D + U \cdot \mathrm{d}U^* \cdot D + D \cdot \mathrm{d}U \cdot U^*\right) \cdot U \\ &= \mathrm{d}D + U \cdot \mathrm{d}U^* \cdot D + D \cdot \mathrm{d}U \cdot U^* \\ &= \mathrm{d}D + \mathrm{d}A \cdot D - D \cdot \mathrm{d}A, \end{aligned} \tag{4.2.6}$$

wobei wir ausnutzten, dass die Verteilung $\mathrm{d}M$ der normalverteilten Matrix invariant unter unitären Konjugationen ist, und wir schrieben $\mathrm{d}A = U \cdot \mathrm{d}U^* = -\mathrm{d}U \cdot U^*$. Nun integriert man über alle $\mathrm{d}M_{i,j}$ mit $i < j$ und benutzt ein wenig Analysis und Lineare Algebra. Details findet man etwa in [Me91, Kap. 3] oder [HiPe00, Kap. 4]. □

Bemerkung 4.2.4

1. Die Verteilung auf der rechten Seite von (4.2.5) ist ein sogenanntes *Ensemble orthogonaler Polynome* denn es gibt verschiedene Zusammenhänge mit den orthogonalen Polynomen bezüglich des L^2-Skalarprodukts mit Gaußschem Gewicht $\mathrm{e}^{-x^2}\,\mathrm{d}x$. (Diese Polynome sind die gut bekannten *Hermite-Polynome.*) Das Ensemble orthogonaler Polynome in (4.2.5) ist also ein N-faches Produktmaß unabhängiger Gaußscher Größen, das mit der Dichte $\prod_{1\le i<j\le N}(x_j - x_i)^2$ (dem Quadrat der *Vandermonde-Determinante*) transformiert wird. Insbesondere hat also mit Wahrscheinlichkeit Eins jeder Eigenwert die algebraische Vielfachheit Eins.
2. Lemma 4.2.3 kann verallgemeinert werden auf hermitsche *unitär invariante* zufällige Matrizen, d. h. Matrizen, deren Verteilung gegeben ist durch eine Dichte der Form

$$\begin{aligned} \mathbb{P}(\mathrm{d}M) &= \text{const.}\ \mathrm{e}^{-F(M)} \prod_{i=1}^{N} \mathrm{d}M_{i,i} \prod_{1\le i<j\le N} \left[\mathrm{d}M_{i,j}^{(\mathrm{R})}\, \mathrm{d}M_{i,j}^{(\mathrm{I})}\right] \\ &= \text{const.}\ \mathrm{e}^{-F(M)}\, \mathrm{d}M \end{aligned} \tag{4.2.7}$$

für eine Funktion F, und die die Eigenschaft hat, dass die Verteilung von M unter Konjugation mit jeder unitären Matrix invariant ist. Es ist leicht zu sehen, dass F dann eine permutationssymmetrische Funktion der Eigenwerte sein muss. Man beachte, dass das GUE ein Spezialfall ist mit $F(M) = \sum_{i=1}^{N} \lambda_i^2$, und dass in jedem anderen Fall die Matrixeinträge *a priori* keinerlei Unabhängigkeitseigenschaft besitzen.

◊

Ausgerüstet mit der expliziten Beschreibung von Lemma 4.2.3, können wir nun Große Abweichungen beschreiben.

Satz 4.2.5 (Große Abweichungen für das Spektrum des GUE, [BAG97]) *Für jedes $N \in \mathbb{N}$ sei M_N eine $(N \times N)$-GUE-Matrix mit reskaliertem Spektralmaß μ_N, gegeben in* (4.2.1). *Dann erfüllt $(\mu_N)_{N\in\mathbb{N}}$ ein Prinzip Großer Abweichungen auf $\mathcal{M}_1(\mathbb{R})$ auf der Skala N^2 mit Ratenfunktion*

$$I(\mu) = \int_{\mathbb{R}} x^2\,\mu(\mathrm{d}x) - \int_{\mathbb{R}}\int_{\mathbb{R}} \mu(\mathrm{d}x)\mu(\mathrm{d}y)\log|x-y| - \frac{3}{4} - \frac{1}{2}\log 2, \qquad \mu \in \mathcal{M}_1(\mathbb{R}). \tag{4.2.8}$$

Bemerkung 4.2.6

1. Der Term $\int_{\mathbb{R}}\int_{\mathbb{R}} \mu(\mathrm{d}x)\mu(\mathrm{d}y)\log|x-y|$ ist bekannt als *Voiculescus nichtkommutative logarithmische Entropie* und besitzt eine Interpretation als elektrostatische Abstoßung unter Anwesenheit eines externen quadratischen Feldes und eine als die zweidimensionale *Coulomb-Energie.* Seine Konkavität als Funktion von μ ist altbekannt (siehe etwa [LiLo01, Theorem 9.8]), also ist I konvex. Die Kompaktheit der Niveaumengen und mehr Eigenschaften von I werden in [BAG97] bewiesen. Eine Standardreferenz zu logarithmischen Potenzialen ist [SaTo97].
2. [BAG97, De98, Kap. 6] geben jeweils einen Beweis dafür, dass die Halbkreisverteilung μ_* die einzige Nullstelle von I ist. (Man nennt die Minimierer dieses Funktionals *Gleichgewichtsmaße.*) Also haben wir einen zweiten Beweis von Satz 4.2.1, siehe Bemerkung 2.1.22. Ein verwandter Beweis dieses Gesetzes der Großen Zahlen wird in [De98, Kap. 6] ausgebreitet; er basiert auf [Jo98, DeMcKr98].

◇

Beweisskizze Wir beginnen bei Lemma 4.2.3 und der Beobachtung, dass die gemeinsame Dichte P_N der unskalierten Eigenwerte von der Form $P_N(x) = \frac{1}{Z_N}e^{-H_N(x)}$ mit der „Hamiltonfunktion"

$$H_N(x) = \sum_{i=1}^N x_i^2 - 2\sum_{1\le i<j\le N} \log(x_j - x_i). \tag{4.2.9}$$

ist. Um einen nichttrivialen Grenzwert zu erhalten, muss man die $\lambda_i^{(N)}$ so reskalieren, dass beide Teile von $H_N(x)$ von der gleichen Ordnung in N sind. Da der zweite Teil immer von der Ordnung N^2 ist, muss man also $\widetilde{\lambda}_i^{(N)} = N^{-\frac{1}{2}}\lambda_i^{(N)}$ betrachten.[3] Dessen Vektor $\widetilde{\lambda}^{(N)}$ hat die Dichte

$$\mathbb{P}\left(\widetilde{\lambda}^{(N)} \in \mathrm{d}x\right) = \frac{1}{\widetilde{Z}_N} e^{-N^2\widetilde{H}_N(x)}\,\mathrm{d}x, \tag{4.2.10}$$

mit

$$\widetilde{H}_N(x) = \frac{1}{N}\sum_{i=1}^N x_i^2 - \frac{2}{N^2}\sum_{1\le i<j\le N} \log(x_j - x_i) - \frac{3}{4} - \frac{1}{2}\log 2, \tag{4.2.11}$$

wobei wir geeignete Terme in der Normierungskonstanten absorbierten. Nun haben wir die Gestalt $\widetilde{H}_N(x) \approx I(\mu_N)$, wenn μ_N das empirische Maß der $x_1, \dots, x_N$ ist. (Wir unterdrück-

[3]Dieses Argument zeigt unabhängig vom Ergebnis von Satz 4.2.1, dass die Reskalierung genau mit $N^{\frac{1}{2}}$ gewählt werden muss.

ten die Diagonalterme, was ein technisches Detail ist.) Die Integration ist von der Ordnung N, aber der Exponent von der Ordnung N^2. Daher ist kein klassisches Prinzip Großer Abweichungen in Kraft, sondern ein explizites: Die Ratenfunktion persönlich erscheint direkt (bis auf technische Approximationsdetails) als exponentielle Dichte auf der Skala N^2. □

4.3 Zufällige Polymerketten

4.3.1 Das Modell

Eine *Polymerkette* ist eine endliche Sequenz von kleineren Atomgruppen, sogenannten Monomeren, die durch zweiwertige Verbindungen zusammengefügt werden. Wir nehmen den Aufenthaltsort der Monomere als zufällig an. Ein simples mathematisches Modell für eine n-schrittige Polymerkette in d Dimensionen ist der Beginn $(S_0, S_1, \dots, S_n)$ einer Irrfahrt im $\mathbb{Z}^d$ mit $S_0 = 0$. Wir setzen voraus, dass die Schritte der Irrfahrt zentriert sind und eine endliche Varianz besitzen. Allerdings ist dieses Modell kaum brauchbar, denn mit einiger Wahrscheinlichkeit werden Selbstüberschneidungen auftreten, d. h. Paare (i, j) mit $i < j$ und $S_i = S_j$. Da das i-te und das j-te Monomer nicht am selben Ort sein sollen, macht diese Eigenschaft die Irrfahrt unbrauchbar als ein Modell für eine Polymerkette. Also verbessern wir das Modell, indem wir Selbstüberschneidungen ausschließen bzw. unterdrücken. Mit einem Stärkeparameter $\beta \in (0, \infty]$ betrachten wir das transformierte Pfadmaß

$$d\mathbb{P}_{\beta,n} = \frac{1}{Z_{\beta,n}} e^{-\beta H_n} \, d\mathbb{P}, \tag{4.3.1}$$

wobei

$$H_n = \sum_{0 \le i < j \le n} \mathbb{1}_{\{S_i = S_j\}} \tag{4.3.2}$$

die Anzahl der Selbstüberschneidungen der Kette $(S_0, S_1, \dots, S_n)$ ist und $\mathbb{P}$ das zugrunde liegende Wahrscheinlichkeitsmaß. Die Konstante $Z_{\beta,n}$ normiert $\mathbb{P}_{\beta,n}$ zu einem Wahrscheinlichkeitsmaß. Das Maß $\mathbb{P}_{\beta,n}$ unterdrückt alle diese Selbstüberschneidungen mit Stärke β, wobei wir $\mathbb{P}_{\infty,n}$ als die bedingte Verteilung gegeben $H_n = 0$ interpretieren. Für $\beta \in (0, \infty)$ heißt das Modell die *selbstabstoßende Irrfahrt* oder auch das *Domb–Joyce-Modell*, und $\mathbb{P}_{\infty,n}$ heißt die *selbstvermeidende Irrfahrt*.[4] Der Fall $\beta = \infty$ scheint auf dem ersten Blick der einzige zu sein, der uns im Zusammenhang mit Polymerketten interessieren könnte, aber auch das Modell mit $\beta \in (0, \infty)$ hat seine Berechtigung, da man einen Zustand $i \in \mathbb{Z}^d$ als Stellvertreter der ganzen Mikrobox $i + (-\frac{1}{2}, \frac{1}{2}]^d$ interpretiert, die sehr wohl mehrere Monomere aufnehmen kann, dafür aber zahlen muss. Als zugrunde liegende Irrfahrt wird meistens die einfache Irrfahrt benutzt (also die symmetrische Nächstnachbarschaftsirrfahrt).

[4] Diese Bezeichnungen führen in die Irre, was das Baugesetz der Folge $(\mathbb{P}_{\beta,n})_{n\in\mathbb{N}}$ angeht: Es handelt sich *nicht* um eine Irrfahrt, nicht einmal um eine konsistente Familie.

In diesem Fall ist $\mathbb{P}_{\infty,n}$ genau die Gleichverteilung auf der Menge aller n-schrittigen in Null startenden Nächstnachbarschaftspfade auf $\mathbb{Z}^d$, die keinen Punkt zweimal treffen.

Die Polymermaße $\mathbb{P}_{\beta,n}$ werden seit Jahrzehnten mit Interesse untersucht, denn, wie Computersimulationen zeigen, spiegeln sie einerseits das räumliche Verhalten von Polymerketten recht gut wider, und andererseits birgt ihre mathematische Analyse große Herausforderungen, die noch weithin offen sind. Das Hauptinteresse konzentriert sich auf den erwarteten Abstand der Enden der Kette für große n, also die Asymptotik von $\mathbb{E}_{\beta,n}[|S_n|]$, wobei $\mathbb{E}_{\beta,n}$ der Erwartungswert bezüglich $\mathbb{P}_{\beta,n}$ ist. Intuitiv ist klar, dass die räumliche Ausbreitung der Irrfahrt größer sein muss als die der freien Irrfahrt und dass dieser Effekt mit hoher Dimension abnehmen sollte. Um dies effektiv zu zeigen, müsste man die Korrelation zwischen $|S_n|$ und H_n unter $\mathbb{P}_{\beta,n}$ kontrollieren, aber dies ist bisher noch nicht explizit gelungen. Seit Jahrzehnten wird (auf der Basis von Computersimulationen) vermutet, dass

$$\mathbb{E}_{\beta,n}[|S_n|] \sim Dn^\nu, \qquad \text{wobei} \qquad \nu = \begin{cases} 1 & \text{in } d = 1, \\ \frac{3}{4} & \text{in } d = 2, \\ 0{,}588\ldots & \text{in } d = 3, \\ \frac{1}{2} & \text{in } d \geq 4. \end{cases} \tag{4.3.3}$$

Die Konstante D sollte nicht nur von der Dimension, sondern auch von den Details der Irrfahrt abhängen, aber der sogenannte *kritische Exponent* ν ist universell. In $d = 4$ vermutet man tatsächlich gewisse logarithmische Korrekturen in der Asymptotik. Für den Wert von ν in $d = 3$ gibt es keinerlei Heuristik.[5] Die Vermutung (4.3.3) wurde Anfang der 1990er Jahre für $d \geq 5$ von Hara und Slade bewiesen, siehe auch die Monografie [MaSl93], die den Stand des Wissens von 1993 zusammenfasst und Vieles über die Erstellung von Computersimulationen bringt, sowie den Überblickartikel [Sl11] von 2011. Der Beweis in $d \geq 5$ basiert darauf, dass $\mathbb{P}_{\beta,n}$ eine gewisse ‚kleine Störung' der freien Irrfahrt ist. Der Unterschied wird durch die ‚Spitzenmethode', die *lace expansion,* kontrolliert, eine diagrammatische Entwicklungsmethode, die von Hara und Slade mittels einer Fourierinversion behandelt wurde. Um 2000 herum wurden kürzere und klarere Beweismethoden gefunden, die die lace expansion für eine Vollständige Induktion bzw. für ein Fixpunktargument einsetzen.

Die hauptsächlich interessanten Dimensionen $d \in \{2, 3, 4\}$ sind weithin offen und haben vermutlich ebenfalls nichts mit der Theorie der Großen Abweichungen zu tun. In $d = 3$ gibt es kein nichttriviales rigoroses Ergebnis. In $d = 4$ wurden Teilfragen von Brydges und Imbrie gelöst; seit 2010 gibt es eine Reihe von Arbeiten von Autoren um D. Brydges und G. Slade, die auf einen Beweis hinarbeitet und zumindest die Green'sche Funktion schon recht gut im Griff hat. In $d = 2$ wurde 2004 von Lawler, Schramm und Werner ein interessantes bedingtes Theorem bewiesen: Falls ein Skalierungsgrenzwert der selbstabstoßenden Irrfahrt existiert und konform invariant ist, so muss er die sogenannte *Stochastische Löwner-Evolution* (SLE)

[5] Es scheint ein allgemeines Phänomen in der statistischen Mechanik zu sein, dass kritische Exponenten in zwei Dimensionen vermutlich einfache Brüche sind, aber ihr Wert in drei Dimensionen völlig im Dunkeln liegt.

sein. Die von diesen drei Autoren angestoßene Arbeit an der SLE ist sehr bedeutsam, da sie etliche Modelle der mathematischen Physik in zwei Raumdimensionen erklärt und ein rigoroses Beweiskonzept liefert. Teilweise wurden mit ihr sogar Modelle verstanden, für die in der physikalischen Literatur keine einsehbaren Heuristiken existieren. Hierzu gehört im obigen Sinne auch die selbstabstoßende Irrfahrt.

4.3.2 Große Abweichungen für eindimensionale Polymerketten

Jetzt wenden wir uns nur noch den eindimensionalen selbstabstoßenden Irrfahrten zu. Ein Überblick über die mathematische Literatur ist [HoKö01] und manche der Referenzen darin. Das folgende Material stammt aus den Publikationen [Kö93, Kö94, HoHoKö97, HoHoKö03a, HoHoKö03b] sowie aus [Ho00, Kap. IX].

Nach gewissen Umformulierungen wird sich gleich herausstellen, dass das eindimensionale Polymermaß mit Hilfe von Methoden aus der Theorie der Großen Abweichungen behandelt werden kann. Wir werden tatsächlich sogar ein Prinzip Großer Abweichungen für den Endpunkt der Polymerkette herleiten. Genauer, wir werden die Funktion

$$I_\beta(\theta) = -\lim_{n\to\infty} \frac{1}{n} \log\left(Z_{\beta,n}\mathbb{P}_{\beta,n}(S_n \approx \theta n)\right), \qquad \theta \in \mathbb{R}, \tag{4.3.4}$$

analysieren. Mit „$\approx$“ bezeichnen wir Gleichheit bis auf eine Abweichung der Größe $o(n)$, und es wird sich zeigen, dass die Existenz und der Wert des Grenzwertes in (4.3.4) nicht von dieser Abweichung abhängen. Die Funktion I_β unterscheidet sich nur um die Konstante $\lim_{n\to\infty} \frac{1}{n} \log Z_{\beta,n}$ von dem, was man üblicherweise die Ratenfunktion für die Großen Abweichungen des Endpunktes nennt. Ab sofort setzen wir voraus, dass die Schritte der freien Irrfahrt symmetrisch verteilt sind auf der Menge $\{-L, -L+1, \dots, L\}$ für ein $L \in \mathbb{N}$. Der Fall $L = 1$ ist die einfache Irrfahrt. Um Trivialitäten auszuschließen, betrachten wir im Fall $L = 1$ *nicht* den Fall $\beta = \infty$, denn es gibt ja nur zwei selbstvermeidende Nächstnachbarschaftspfade. Die Symmetrie der Verteilung führt zur Symmetrie von I_β, d. h. es gilt $I_\beta(-\theta) = I_\beta(\theta)$. Außerdem ist klar, dass $I_\beta = \infty$ auf $[-L, L]^c$. Hier ist das Hauptergebnis über das eindimensionale Polymermaß.

Satz 4.3.1 (Große Abweichungen für das eindimensionale Polymermaß) *Für jedes $\theta \in [0, L]$ existiert der Grenzwert in (4.3.4). Die Funktion I_β ist stetig und konvex auf $[0, L]$ und stetig differenzierbar in $(0, L)$. Es gibt zwei kritische Punkte $\theta^{**}(\beta) < \theta^*(\beta)$ in $(0, L)$, sodass I_β in $[0, \theta^{**}(\beta)]$ linear und monoton fallend ist und in $[\theta^{**}(\beta), L]$ reell-analytisch und strikt konvex ist mit einzigem Minimum in $\theta^*(\beta)$.*

Der Graph von I_β hat also das folgende Aussehen:

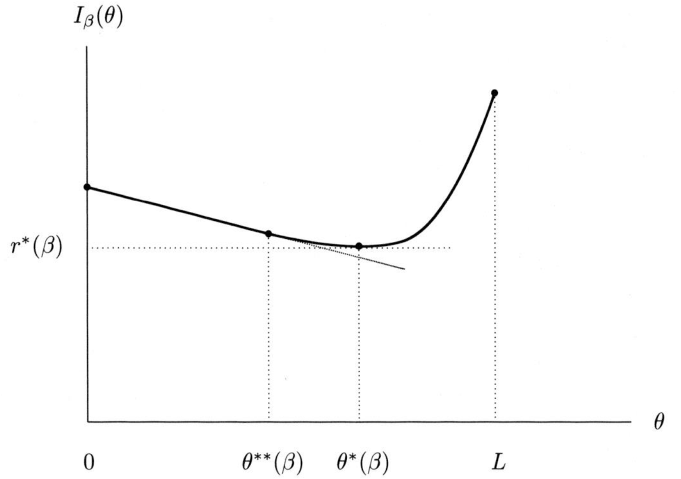

Wir haben also ein Prinzip Großer Abweichungen für die Verteilung von $\frac{1}{n}S_n$ unter $\mathbb{P}_{\beta,n}$, und die Ratenfunktion ist konvex auf $(0, L)$ und auf $(-L, 0)$, aber nicht in ihrem Definitionsbereich $[-L, L]$. Die Rate der Normierungskonstanten ist gegeben als

$$\lim_{n\to\infty} \frac{1}{n} \log Z_{\beta,n} = -I_\beta(0) = -r^*(\beta).$$

Bemerkung 4.3.2 (Gesetz der Großen Zahlen) Insbesondere gilt das folgende Gesetz der Großen Zahlen: Die Verteilung von $\frac{1}{n}S_n$ konvergiert gegen $\frac{1}{2}(\delta_{-\theta^*(\beta)} + \delta_{\theta^*(\beta)})$, d. h. mit gleicher Wahrscheinlichkeit entscheidet sich die Polymerkette zufällig, ob sie nach oben oder nach unten läuft, und dann nimmt sie die Drift $\theta^*(\beta)$ bzw. $-\theta^*(\beta)$ an. ◊

Bemerkung 4.3.3 (Zentraler Grenzwertsatz und Invarianzprinzip) Die Zahl

$$\sigma^{*2}(\beta) = \frac{1}{I''_\beta(\theta^*(\beta))}$$

ist positiv, und die Verteilung von $(|S_n| - \theta^*(\beta)n)/\sqrt{\sigma^{*2}(\beta)n}$ unter dem Polymermaß konvergiert gegen die Standardnormalverteilung. Eine grobe heuristische Rechnung auf exponentieller Skala belegt diese Aussage. Mit $\widetilde{I}_\beta = I_\beta - I_\beta(\theta^*(\beta))$ bezeichnen wir die Ratenfunktion von $\frac{1}{n}|S_n|$ unter dem Polymermaß.

$$\begin{aligned}
\mathbb{P}_{\beta,n}\left(\frac{|S_n| - \theta^*(\beta)n}{\sqrt{\sigma^{*2}(\beta)n}} \approx x\right) &= \mathbb{P}_{\beta,n}\left(\frac{1}{n}|S_n| \approx \theta^*(\beta) + \frac{x}{\sqrt{n}}\sigma^*(\beta)\right) \\
&\approx \mathrm{e}^{-n\widetilde{I}_\beta(\theta^*(\beta)+\frac{x}{\sqrt{n}}\sigma^*(\beta))} \\
&= \mathrm{e}^{-\frac{1}{2}x^2\sigma^{*2}(\beta)I''_\beta(\theta^*(\beta))+o(1)} = \mathrm{e}^{-\frac{1}{2}x^2+o(1)},
\end{aligned}$$

wobei wir im letzten Schritt eine Taylorapproximation machten und beachteten, dass $\widetilde{I}_\beta(\theta^*(\beta)) = \widetilde{I}'_\beta(\theta^*(\beta)) = 0$ gelten.

Außerdem haben wir ein Invarianzprinzip: Der Prozess $((|S_{nt}| - \theta^*(\beta)nt)/\sqrt{\sigma^{*2}(\beta)n})_{t\in[0,1]}$ konvergiert gegen die Brownsche Bewegung in Verteilung. Der Zentrale Grenzwertsatz wurde in der Literatur bewiesen, das Invarianzprinzip noch nicht. ◊

Bemerkung 4.3.4 (Phasenübergang) Der Phasenübergang am Punkt $\theta^{**}(\beta)$ kann wie folgt interpretiert (und mit etwas mehr Arbeit auch bewiesen) werden. Für $\theta > \theta^{**}(\beta)$ besteht die optimale Strategie der Polymerkette, das Ereignis $\{S_n \approx \theta n\}$ zu realisieren, darin, die Drift θ während des gesamten Zeitintervalls $[0, n]$ einzuhalten. Diese Strategie ist allerdings offensichtlich nicht optimal für kleine θ, denn sie produziert dann zu viele Selbstüberschneidungen. Für $\theta \in [0, \theta^{**}(\beta)]$ besteht die optimale Strategie darin, im Zeitintervall $\left[0, \frac{\theta^{**}(\beta)+\theta}{2\theta^{**}(\beta)} n\right]$ mit Drift $\theta^{**}(\beta)$ zu reisen und danach mit Drift $-\theta^{**}(\beta)$. Damit ragt der Pfad insgesamt um $\frac{1}{2}(\theta^{**}(\beta) - \theta)n$ aus dem Intervall $[0, \theta n]$ heraus, und dies führt zur Linearität der Ratenfunktion im Intervall $[0, \theta^{**}(\beta)]$. ◊

Bemerkung 4.3.5 (Monotonie in β) Es ist natürlich zu vermuten, dass die optimale Drift $\theta^*(\beta)$ der Polymerkette streng monoton steigend in β ist, denn wenn Selbstüberschneidungen härter bestraft werden, sollte die Kette sich über einen größeren Bereich ausdehnen, um weniger Selbstüberschneidungen zu produzieren. Diese Vermutung ist allerdings noch unbewiesen, obwohl eine recht explizite Darstellung von $\theta^*(\beta)$ in Termen eines Variationsproblems bzw. eines Eigenwertproblems für eine unendlich große Matrix existiert, siehe unten. ◊

Bemerkung 4.3.6 (Kleine β) Die Asymptotik von $\theta^*(\beta)$ für kleine β ist wie folgt: Es gibt Konstanten a^*, b^* und c^*, so dass für $\theta \downarrow 0$ gelten:

$$r^*(\beta) \sim a^*\sigma^{-\frac{2}{3}}\beta^{\frac{2}{3}}, \qquad \theta^*(\beta) \sim b^*\sigma^{\frac{2}{3}}\beta^{\frac{1}{3}}, \qquad \sigma^* \to c^*. \tag{4.3.5}$$

Hier ist $\sigma^2 \in (0, \infty)$ die Varianz der Schritte der freien Irrfahrt. (Tatsächlich ist die letzte Aussage in (4.3.5) nur für die einfache Irrfahrt bewiesen worden.) Die Konstanten a^*, b^* und c^* haben eine analoge Bedeutung für das entsprechende Brownsche Polymermodell, siehe Abschn. 4.3.4. Ihr numerischen Werte sind $a^* \approx 2{,}19$, $b^* \approx 1{,}11$, und $c^* \approx 0{,}63$. (4.3.5) wurde zunächst nur für $L = 1$ mit Hilfe von technisch aufwendiger Analyse der Γ-Konvergenz der in Bemerkung 4.3.5 erwähnten Variationsformel bewiesen, aber später viel einfacher und universeller mit Hilfe des gewöhnlichen Invarianzprinzips. ◊

4.3.3 Überblick über den Beweis von Satz 4.3.1

Wir geben hier eine ausführliche Skizze des Beweises von Satz 4.3.1, und zwar nur im Spezialfall $L = 1$, also für die einfache Irrfahrt. Zunächst sieht man, dass die Anzahl H_n der Selbstüberschneidungen ein Funktional der *Lokalzeiten* der Irrfahrt sind:

$$2H_n + n + 1 = \sum_{i,j=0}^{n} \mathbb{1}_{\{S_i=S_j\}} = \sum_{x\in\mathbb{Z}} \ell_n(x)^2, \qquad \text{wobei} \quad \ell_n(x) = \sum_{i=0}^{n} \mathbb{1}_{\{S_i=x\}}. \tag{4.3.6}$$

Da die Konstante $n + 1$ in der Normierungskonstanten $Z_{\beta,n}$ absorbiert wird, können wir davon ausgehen, dass $\mathbb{P}_{\beta,n}$ die Dichte $\exp\{-\beta \sum_{x\in\mathbb{Z}} \ell_n(x)^2\}/Z_{\beta,n}$ besitzt. (Wir wechseln also nun von β zu 2β.) Da nun das Polymermaß mit Hilfe der Lokalzeiten beschrieben wird, ist ein naheliegende Ansatz, auf ein Prinzip Großer Abweichungen für die normierten Lokalzeiten hinzuarbeiten, also etwa auf Satz 3.6.1. Dies ist jedoch irreführend, denn die Vermutung (4.3.3) besagt ja, dass die Polymerkette sich auf ein Interval der Länge $\mathcal{O}(n)$ ausbreiten sollte, und dann sind die Lokalzeiten von endlicher Größenordnung, also würden die normierten Lokalzeiten von der Ordnung $\frac{1}{n}$ sein. Dies bringt uns auf die Idee, mit dem empirischen Maß der Folge $(\ell_n(x))_{x\in\mathbb{Z}}$ zu arbeiten, aber welches ist der richtige Parameterbereich dieser Folge? Und wie bekommt man Kontrolle über die Lage des Endpunktes S_n? Und welches Prinzip Großer Abweichungen sollte für das empirische Maß der Lokalzeitenfolge gelten, die ja noch nicht einmal Markov'sch ist?

Zunächst führen wir eine Pfadklasse ein, die besonders gut mit Großen Abweichungen für die Lokalzeiten behandelt werden kann, die Klasse der Pfade, die nie den Bereich zwischen Beginn- und Endpunkt verlassen. Wir betrachten die Funktion

$$\begin{aligned} J_\beta(\theta) &= -\lim_{n\to\infty} \frac{1}{n} \log\big(Z_{\beta,n}\mathbb{P}_{\beta,n}(S_1,\dots,S_{n-1} \in [0,S_n] \text{ und } S_n \approx \theta n)\big) \\ &= -\lim_{n\to\infty} \frac{1}{n} \log \mathbb{E}\left[\mathrm{e}^{-\beta\sum_{x=0}^{\theta n}\ell_n(x)^2}\mathbb{1}\left\{\sum_{x=0}^{\theta n}\ell_n(x) = n\right\}\right], \qquad \theta\in\mathbb{R}, \end{aligned} \tag{4.3.7}$$

wobei wir aus Gründen der Übersichtlichkeit nicht eventuelle Abweichungen der Ordnung $o(n)$ in der Notation widerspiegeln wollen. Das Bemerkenswerte an J_β ist, dass diese Funktion ganz mit Hilfe der Lokalzeiten im Bereich $0,\dots,\theta n$ beschrieben werden kann, d. h. unter der ‚Kastenbedingung'[6] können der Endpunkt und die Interaktion mit Hilfe der Lokalzeiten ausgedrückt werden, und zwar als Summe der Lokalzeiten bzw. ihrer Quadrate. Es ist klar, dass diese beiden Summen leicht mit Hilfe eines Integrals des empirischen Maßes der Lokalzeiten geschrieben werden kann. Aber erfüllen diese ein Prinzip Großer Abweichungen?

[6]Die Bezeichnung kommt daher, dass der Graph des Pfades im Kasten $[0,n]\times[0,\theta n]$ bleibt und von der linken unteren zur rechten oberen Ecke verläuft.

An dieser Stelle hilft uns eine Beschreibung der Folge der Lokalzeiten als ein Zwei-Block-Funktional einer schönen Markovkette. Wir betrachten die Anzahl der Aufwärtsschritte der Irrfahrt,

$$m_n(x) = \sum_{i=1}^{n} \mathbb{1}_{\{S_{i-1}=x, S_i=x+1\}}, \qquad x \in \mathbb{Z}. \tag{4.3.8}$$

Auf dem Ereignis $\{S_1, \dots, S_{n-1} \in [0, S_n]\}$ ist dann offensichtlich

$$\ell_n(x) = m_n(x) + m_n(x-1) - 1, \qquad x \in \{0, \dots, S_n - 1\}, \tag{4.3.9}$$

denn die Zahl der Aufenthalte in x ist gleich der Zahl der Aufwärtsschritte $x \to x+1$ (also $m_n(x)$) plus die Zahl der Abwärtsschritte $x \to x-1$, und Letzteres ist um genau eines kleiner als die Zahl $m_n(x-1)$ der Schritte $x-1 \to x$. Also ist ℓ_n ein Zwei-Block-Funktional von m_n. Im folgenden Lemma wird die Markov'sche Eigenschaft von m_n enthüllt.

Lemma 4.3.7 (Lokalzeiten als Funktional einer Markovkette, [Kn63]) *Für $h, z \in \mathbb{N}$ sei*

$$T_z(h) = \inf\{n \in \mathbb{N} \colon m_n(z) \geq h\}$$

die Inverse der Abbildung $n \mapsto m_n(z)$ an der Stelle h. Dann ist die Folge $(m_{T_z(h)}(z - x))_{x=0,1,\dots,z}$ eine homogene z-schrittige Markovkette auf $\mathbb{N}$ mit Start in h und Übergangsmatrix

$$P(i,j) = 2^{i+j-2}\binom{i+j-2}{i-1}, \qquad i, j \in \mathbb{N}. \tag{4.3.10}$$

Dieses Ergebnis ist eine diskrete Variante des einen der bekannten *Ray–Knight-Theoreme* für die Lokalzeiten der eindimensionalen Brownschen Bewegung. Dort stellen sich die Lokalzeiten persönlich als ein Markovprozess heraus, aber hier spielt diese Rolle die Folge der Aufwärtssprünge.

Beweisskizze von Lemma 4.3.7 Wir fixieren $h, z \in \mathbb{N}$ und betrachten die Irrfahrt bis zum Zeitpunkt $T_z(h)$, an dem sie den h-ten Sprung $z \to z+1$ macht. Wir schreiben kurz m statt $m_{T_z(h)}$. Fixiere ein $x \in \{1, \dots, z-1\}$ und $i_0, i_1, \dots, i_{x+1} \in \mathbb{N}$. Bedinge auf das Ereignis $\{m(z) = i_0, m(z-1) = i_1, \dots, m(z-x) = i_x\}$ und betrachte darunter die Wahrscheinlichkeit des Ereignisses $\{m(z-x-1) = i_{x+1}\}$. Alle Sprünge $z-x-1 \to z-x$ bis auf den ersten finden während einer Exkursion unter das Niveau $z-x$ statt (d.h. während eines Pfadstückes maximaler Länge, das in $z-x$ beginnt und endet und in $(-\infty, z-x]$ verläuft), also zwischen je zwei aufeinander folgenden Schritten $z-x \to z-x+1$. Die Anzahl dieser Sprünge in einer solchen Exkursion ist geometrisch auf $\mathbb{N}_0$ verteilt mit Parameter $\frac{1}{2}$, und Anzahlen in verschiedenen dieser Exkursionen sind unabhängig. Ferner sind diese Anzahlen (gegeben der Anzahl $m(z-x) = i_x$) auch unabhängig von den Anzahlen der Sprünge über höher gelegene Niveaus, d.h. unabhängig von dem Ereignis $\{m(z) = i_0, m(z-1) = i_1, \dots, m(z-x+1) = i_{x-1}\}$. Also ist

$$m(z-x-1) = 1 + \sum_{k=1}^{m(z-x)} \xi_k,$$

wobei die ξ_k unabhängige, zum Parameter $\frac{1}{2}$ geometrisch auf $\mathbb{N}_0$ verteilte Zufallsgrößen sind. Nun beachte man noch, dass die Verteilung $P(i_x, \cdot\,)$ gerade die Verteilung von $1 + \sum_{k=1}^{i_x} \xi_k$ besitzt. Also haben wir bewiesen, dass

$$\begin{aligned}
&\mathbb{P}\big(m(z-x-1) = i_{x+1} \,\big|\, m(z) = i_0, m(z-1) = i_1, \dots, m(z-x) = i_x\big) \\
&\quad = \mathbb{P}\big(m(z-x-1) = i_{x+1} \,\big|\, m(z-x) = i_x\big) \\
&\quad = P(i_x, i_{x+1})
\end{aligned}$$

gilt. □

Bemerkung 4.3.8 Wenn die Irrfahrt in *stetiger* Zeit betrachtet wird statt in diskreter, ist vermutlich die Folge der Lokalzeiten selber Markov'sch mit einer expliziten Übergangsmatrix. Das sollte es möglich machen, ein Analogon von Satz 4.3.1 zu beweisen. ◊

Nun setzen wir Lemma 4.3.7 in (4.3.7) ein und erhalten eine Darstellung von J_β in Termen einer Markovkette $(m(x))_{x\in\mathbb{N}_0}$ auf $\mathbb{N}$ mit Übergangsmatrix P. Mit P_i und E_i bezeichnen wir die Wahrscheinlichkeit und den Erwartungswert, wenn diese Kette in $i \in \mathbb{N}$ startet. Ferner sei $\nu_n = \frac{1}{n}\sum_{x=0}^{n-1} \delta_{(m(x),m(x+1))}$ ihr empirisches Paarmaß. Außerdem benötigen wir die Funktion $F\colon \mathbb{N}^2 \to \mathbb{R}$, definiert durch $F(i,j) = i + j - 1$. Wir schreiben $\langle G, \nu\rangle = \sum_{i,j\in\mathbb{N}} G(i,j)\nu(i,j)$ für Funktionen G und Maße ν auf $\mathbb{N}^2$. Dann haben wir

$$\mathbb{E}\left[\mathrm{e}^{-\beta\sum_{x=0}^{\theta n} \ell_n(x)^2} \mathbb{1}\left\{\sum_{x=0}^{\theta n} \ell_n(x) = n\right\}\right] \approx \mathrm{E}_1\left[\mathrm{e}^{-\beta\theta n\langle F^2, \nu_{\theta n}\rangle} \mathbb{1}\left\{\langle F, \nu_{\theta n}\rangle \approx \frac{1}{\theta}\right\}\right], \tag{4.3.11}$$

wobei wir uns wieder einmal nicht um kleine Abweichungen gekümmert haben, insbesondere nicht um den Startwert der Kette, den wir willkürlich gleich Eins gesetzt haben.

Nun sind wir in einer Situation, in der wir fast die Theorie der Großen Abweichungen einsetzen können, genauer gesagt, das Prinzip Großer Abweichungen für empirische Maße von Markovketten in Satz 2.5.2 oder auch Satz 2.5.4 für $k = 2$. Leider passen beide Sätze nicht auf die Markovkette $(m(x))_x$, denn der Zustandsraum ist nicht endlich, und die Bedingung (U) ist nicht erfüllt. Außerdem sind die Abbildungen $\nu \mapsto \langle F, \nu\rangle$ und $\nu \mapsto \langle F^2, \nu\rangle$ nicht stetig in der schwachen Topologie der Wahrscheinlichkeitsmaße, da F nicht beschränkt ist. Diese Mängel sind rein technischer Natur und können behoben werden durch aufwendige Standardmaßnahmen. Genauer gesagt, man muss den Zustandsraum auf eine endliche Größe abschneiden und den Abschneidefehler kontrollieren, und man muss, da auch nach dem Abschneiden die Menge $\{\nu\colon \langle F, \nu\rangle = \frac{1}{\theta}\}$ nicht offen ist, diese durch $\{\nu\colon |\langle F, \nu\rangle - \theta| \leq \varepsilon\}$ ersetzen und den Fehler für kleines $\varepsilon > 0$ kontrollieren. Um die Ausführung dieser Techniken kümmern wir uns hier nicht. Als Ergebnis erhält man, was man auf Grund von Satz 2.5.2, zusammen mit dem Lemma von Varadhan, vermutet hätte: Der Grenzwert in (4.3.7) existiert, und es gilt für jedes $\theta \in (0, 1)$:

$$J_\beta(\theta) = -\lim_{n\to\infty} \frac{1}{n} \log \mathrm{E}_1 \left[\mathrm{e}^{-\beta\theta n\langle F^2, \nu_{\theta n}\rangle} \mathbb{1}\left\{ \langle F, \nu_{\theta n}\rangle \approx \frac{1}{\theta} \right\} \right] = -\widehat{J}_\beta(\theta), \qquad (4.3.12)$$

wobei

$$\widehat{J}_\beta(\theta) = \theta \inf \left\{ I_P^{(2)}(\nu) + \beta\langle F^2, \nu\rangle : \nu \in \mathcal{M}_1^{(s)}(\mathbb{N}^2), \langle F, \nu\rangle = \frac{1}{\theta} \right\}. \qquad (4.3.13)$$

(Der Vorfaktor θ kommt von dem Wechsel der Skala n zur Skala θn.) Die auftretende Ratenfunktion ist diejenige von Satz 2.5.2:

$$I_P^{(2)}(\nu) \sum_{\imath, j\in\mathbb{N}} \nu(i, j) \log \frac{\nu(i, j)}{\overline{\nu}(i) P(i, j)}.$$

Nun haben wir zwar schon die Existenz des Grenzwertes und eine Formel, aber noch nicht die Eigenschaften, die nötig sind, um Satz 4.3.1 zu beweisen. Also müssen wir die Formel in (4.3.13) analysieren. Es stellt sich heraus, dass Minimierer existieren und dass sie mit Hilfe der unendlichen Matrix

$$A_{r,\beta}(i, j) = \mathrm{e}^{r(i+j-1)}\, \mathrm{e}^{-\beta(i+j-1)^2} P(i, j), \qquad i, j \in \mathbb{N},$$

charakterisiert werden können. Für jedes $r \in \mathbb{R}$ können wir $A_{r,\beta} : \ell^2(\mathbb{N}) \to \ell^2(\mathbb{N})$ als einen symmetrischen positiven Operator auffassen, der wegen des schnellen Abfalls seiner Koeffizienten sogar ein Hilbert-Schmidt-Operator ist. Insbesondere besitzt er einen größten Eigenwert $\lambda(r, \beta) \in \mathbb{R}$ (den Spektralradius) mit zugehörigem ℓ^2-normierten positiven Eigenvektor $\tau_{r,\beta} = (\tau_{r,\beta}(i))_{i\in\mathbb{N}}$. Die Abbildung $(r, \beta) \mapsto \lambda(r, \beta)$ ist analytisch, und $r \mapsto \log\lambda(r, \beta)$ ist strikt konvex für jedes $\beta > 0$. Außerdem ist das Bild der Abbildung $r \mapsto \frac{\partial}{\partial r} \log\lambda(r, \beta)$ gleich dem Intervall $(1, \infty)$.

Lemma 4.3.9 (Analyse von $\widehat{J}_\beta$) *Fixiere $\beta \in (0, \infty)$. Für jedes $\theta \in (0, 1)$ besitzt die Formel in* (4.3.13) *genau einen Minimierer ν_θ. Definiere $r = r(\theta) \in \mathbb{R}$ durch die Gleichung $\frac{1}{\theta} = \frac{\partial}{\partial r} \log\lambda(r(\theta), \beta)$. Dann ist der Minimierer gegeben als*

$$\nu_\theta(i, j) = \frac{1}{\lambda(r, \beta)} \tau_{r,\beta}(i) A_{r,\beta}(i, j) \tau_{r,\beta}(j), \qquad i, j \in \mathbb{N}. \qquad (4.3.14)$$

Insbesondere ist $\overline{\nu}_\theta(i) = \tau_{r,\beta}^2(i)$ sowie

$$\widehat{J}_\beta(\theta) = -r(\theta) + \theta \log\lambda(r(\theta), \beta). \qquad (4.3.15)$$

Beweisskizze Das Maß auf der rechten Seite von (4.3.14) (nennen wir es $\widetilde{\nu}_\theta$) ist tatsächlich zulässig in der Formel in (4.3.13): Es ist normiert und symmetrisch (erfüllt also die Marginalbedingung), und es gilt

$$\begin{aligned}\langle F, \widetilde{\nu}_\theta\rangle &= \sum_{i,j\in\mathbb{N}} (i+j-1)\frac{1}{\lambda(r,\beta)}\tau_{r,\beta}(i)A_{r,\beta}(i,j)\tau_{r,\beta}(j)\\ &= \frac{1}{\lambda(r,\beta)}\Big\langle \tau_{r,\beta}, \Big(\frac{\partial}{\partial r}A_{r,\beta}\Big)\tau_{r,\beta}\Big\rangle = \frac{1}{\lambda(r,\beta)}\frac{\partial}{\partial r}\langle \tau_{r,\beta}, A_{r,\beta}\tau_{r,\beta}\rangle \\ &= \frac{1}{\lambda(r,\beta)}\frac{\partial}{\partial r}\lambda(r,\beta) = \frac{\partial}{\partial r}\log\lambda(r,\beta) = \frac{1}{\theta}.\end{aligned} \tag{4.3.16}$$

Die zweite Gleichung erhält man durch die Produktregel, die Eigenwerteigenschaft und die Normierung von $\tau_{r,\theta}$, denn

$$\Big\langle \frac{\partial}{\partial r}\tau_{r,\beta}, A_{r,\beta}\tau_{r,\beta}\Big\rangle = \lambda(r,\beta)\Big\langle\frac{\partial}{\partial r}\tau_{r,\beta},\tau_{r,\beta}\Big\rangle = \frac{1}{2}\lambda(r,\beta)\frac{\partial}{\partial r}\|\tau_{r,\beta}\|_2^2 = 0,$$

wobei wir die Notation $\langle\cdot,\cdot\rangle$ auch für das Standardskalarprodukt auf $\mathbb{N}$ benutzten. Ähnliche Rechnungen, die wir als ÜBUNGSAUFGABE lassen, ergeben, dass gilt:

$$\theta\left(\beta\langle F^2,\widetilde{\nu}_\theta\rangle + I_P^{(2)}(\widetilde{\nu}_\theta)\right) = r(\theta) - \theta\log\lambda(r(\theta),\beta).$$

Um zu prüfen, dass $\widetilde{\nu}_\theta$ ein Minimierer in (4.3.13) ist, reicht es wegen Konvexität der Ratenfunktion $I_P^{(2)}$ aus zu zeigen, dass es die Euler-Lagrange-Gleichungen erfüllt. Alternativ leitet man für beliebiges $\nu\in\mathcal{M}_1^{(s)}(\mathbb{N}^2)$ mit $\langle F,\nu\rangle = \frac{1}{\theta}$ die Gleichung

$$\theta\left(\beta\langle F^2,\nu\rangle + I_P^{(2)}(\nu)\right) = r(\theta) - \theta\log\lambda(r(\theta),\beta) + \theta\sum_{i,j\in\mathbb{N}}\nu(i,j)\log\left(\frac{\nu(i,j)}{\overline{\nu}}\frac{\overline{\widetilde{\nu}}_\theta(i)}{\widetilde{\nu}_\theta(i,j)}\right)$$

her und schreibt den letzten Term als eine Konvexkombination von Entropien, die genau für $\nu=\widetilde{\nu}_\theta$ gleich Null ist. Letzteres lassen wir als ÜBUNGSAUFGABE, ersteres skizzieren wir: Sei ν ein Minimierer in (4.3.13), und zur Vereinfachung nehmen wir an, dass $\nu(i,j)>0$ für alle i,j (der Beweis der Positivität ist recht technisch). Für jeden Störer $g\colon\mathbb{N}^2\to\mathbb{R}$, der nur endlich oft ungleich Null ist, die Marginalbedingung erfüllt und senkrecht auf $\mathbb{1}$ und F steht, ist $\nu+\varepsilon g$ zulässig für alle $\varepsilon\in\mathbb{R}$ mit genügend kleinem $|\varepsilon|$. Von der Minimalität haben wir

$$0 = \frac{\partial}{\partial\varepsilon}\left(\beta\langle F^2,\nu+\varepsilon g\rangle + I_P^{(2)}(\nu+\varepsilon g)\right)\Big|_{\varepsilon=0} = \Big\langle g, \beta F^2 + \log\frac{\nu}{\overline{\nu}P}\Big\rangle,$$

wobei $\frac{\nu}{\overline{\nu}P}$ der Vektor mit den Koeffizienten $\frac{\nu(i,j)}{\overline{\nu}(i)P(i,j)}$ ist. Die Zulässigkeitsbedingungen an g können wir formulieren als dass g im orthogonalen Komplement der Vektoren $\mathbb{1}$, F und aller Vektoren $(i,j)\mapsto\delta_k(i)-\delta_k(j)$ liegt mit $k\in\mathbb{N}$. Die Minimalität liefert, dass jedes solche g senkrecht steht auf dem Vektor $\beta F^2 + \log \frac{\nu}{\overline{\nu} P}$. Also ist dieser Vektor eine Linearkombination der Vektoren, auf denen g senkrecht steht, d. h. es gibt Konstanten a, r und c_k (abhängig von θ), sodass

$$\beta(i+j-1)^2 + \log \frac{\nu(i,j)}{\overline{\nu}(i)P(i,j)} = a + r(i+j-1) + \sum_{k\in\mathbb{N}} c_k\,(\delta_k(i) - \delta_k(j)), \qquad i,j \in \mathbb{N},$$

und dies kann man umformen zu

$$\nu(i,j) = \overline{\nu}(i)\mathrm{e}^a A_{r,\beta}(i,j)\mathrm{e}^{c_i - c_j}, \qquad i,j \in \mathbb{N}.$$

Die Marginalbedingung und Normierung von ν implizieren, dass der Vektor $(\mathrm{e}^{-c_j})_{j\in\mathbb{N}}$ ein positiver Eigenvektor von $A_{r,\beta}$ zum Eigenwert e^{-a} ist. Wegen der Eindeutigkeit von positiven Eigenvektoren (hier benutzen wir ein wenig Frobenius-Theorie) ist also $\mathrm{e}^{-c_j} = \tau_{r,\beta}(j)$ und $\mathrm{e}^{-a} = \lambda(r,\beta)$, und dann folgt auch leicht, dass $\overline{\nu} = \tau_{r,\beta}^2$ ist. Ähnlich wie in (4.3.16) errechnet man, dass wegen der Bedingung $\langle F, \nu\rangle = \frac{1}{\theta}$ der Lagrange-Faktor $r = r(\theta)$ eindeutig charakterisiert wird durch die Gleichung $\frac{1}{\theta} = \frac{\partial}{\partial r}\log\lambda(r(\theta),\beta)$. Dies beendet den Beweis des Lemmas. □

Damit können wir die Ratenfunktion mit Kastenbedingung in (4.3.7) vollständig beschreiben:

Korollar 4.3.10 *Die Funktion J_β ist analytisch und strikt konvex und nimmt ihr eindeutig bestimmtes Minimum in einem Punkt $\theta^*(\beta) \in (0,1)$ an, der charakterisiert wird durch die Gleichung*

$$\frac{1}{\theta^*(\beta)} = \frac{\partial}{\partial r}\log\lambda(r(\theta^*(\beta)),\beta), \qquad \textit{wobei} \qquad \lambda(r(\theta^*(\beta)),\beta) = 1. \tag{4.3.17}$$

Es gilt $\lim_{\theta\downarrow 0} J_\beta(\theta) = \infty$.

Beweis Die Analytizität von $J_\beta = \widehat{J}_\beta$ erhält man aus der von $r \mapsto \lambda(r,\beta)$ via die Charakterisierung in Lemma 4.3.9 und den Satz über implizite Funktionen. Wir differenzieren die Gl. (4.3.15) nach $\theta \in (0,1)$ und erhalten

$$J_\beta'(\theta) = -r'(\theta) + \log\lambda(r(\theta),\beta) + \frac{\theta}{\lambda(r(\theta),\beta)}\frac{\partial}{\partial r}\lambda(r(\theta),\beta)r'(\theta) = \log\lambda(r(\theta),\beta).$$

Hier benutzten wir, dass der erste und der letzte Term sich gegenseitig aufheben wegen der Bedingung $\frac{1}{\theta} = \frac{\partial}{\partial r}\log\lambda(r(\theta),\beta)$. Die einzige Nullstelle $\theta^*(\beta)$ von J_β' ist also offensichtlich charakterisiert durch 4.3.17. Außerdem haben wir $J_\beta''(\theta) = -\frac{1}{\theta}r'(\theta) > 0$, also ist J_β konvex. Die letzte Aussage des Lemmas erhält man, indem man zu (4.3.13) zurück geht und die Jensensche Ungleichung anwendet auf ein beliebiges zulässiges ν: Wir haben

$$\theta\langle F^2, \nu\rangle \geq \theta\langle F, \nu\rangle^2 = \frac{1}{\theta},$$

und wegen Nichtnegativität von $I_P^{(2)}$ sieht man, dass $\lim_{\theta\downarrow 0} J_\beta(\theta) = \infty$. □

Als letzten Schritt im Beweis von Satz 4.3.1 identifizieren wir die Ratenfunktion I_β in (4.3.4) mit Hilfe der Kastenbedingungs-Ratenfunktion J_β in (4.3.7), siehe [Ho00, Lemma IX.35]:

Lemma 4.3.11 *Der Grenzwert $I_\beta(\theta)$ in* (4.3.4) *existiert für jedes $\theta \in (0, 1)$, und es gilt $I_\beta(0) > J_\beta(\theta^*(\beta))$. Es sei $\theta^{**}(\beta)$ definiert als derjenige Punkt, in dem die Tangente an J_β durch den Punkt $(0, I_\beta(0))$ verläuft. Insbesondere ist $0 < \theta^{**}(\beta) < \theta^*(\beta)$. Dann stimmt I_β im Intervall $[0, \theta^{**}(\beta)]$ mit dieser Tangente überein und im Intervall $[\theta^{**}(\beta), 1]$ mit J_β.*

Beweisskizze Ein beliebiger Pfad mit $S_n \approx \theta n$ verbringt $t_1 n$ Zeiteinheiten in $(-\infty, 0]$, $t_2 n$ Zeiteinheiten in $[\theta n, \infty)$ und $(1 - t_1 - t_2)n$ Zeiteiheiten in $[0, \theta n]$ mit geeigneten $t_1, t_2 \in [0, 1]$. Nach geeigneter Reorganisation der diversen Pfadstücke, die in diesen drei Raumintervallen verlaufen, haben wir im Zeitintervall $[0, t_1 n]$ das Stück in $(-\infty, 0]$, im Zeitintervall $[t_1 n, (1 - t_2)n]$ das Stück in $[0, \theta n]$ und zum Schluss das dritte. Der Beitrag des mittleren Stückes wird durch $(1 - t_1 - t_2)J_\beta(\theta/(1 - t_1 - t_2))$ beschrieben, denn hier handelt es sich um ein Stück der Länge $(1 - t_1 - t_2)n$, das die Kastenbedingung mit Steigung $\theta/(1 - t_1 - t_2)$ erfüllt. Die anderen beiden können mit der Funktion $I_\beta^+(0)$ beschrieben werden, die sich von der Funktion $I_\beta(0)$ in (4.3.4) nur durch die Einfügung des Indikators auf $\{S_i \geq 0 \forall i \leq n\}$ unterscheidet. Die obigen Überlegungen führen auf die Beziehung

$$I_\beta(\theta) = \inf_{t_1, t_2 \in [0,1]\colon t_1 + t_2 \leq 1} \left[(1 - t_1 - t_2)J_\beta\left(\frac{\theta}{1 - t_1 - t_2}\right) + (t_1 + t_2)I_\beta^+(0)\right]$$

für $\theta \in [0, 1]$. Es ist heuristisch relativ leicht zu sehen, dass $I_\beta^+(0) = I_\beta(0)$, denn man kann sich leicht Abbildungen vorstellen, die Pfade mit $S_n \approx 0$ auf Pfade mit $S_n \approx 0$ abbilden, die immer in $[0, \infty)$ verlaufen, so dass die Anzahl der Urbilder eines gegebenen Pfades nicht größer als $\mathrm{e}^{o(n)}$ ist. Dann hat man also

$$I_\beta(\theta) = \inf_{t \in [0,1]} \left[(1 - t)J_\beta\left(\frac{\theta}{1 - t}\right) + tI_\beta(0)\right], \qquad \theta \in [0, 1]. \tag{4.3.18}$$

Ferner kann man mit einigem Aufwand zeigen, dass $I_\beta(0)$ existiert und dass $I_\beta(0) > \inf J_\beta$ gilt. Dies geht über eine ähnliche Technik wie die im Beweis von Abschn. 4.3.3 vorgestellte, aber man benutzt nun eine Variante von Lemma 4.3.7, das ein Analogon des anderen der beiden Ray-Knight-Theoreme ist.

Wenn man $I_\beta(0) > \inf J_\beta$ in (4.3.18) berücksichtigt, ist die Vollendung des Beweises eine elementare ÜBUNGSAUFGABE. □

4.3.4 Brownsche Polymermaße

Als Basis für ein Polymermodell kann man an Stelle einer Irrfahrt auch eine Brown'sche Bewegung $(B_t)_{t\in[0,T]}$ im $\mathbb{R}^d$ wählen. Mit einem Stärkeparameter $\beta \in (0, \infty)$ und der sogenannten *Selbstüberschneidungslokalzeit*

$$\widehat{H}_T = \int_0^T \mathrm{d}s \int_0^T \mathrm{d}t\, \delta_0(B_s - B_t) \tag{4.3.19}$$

bildet man das transformierte Maß

$$\mathrm{d}\widehat{\mathbb{P}}_{\beta,T} = \frac{1}{\widehat{Z}_{\beta,T}} \mathrm{e}^{-\beta \widehat{H}_T}\, \mathrm{d}\widehat{\mathbb{P}}, \tag{4.3.20}$$

wobei $\widehat{\mathbb{P}}$ das zugrunde liegende Wahrscheinlichkeitsmaß ist und $\widehat{Z}_{\beta,T}$ die Normierungskonstante. Allerdings: Wie soll man $\widehat{H}_T$ rigoros definieren? (Der Ausdruck in (4.3.19) ist ja nur formal.) In einer Raumdimension ist das leicht, denn die Aufenthaltsmaße der Brown'schen Bewegung (siehe den Beginn von Abschn. 3.6.2) besitzen eine Dichte $L_T : \mathbb{R} \to [0, \infty)$, und die Abbildung $(T, x) \mapsto L_T(x)$ kann fast sicher gemeinsam stetig gewählt werden. Dann setzen wir

$$\widehat{H}_T = \int_{\mathbb{R}} L_T(x)^2\, \mathrm{d}x, \tag{4.3.21}$$

und die Rechnung in (4.3.6) zeigt, dass dies die richtige Wahl sein muss. In Dimensionen $d = 2$ und $d = 3$ ist ein Analogon der Selbstüberschneidungslokalzeit $\widehat{H}_T$ noch nicht konstruiert worden (in $d = 2$ allerdings konstruierte Varadhan 1969 eine reskalierte und renormierte Variante), aber mit einigem technischen Aufwand wurden Polymermaße konstruiert, die im Geiste des Maßes $\widehat{\mathbb{P}}_{\beta,T}$ sind. Dieses Maß nennt man das *Edwards-Modell.* In Dimensionen $d \geq 4$ ist eine Konstruktion von $\widehat{\mathbb{P}}_{\beta,T}$ aussichtslos bzw. nicht sinnvoll, denn die Brownsche Bewegung besitzt dort keine Selbstüberschneidungen.

Wir bleiben nun in einer Dimension und erläutern das Langzeitverhalten des Edwards-Modells sowie seine Relation zu dem diskreten Polymermaßen aus Abschn. 4.3.1 für die einfache Irrfahrt auf $\mathbb{Z}$. Zunächst kann man aus dem Donsker'schen Invarianzprinzip mit etwas Arbeit herleiten, dass für jedes $T > 0$ gilt:

$$\left(n^{-\frac{1}{2}}(S_{nt})_{t\in[0,T]}, n^{-\frac{3}{2}} H_{nT}\right) \overset{n\to\infty}{\Longrightarrow} \left((B_t)_{t\in[0,T]}, \widehat{H}_T\right). \tag{4.3.22}$$

Dies bedeutet, dass die Verteilung des Pfades $n^{-\frac{1}{2}}(S_{nt})_{t\in[0,T]}$ unter dem Polymermaß $\mathbb{P}_{\beta n^{-2/3}, nT}$ gegen die Verteilung des Pfades $(B_t)_{t\in[0,T]}$ unter dem Edwards-Maß $\widehat{\mathbb{P}}_{\beta,T}$ konvergiert. (4.3.22) gibt schon eine Ahnung davon, warum die Asymptotik in Bemerkung 4.3.6 stimmen könnte, und tatsächlich erhält man sie formal aus einer Heuristik, in der man die Grenzwerte $n \to \infty$ und $\beta \downarrow 0$ vertauscht.

Ferner liefert die Brown'sche Skalierungseigenschaft, dass

$$\widehat{\mathbb{P}}_{\beta,T} \circ \big((B_t)_{t\in[0,T]}\big)^{-1} = \widehat{\mathbb{P}}_{1,\beta^{2/3}T} \circ \Big(\beta^{-\frac{1}{3}}(B_{\beta^{2/3}t})_{t\in[0,T]}\Big)^{-1}, \qquad \beta, T > 0. \tag{4.3.23}$$

Also können wir uns auf $\beta = 1$ zurück ziehen.

Es folgt nun ohne Beweis das Hauptergebnis über das eindimensionale Edwards-Modell, ein Analogon von Satz 4.3.1.

Satz 4.3.12 (Große Abweichungen für das Edwards-Modell) *Für jedes* $b \in [0, \infty)$ *existiert der Grenzwert*

$$\widehat{I}_1(b) = -\lim_{T\to\infty} \frac{1}{T} \log\big(\widehat{Z}_{1,T}\widehat{\mathbb{P}}_{1,T}(B_T \approx bT)\big) = -\lim_{T\to\infty} \frac{1}{T} \log \widehat{\mathbb{E}}\Big[\mathrm{e}^{-\beta \widehat{H}_T} \mathbb{1}_{\{B_T \approx bT\}}\Big]. \tag{4.3.24}$$

Die Funktion $\widehat{I}_1$ *ist stetig und konvex in* $[0, \infty)$ *und stetig differenzierbar in* $(0, \infty)$. *Es gibt Konstanten* $0 < b^{**} < b^* < \infty$, *sodass* $\widehat{I}_1$ *linear und monoton fallend in* $[0, b^{**}]$ *ist sowie strikt konvex in* $[b^{**}, \infty)$ *mit eindeutigem Minimum in* b^*.

Der Beweis von Satz 4.3.12 in [HoHoKö03b] ist im Geiste des Beweises von Satz 4.3.1 und benutzt beide Ray-Knight-Theoreme für die Lokalzeiten der Brownschen Bewegung.

Also hat der Graph von $\widehat{I}_1$ das selbe Aussehen wie der von I_β, siehe die Skizze nach Satz 4.3.1. Natürlich ist b^* identisch mit der in Bemerkung 4.3.6 eingeführten Konstante, und mit den dortigen a^* und c^* gelten $\widehat{I}_1(b^*) = a^*$ sowie $\widehat{I}_1''(b^*) = 1/c^{*2}$. Die nach Satz 4.3.1 aufgeführten Bemerkungen gelten analog für das Edwards-Modell. Mit Hilfe von (4.3.23) sieht man leicht, dass die Drift der Brownschen Polymerkette mit Stärkeparameter β *exakt* gleich $b^*\beta^{1/3}$ ist für jedes $\beta > 0$ statt nur asymptotisch für $\beta \downarrow 0$.

4.4 Das parabolische Anderson-Modell

4.4.1 Das Modell und die Fragestellungen

Wir betrachten das Cauchy-Problem für die Wärmeleitungsgleichung mit zufälligem Potenzial mit lokalisierter Anfangsbedingung:

$$\begin{aligned} \frac{\partial}{\partial t} u(t,z) &= \Delta u(t,z) + \xi(z)u(t,z), \qquad t \in (0,\infty), z \in \mathbb{Z}^d, \\ u(0,z) &= \delta_0(z), \qquad z \in \mathbb{Z}^d. \end{aligned} \tag{4.4.1}$$

Hier ist

$$\Delta f(z) = \sum_{x\in\mathbb{Z}^d :\, x\sim z} [f(x) - f(z)] \tag{4.4.2}$$

der diskrete Laplace-Operator (und $\Delta u(t,z)$ wirkt nur auf die Raumkoordinate), und $\xi = (\xi(z))_{z\in\mathbb{Z}^d}$ ist ein Feld von unabhängigen, identisch verteilten Zufallsvariablen. Dieses Modell wird oft das *parabolische Anderson-Modell* genannt. Der Laplace-Operator mit zufälligem Potenzial, $\Delta + \xi$, wird oft der Anderson-Operator genannt, und das Studium seines Spektrums ist von großem Interesse in der Mathematischen Physik. Er besteht aus zwei Teilen: einem diffusiven Teil, Δ, der einen zufälligen Transport durch den $\mathbb{Z}^d$ beschreibt, und einen irregulären, ungeordneten, ξ, der ein zufälliges Feld von Quellen und Senken darstellt. Zum Zeitpunkt Null haben wir eine Einheitsmasse im Ursprung, und diese diffundiert zufällig wie eine einfache Irrfahrt mit Generator Δ durch ein von ihr unabhängiges Feld von Wachstums- oder Tötungsraten. Bei Aufenthalt der Masse in einem Raumpunkt z mit großem Wert $\xi(z)$ wird die dort anwesende Masse exponentiell mit der Rate $\xi(z)$ akkumuliert, falls sie positiv ist, und exponentiell mit der Rate $|\xi(z)|$ getötet, falls $\xi(z)$ negativ ist. Der Wert $\xi(z) = -\infty$ ist zugelassen; in diesem Fall wird die Masse sofort komplett vertilgt.

Bemerkung 4.4.1 (Verzweigende Irrfahrt) Es gibt eine Interpretation des Modells in Termen einer verzweigenden Irrfahrt in einem zufälligen Feld von Verzweigungs- und Tötungsraten, siehe [GäMo90]. Genauer: Wenn $\xi_+(z) \geq 0$ die Rate der Verzweigung in zwei Teilchen im Punkt $z \in \mathbb{Z}^d$ ist und $\xi_-(z) \in [0,\infty]$ die Tötungsrate eines Teilchens in z, und wenn wir $\xi = \xi_+ - \xi_-$ setzen, dann ist $u(t,z)$ die erwartete Teilchenzahl in z zum Zeitpunkt t, falls wir mit einem einzelnen Teilchen im Ursprung zum Zeitpunkt Null gestartet sind. $\diamondsuit$

Bemerkung 4.4.2 (Bernoulli-Fallen) Einen interessanten Spezialfall erhalten wir, wenn $\xi(z) = 0$ mit Wahrscheinlichkeit $p \in (0,1)$ und $\xi(z) = -\infty$ sonst. Dann ist $\mathcal{O} = \{z \in \mathbb{Z}^d : \xi(z) = -\infty\}$ die Region der Fallen *(obstacles)*, und die Fallen sind Bernoulli'sch verteilt. Sobald die Irrfahrt $\mathcal{O}$ betritt, wird sie sofort getötet, d. h. $u(t,z)$ ist die Wahrscheinlichkeit, dass eine im Ursprung gestartete Irrfahrt zum Zeitpunkt t in z ist, ohne bisher $\mathcal{O}$ betreten zu haben, also eine Überlebenswahrscheinlichkeit. $\diamondsuit$

Bemerkung 4.4.3 (Brown'sche Variante) Die Brown'sche Variante des parabolischen Anderson-Modells ersetzt $\mathbb{Z}^d$ durch $\mathbb{R}^d$ und den diskreten Laplace-Operator durch den üblichen. Dann erhält man die selbe Interpretation der Lösung, wobei die einfache Irrfahrt durch die Brown'sche Bewegung ersetzt wird. Die Voraussetzung, dass das Feld $\xi = (\xi(x))_{x\in\mathbb{R}^d}$ unabhängig und identisch verteilt ist, lässt man meist fallen oder betrachtet ein Weißes Rauschen. Die interessantesten Beispiele von Feldern ξ im ersten Fall sind Gauß'sche Felder mit geeigneten Regularitätsannahmen oder Poisson'sche Felder, wo man um jeden Poisson'schen Punkt x_i herum eine gewisse Funktion $\varphi\colon \mathbb{R}^d \to \mathbb{R}$ legt und aufsummiert, d. h. $\xi(x) = \sum_i \varphi(x - x_i)$. Ein Analogon des Modells der Bernoulli-Fallen erhält man, wenn man $\varphi(x) = -\infty \mathbb{1}\{|x| \leq a\}$ für ein $a > 0$ wählt. In diesem Fall ist $u(t,x)$ die Wahrscheinlichkeit, dass eine im Ursprung gestartete Brownsche Bewegung bis zum Zeitpunkt t noch nicht die a-Umgebung der Poissonschen Punkte erreicht hat und zum Zeitpunkt t in z ist (genauer gesagt, $x \mapsto u(t,x)$ ist dann die Dichte für diese Aufenthaltswahrscheinlichkeit).

Dieses Modell wird auch „Brown'sche Bewegung unter Poisson'schen Fallen" genannt und wurde in den 1990ern von Sznitman intensiv studiert, siehe [Sz98]. Die Ergebnisse weisen eine große Ähnlichkeit zu den Ergebnissen im diskreten Fall auf. ◊

Wir werden immer voraussetzen, dass alle positiven exponentiellen Momente der Potenzialvariablen endlich sind, d. h.

$$H(t) = \log\langle e^{t\xi(0)}\rangle < \infty \qquad \text{für jedes } t > 0. \tag{4.4.3}$$

Wir schreiben immer $\langle\cdot\rangle$ für den Erwartungswert bezüglich des Potenzials ξ und Prob für das zugrundeliegende Wahrscheinlichkeitsmaß. Unter der Bedingung (4.4.3) existiert fast sicher genau eine nichtnegative Lösung von (4.4.1), und sie ist gegeben durch die *Feynman–Kac-Formel*

$$u(t,z) = \mathbb{E}_z\left[e^{\int_0^t \xi(X(s))\,ds}\delta_0(X(t))\right] = \mathbb{E}_0\left[e^{\int_0^t \xi(X(s))\,ds}\delta_z(X(t))\right], \qquad t > 0, z \in \mathbb{Z}^d, \tag{4.4.4}$$

wobei $\mathbb{E}_z$ den Erwartungswert bezüglich einer in z gestarteten Irrfahrt $(X(s))_{s\in[0,\infty)}$ mit Generator Δ bezeichnet und $\mathbb{P}_z$ die zugehörige Wahrscheinlichkeit. Diese Existenz- und Eindeutigkeitsaussage sowie viele andere fundamentale Aussagen zum parabolischen Anderson-Modell stammen aus [GäMo90]. Mehr Hintergrund findet man in [Mo94, CaMo94]; umfangreiche Überblicke über die mathematischen Ergebnisse zum Langzeitverhalten bis 2016 findet man in [As16, Kö16]. Die zweite Gleichung in (4.4.4) erhält man elementar durch Zeitumkehr.

Unsere Hauptfrage ist nach dem Verhalten der Lösung $u(t,\cdot)$ von (4.4.1) für große t. Der Feynman–Kac-Formel (4.4.4) sieht man an, dass dieses Verhalten maßgeblich bestimmt werden sollte von denjenigen Regionen, wo das Potenzial ξ besonders hohe Werte aufweist. Die Irrfahrt kann versuchen, davon möglichst gut zu profitieren, indem sie schnell in diese Regionen reist und dann dort viel Zeit verbringt.[7] Allerdings kann es mühsam und kontraproduktiv sein, in einem eventuell sehr kleinen Gebiet lange ausharren zu wollen, denn dies hat geringe Wahrscheinlichkeit. Ferner sollten die bevorzugten Gebiete nicht zu weit vom Startpunkt entfernt sein (diese Bedingung hängt natürlich von t ab). Also sollten die Gebiete mit hohen Potenzialwerten eine möglichst schöne Gestalt haben (etwa eine Kugel), groß sein und ungefähr im Abstand $\leq t$ vom Ursprung liegen. Die Existenz, Größe und Gestalt solcher Gegenden hängt (außer natürlich vom Parameter t) sehr stark ab von der konkreten Verteilung der Potenzialvariablen, genauer gesagt von deren oberen Schwänzen. Wir nennen die besonders bevorzugten Gegenden die *relevanten Inseln.*

Das vieldiskutierte Phänomen der *Intermittenz* besagt, dass die Funktion $u(t,\cdot)$ für große t höchst irregulär aussieht und dass insbesondere die *Gesamtmasse*

[7] Dieser Argumentation liegt natürlich die fundamentale Idee zugrunde, dass hohe exponentielle Momente hauptsächlich von den Maxima des zufälligen Exponenten bestimmt werden, siehe etwa Lemma 1.3.1.

$$U(t) = \sum_{z \in \mathbb{Z}^d} u(t, z) = \mathbb{E}_0 \left[\mathrm{e}^{\int_0^t \xi(X(s))\,\mathrm{d}s} \right] \tag{4.4.5}$$

hauptsächlich von wenigen, kleinen und weit von einander entfernten Gebieten stammt, und dies sind natürlich die relevanten Inseln. Da diese Definition von Intermittenz sehr unhandlich, unpräzise und schwer zu prüfen ist, definiert man Intermittenz gewöhnlich über einen asymptotischen Vergleich der p-ten und q-ten Momente von $U(t)$: Man nennt u_t *intermittent* für $t \to \infty$, wenn gilt

$$0 < p < q \qquad \Longrightarrow \qquad \lim_{t \to \infty} \frac{1}{t} \log \frac{\langle U(t)^p \rangle^{1/p}}{\langle U(t)^q \rangle^{1/q}} < 0. \tag{4.4.6}$$

(Unter unserer Bedingung (4.4.3) sind alle positiven Momente von $U(t)$ endlich. Dass der Quotient nicht größer als Eins ist, ist klar auf Grund der Jensen'schen Ungleichung.) Die Idee von (4.4.6) ist, dass die Asymptotik der p-Norm auf anderen Inseln konzentriert ist als die der q-ten Momente, siehe [GäMo90]. Dort wird auch bewiesen, dass in jedem Fall, wo das Potenzial ξ fast sicher nicht konstant ist, Intermittenz im Sinne von (4.4.6) vorliegt.

Die Ergebnisse zum parabolischen Anderson-Modell seit 1990 zielen allerdings noch viel tiefer. Das Faszinierende ist, dass zwar die Anzahl und Lage der relevanten Inseln zufällig ist, aber dass die Asymptotik der maximalen Potenzialwerte und die reskalierte Gestalt des Potenzials ξ in diesen Inseln deterministisch sein sollte und durch ein deterministisches Variationsproblem bestimmt sein sollte, das nur von wenigen Kenngrößen in der Asymptotik der oberen Schwänze der Potenzialverteilung abhängt. Diese Universalität ist in wichtigen Spezialfällen bewiesen worden, und wir werden sie weiter unten skizzieren. Das wichtigste Hilfsmittel hierbei ist die Theorie der Großen Abweichungen.

4.4.2 Momentenasymptotik für die Doppelt-Exponential-Verteilung

In diesem Abschnitt bringen wir das Hauptergebnis über die Asymptotik der Momente von $U(t)$ für einen wichtigen Spezialfall. Das Folgende stammt aus [GäMo98].

Wir betrachten die sogenannte *Doppelt-Exponential-Verteilung*

$$\mathrm{Prob}(\xi(0) > r) = \exp\left\{-\mathrm{e}^{r/\rho}\right\}, \qquad r \in \mathbb{R}, \tag{4.4.7}$$

wobei $\rho \in (0, \infty)$ ein Parameter ist. Dann ist die Kumulanten erzeugende Funktion gegeben als $H(t) = \log \Gamma(\rho t + 1) = \rho t \log(\rho t) - \rho t + o(t)$ für $t \to \infty$. Wir werden sehen, dass die Größe der relevanten Inseln nicht von t abhängt. Tatsächlich benötigen wir nicht die exakte Verteilung in (4.4.7), sondern nur ihre oberen Schwänze, und wir formulieren diese Voraussetzung in Termen der Kumulanten erzeugenden Funktion:

Voraussetzung (DE): *Es gibt ein $\rho \in (0, \infty)$, sodass*

$$\lim_{t\to\infty} \frac{H(tx) - xH(t)}{t} = \rho x \log x, \qquad x \in (0,1). \tag{4.4.8}$$

Die Konvergenz in (4.4.8) ist sogar gleichmäßig in $[0, 1]$. Die Asymptotik der Momente der Gesamtmasse wird wie folgt identifiziert:

Satz 4.4.4 (Momente von $U(t)$) *Es gelte die Voraussetzung (DE). Dann gilt für jedes* $p \in \mathbb{N}$

$$\langle U(t)^p \rangle = \mathrm{e}^{H(pt)}\, \mathrm{e}^{-pt(\chi_\rho + o(1))}, \qquad t \to \infty, \tag{4.4.9}$$

wobei

$$\chi_\rho = \inf\left\{ I(\mu) - J(\mu) \colon \mu \in \mathcal{M}_1(\mathbb{Z}^d) \right\}, \tag{4.4.10}$$

wobei $J(\mu) = \rho \sum_{x\in\mathbb{Z}^d} \mu(x) \log \mu(x)$, *und* $I(\mu) = \frac{1}{2} \sum_{x\sim y} (\sqrt{\mu(x)} - \sqrt{\mu(y)})^2$ *ist die Ratenfunktion aus (3.6.1) mit* $R = \infty$.

Bemerkung 4.4.5 (Intermittenz) Natürlich sollte (4.4.9) auch für $p \in (0, \infty)$ gelten, aber der Beweis dafür ist noch nicht geführt worden. Insbesondere haben wir Intermittenz im Sinne von (4.4.6), denn wegen der Voraussetzung (DE) ist für $0 < p < q$

$$\lim_{t\to\infty} \frac{1}{t} \log \frac{\langle U(t)^p \rangle^{1/p}}{\langle U(t)^q \rangle^{1/q}} = \lim_{t\to\infty} \frac{H(pt) - \frac{p}{q} H(qt)}{pt} = \rho \frac{q}{p} \log \frac{p}{q} < 0.$$

Für die Tatsache, dass die p-ten Momente von $U(t)$ die gleiche Asymptotik wie die Momente von $U(pt)$ besitzen, gibt es eine Heuristik, die in Abschn. 4.4.3 gebracht werden wird. ◊

Bemerkung 4.4.6 (Minimierer) Der oder die Minimierer μ in der Formel in (4.4.10) besitzen natürlich die Interpretation der Strategie der Irrfahrt, optimal zu dem Erwartungswert in der Feynman-Kac-Formel beizutragen, in Termen der normierten Lokalzeiten. Tiefer als diese recht technische Interpretation liegt aber die viel interessantere Aussage, dass der oder die Minimierer diejenige Gestalt der geeignet renormierten Lösung $u(t, \cdot)$ für große t approximiert, die optimal zum Erwartungswert der Gesamtmasse $U(t)$ beiträgt, siehe Abschn. 4.4.3.

Die Existenz eines Minimierers ist für jedes $\rho \in (0, \infty)$ klar, doch der Beweis der Eindeutigkeit (bis auf räumliche Verschiebung natürlich) gelang trotz etlicher Versuche nur für alle genügend großen ρ. Hier nämlich stellte sich heraus, dass der Minimierer μ_ρ von der Form $\mu_\rho = (\widetilde{v}_\rho^{\otimes d})^2$ ist mit einem $\widetilde{v}_\rho = v_\rho / \|v_\rho\|_2 \in \mathcal{M}_1(\mathbb{Z})$, das eindeutig charakterisiert wird durch die Gleichung $\Delta v_\rho + 2\rho v_\rho \log v_\rho = 0$ und durch die Bedingung minimaler ℓ^2-Norm. Die Abbildung $x \mapsto v_\rho(x)$ nimmt ihr Maximum in genau einem Punkt an, den wir als Null setzen können, und links und rechts davon ist v_ρ streng monoton. Ferner gelten

$$\lim_{\rho\downarrow 0} v_\rho\left(\lfloor x/\sqrt{\rho}\rfloor\right) = \mathrm{e}^{\frac{1}{2}(1-x^2)} \qquad \text{und} \qquad \lim_{\rho\to\infty} v_\rho(x) = \delta_0(x). \tag{4.4.11}$$

◊

Bemerkung 4.4.7 ($\rho = \infty$) Der Randfall $\rho = \infty$ ist ebenfalls ausführlich in [GäMo98] studiert worden, also der Fall unter der Voraussetzung (DE) mit $\rho = \infty$. Wir man auch auf Grund von (4.4.11) erwarten würde, bestehen die relevanten Inseln in diesem Fall aus einzelnen Punkten, und Satz 4.4.4 ist immer noch richtig, aber das Variationsproblem ist trivial, und die Minimierer sind δ-Funktionen. ◊

Beweisskizze von Satz 4.4.4 Wir behandeln nur den Fall $p = 1$.

Wir bilden den Erwartungwert in der Feynman-Kac-Formel in (4.4.5) und vertauschen die beiden Erwartungswerte:

$$\langle U(t)\rangle = \mathbb{E}_0\left\langle \mathrm{e}^{\int_0^t \xi(X(s))\,\mathrm{d}s}\right\rangle. \tag{4.4.12}$$

Der Exponent kann mit Hilfe der Lokalzeiten der Irrfahrt, $\ell_t(z) = \int_0^t \delta_z(X(s))\,\mathrm{d}s$, geschrieben werden als $\sum_{z\in\mathbb{Z}^d} \ell_t(z)\xi(z)$. Mit Hilfe der Unabhängigkeit der $\xi(z)$ können wir daher den inneren Erwartungswert schreiben als

$$\begin{aligned}\left\langle \mathrm{e}^{\int_0^t \xi(X(s))\,\mathrm{d}s}\right\rangle &= \left\langle \prod_{z\in\mathbb{Z}^d} \mathrm{e}^{\ell_t(z)\xi(z)}\right\rangle = \prod_{z\in\mathbb{Z}^d} \langle \mathrm{e}^{\ell_t(z)\xi(0)}\rangle \\ &= \prod_{z\in\mathbb{Z}^d} \mathrm{e}^{H(\ell_t(z))} = \mathrm{e}^{H(t)} \prod_{z\in\mathbb{Z}^d} \exp\left\{t\frac{H(\frac{\ell_t(z)}{t}t) - \frac{\ell_t(z)}{t}H(t)}{t}\right\},\end{aligned} \tag{4.4.13}$$

wobei wir auch benutzten, dass sich die Lokalzeiten zu t aufsummieren. Nach Voraussetzung (DE) ist also

$$\langle U(t)\rangle = \mathrm{e}^{H(t)}\mathbb{E}_0\left[\exp\left\{tJ\left(\tfrac{1}{t}\ell_t\right)\right\}\right]\mathrm{e}^{o(t)}, \tag{4.4.14}$$

da ja die Konvergenz in Voraussetzung (DE) gleichmäßig in $[0, 1]$ ist.

Nun ist klar, dass das Ergebnis in (4.4.9) heraus kommen muss, denn wenn $\frac{1}{t}\ell_t$ ein Prinzip Großer Abweichungen mit Ratenfunktion I erfüllt und wenn J beschränkt und stetig ist, dann lässt Varadhans Lemma (Satz 3.3.1) sofort folgen, dass (4.4.9) gilt. Aber $\frac{1}{t}\ell_t$ erfüllt ein Prinzip Großer Abweichungen nur auf endlichen Teilmengen des $\mathbb{Z}^d$ bzw. auf endlichen Tori, also müssen wir technische Arbeit leisten und die obere und untere Schranke einzeln behandeln.

Eine untere Schranke erhält man, indem man für ein beliebiges, großes $R \in \mathbb{N}$ auf der rechten Seite von (4.4.14) den Indikator auf dem Ereignis $\{\mathrm{supp}\,(\ell_t) \subset Q_R\}$ (mit $Q_R = [-R, R)^d \cap \mathbb{Z}^d$) einsetzt und das Prinzip Großer Abweichungen von Satz 3.6.1 sowie Varadhans Lemma anwendet. Das geht, da J nach oben beschränkt ist und auf der Menge aller Wahrscheinlichkeitsmaße auf Q_R auch nach unten beschränkt ist. Dies ergibt

$$\langle U(t)\rangle \geq \mathrm{e}^{H(t)}\mathrm{e}^{t\chi_\rho(R)}\mathrm{e}^{o(t)},$$

wobei $\chi_\rho(R)$ wie χ_ρ in (4.4.10) definiert wird mit zusätzlicher Bedingung $\operatorname{supp}(\mu) \subset Q_R$. Der Beweis der Tatsache, dass $\lim_{R\to\infty} \chi_\rho(R) = \chi_\rho$ gilt, ist recht leicht, aber ein wenig technisch; wir lassen ihn hier weg. Also ist die untere Schranke in (4.4.9) bewiesen.

Für den Beweis der oberen Schranke gehen wir über zu der periodisierten Variante der Lokalzeiten, $\ell_t^{(R)}(z) = \sum_{k\in\mathbb{Z}^d} \ell_t(z + 2Rk)$ für $z \in Q_R$. Die Abbildung $\varphi(x) = x \log x$ ist konvex mit $\varphi(0) = 0$, also auch superlinear.[8] Also gilt

$$\begin{aligned} J\left(\tfrac{1}{t}\ell_t\right) &= \rho \sum_{z\in Q_R}\sum_{k\in\mathbb{Z}^d} \varphi\left(\tfrac{1}{t}\ell_t(z+2kR)\right) \\ &\leq \rho \sum_{z\in Q_R} \varphi\left(\sum_{k\in\mathbb{Z}^d} \tfrac{1}{t}\ell_t(z+2kR)\right) = J\left(\tfrac{1}{t}\ell_t^{(R)}\right). \end{aligned}$$

Daher dürfen wir die rechte Seite von (4.4.14) nach oben abschätzen gegen den selben Ausdruck mit ℓ_t ersetzt durch $\ell_t^{(R)}$, und wir können das Prinzip Großer Abweichungen aus Bemerkung 3.6.5 benutzen. Dies lässt mit Hilfe des Lemmas von Varadhan folgen, dass gilt

$$\langle U(t)\rangle \leq \mathrm{e}^{H(t)}\mathrm{e}^{t\chi_\rho^{(\mathrm{per})}(R)}\mathrm{e}^{o(t)},$$

wobei $\chi_\rho^{(\mathrm{per})}(R)$ wie χ_ρ in (4.4.10) definiert wird mit periodischen Randbedingungen in Q_R. Auch den (technischen und nicht zu schwierigen) Beweis der Tatsache, dass $\lim_{R\to\infty} \chi_\rho^{(\mathrm{per})}(R) = \chi_\rho$ gilt, lassen wir hier weg. Also ist auch die obere Schranke in (4.4.9) bewiesen. □

4.4.3 Ein „dualer" Alternativbeweis

In diesem Abschnitt diskutieren wir heuristisch einen Alternativbeweis von Satz 4.4.4. Dieser Beweisweg ist vom Standpunkt des parabolischen Anderson-Modells intuitiver als der im vorigen Abschnitt gegebene Beweis, denn er argumentiert auf der Ebene der Geometrie des zufälligen Potenzials.[9]

Nach der Bildung des Erwartungswertes von $U(t)$ in (4.4.5) erscheinen zwei Erwartungswerte in einander: über das Potenzial ξ und über die Irrfahrt $(X(s))_{s\in[0,\infty)}$. Im Beweis von Satz 4.4.4 in Abschn. 4.4.2 führten wir den über das Potenzial sofort aus und benutzten

---

[8] Für $x, y \in (0,\infty)$ wende man die Konvexität an auf x bzw. auf y als eine Konvexitätskombination von 0 und $x + y$ und erhält $\varphi(x) \leq \frac{x}{x+y}\varphi(x+y)$ bzw. $\varphi(y) \leq \frac{y}{x+y}\varphi(x+y)$. Dann addiere man die beiden Ungleichungen.

[9] Eine Ausführung dieses Beweises ist enthalten in dem zu [GäMo98] gehörigen Preprint, fiel aber den Kürzungsvorgaben der Zeitschrift zum Opfer.

Große Abweichungen für den zweiten. Hier machen wir es umgekehrt und beschreiten also den „dualen“ Weg.

Für fast alle Realisierungen des Potenzials ξ gilt asymptotisch für $t \to \infty$

$$U(t) = \mathbb{E}_0\left[\exp\left\{\int_0^t \xi(X(s))\,\mathrm{d}s\right\}\right] = \mathrm{e}^{t(\lambda(\xi)+o(1))}, \tag{4.4.15}$$

wobei $\lambda(\phi)$ der Haupteigenwert des Operators $\Delta + \phi$ im $\mathbb{Z}^d$ ist. Dieser Haupteigenwert ist natürlich nur sinnvoll definiert, wenn entweder ϕ bei ∞ gegen $-\infty$ abfällt oder wenn der $\mathbb{Z}^d$ ersetzt wird durch eine große Box Q_R, an deren Rande wir geeignete Bedingungen stellen. Wenn man (4.4.15) rigoros machen möchte, wird man für obere Abschätzungen periodische Randbedingung stellen und für eine untere Abschätzung Nullrandbedingung. Der Beweis einer geeigneten Version von (4.4.15) ist dann leicht zu führen, etwa über eine Fourierentwicklung bezüglich aller Eigenwerte von $\Delta + \xi$.

In der Darstellung (4.4.15) sehen wir auch, warum die Asymptotik des p-ten Moments von $U(t)$ gleich der Asymptotik des Erwartungswertes von $U(pt)$ sein sollte, und zwar für jedes $p \in (0, \infty)$, siehe Bemerkung 4.4.5.

Wir bilden nun in (4.4.15) den Erwartungswert und versuchen, ein Prinzip Großer Abweichungen für das Potenzial ξ zu finden und anzuwenden. Dazu muss das Potenzial um einen t-abhängigen Wert vertikal verschoben werden. Genauer gesagt, das Feld $\xi_t = \xi - \frac{1}{t}H(t)$ sollte für $t \to \infty$ ein Prinzip Großer Abweichungen auf der Skala t mit Ratenfunktion

$$\widehat{I}_\rho(\phi) = \frac{\rho}{\mathrm{e}} \sum_{z \in \mathbb{Z}^d} \mathrm{e}^{\frac{1}{\rho}\phi(z)} \tag{4.4.16}$$

erfüllen, wie die folgende grobe Approximation zeigt. Wir ersetzen dabei $\frac{1}{t}H(t)$ durch seinen asymptotischen Wert $\rho\log(\rho t) - \rho$ und benutzen approximativ die Schwänze der Doppelt-Exponential-Verteilung in (4.4.7).

$$\begin{aligned}
\mathrm{Prob}(\xi_t \approx \phi) &\approx \prod_{z\in\mathbb{Z}^d} \mathrm{Prob}\left(\xi(z) > \rho\log(\rho t) - \rho + \phi(z)\right)\\
&\approx \prod_{z\in\mathbb{Z}^d} \exp\left\{-\mathrm{e}^{\frac{1}{\rho}(\rho\log(\rho t)-\rho+\phi(z))}\right\}\\
&= \exp\left\{-t\widehat{I}_\rho(\phi)\right\}.
\end{aligned}$$

Hinter dem Ansatz, dass $\xi - \frac{1}{t}H(t)$ ein Prinzip erfüllt, steht die Idee, dass $\frac{1}{t}H(t)$ gegen das essenzielle Supremum von $\xi(0)$ konvergiert (das hier gleich ∞ ist), also seine Asymptotik eng verbunden sein sollte mit dem Verhalten des Potenzials bei extrem großen Werten.

Wenn wir nun noch ignorieren, dass die Abbildung $\phi \mapsto \lambda(\phi)$ nicht beschränkt und stetig ist, dann erhalten wir mit Hilfe des Lemmas von Varadhan:

$$\langle U(t)\rangle = \langle \mathrm{e}^{t\lambda(\xi)}\rangle \mathrm{e}^{o(t)} = \mathrm{e}^{H(t)}\langle \mathrm{e}^{t\lambda(\xi_t)}\rangle \mathrm{e}^{o(t)} = \mathrm{e}^{H(t)}\mathrm{e}^{-t(\widetilde{\chi}_\rho+o(1))},$$

wobei

$$\widetilde{\chi}_\rho = \inf\Big\{\widehat{I}_\rho(\phi) - \lambda(\phi) \colon \phi \in \mathbb{R}^{\mathbb{Z}^d}\Big\}. \tag{4.4.17}$$

Diese Formel ist „dual" zu (4.4.10), da (wie wir im Beweis von Satz 3.6.1 gesehen haben) λ die Legendre-Transformierte der Ratenfunktion I ist. Wir können $\widetilde{\chi}_\rho$ mit χ_ρ identifizieren, indem wir die Rayleigh-Ritz-Formel für den Haupteigenwert $\lambda(\phi)$ einsetzen, $g^2 = \mu \in \mathcal{M}_1(\mathbb{Z}^d)$ substituieren und uns daran erinnern, dass $I(\mu) = -\langle \Delta\sqrt{\mu}, \sqrt{\mu}\rangle$ gilt. Für jedes ϕ gilt

$$\begin{aligned}\widehat{I}_\rho(\phi) - \lambda(\phi) &= \widehat{I}_\rho(\phi) - \sup_{g \in \ell^2(\mathbb{Z}^d)\colon \|g\|_2 = 1} \langle (\Delta + \phi) g, g\rangle \\ &= \inf_{\mu \in \mathcal{M}_1(\mathbb{Z}^d)} \Big[I(\mu) - J(\mu) - \rho\Big\langle \mu, \frac{\phi}{\rho} - \log\mu - \mathrm{e}^{\frac{1}{\rho}\phi - \log\mu - 1}\Big\rangle\Big].\end{aligned}$$

Da die Funktion $\theta \mapsto \theta - \mathrm{e}^{\theta - 1}$ nicht positiv ist und nur für $\theta = 1$ Null ergibt, wird das Infimum über ϕ genau in $\phi = \rho + \rho\log\mu$ angenommen. Dies zeigt, dass $\widetilde{\chi}_\rho = \chi_\rho$ und dass der oder die Minimierer μ_ρ in χ_ρ und ϕ_ρ in $\widetilde{\chi}_\rho$ miteinander über die Gleichung $\mu_\rho = \mathrm{e}^{\frac{1}{\rho}\phi_\rho - 1}$ in Beziehung stehen. Ferner ist $\sqrt{\mu_\rho}$ eine ℓ^2-normierte Eigenfunktion des Operators $\Delta + \phi_\rho$ zum Eigenwert $\lambda(\phi_\rho) = \chi_\rho - \rho$, wie man mit Hilfe der in Bemerkung 4.4.6 erwähnten Beschreibung von μ_ρ leicht sieht.

Der oder die Minimierer ϕ_ρ in der Formel in (4.4.17) besitzen die Interpretation der Gestalt desjenigen Feldes ξ_t, das optimal zu der erwarteten Gesamtmasse $U(t)$ beiträgt. Die Wurzel $\sqrt{\mu_\rho}$ des Minimierers in der Formel in (4.4.10) ist die Eigenfunktion des zugehörigen Operators $\Delta + \phi_\rho$, lassen also die Interpretation als die ℓ^2-normierte Lösung $u(t,\cdot)/\|u(t,\cdot)\|_2$ des parabolischen Anderson-Modells in (4.4.1) zu. Dies eine weit gehende Präzisierung der Universalitätsaussage, dass die relevanten Inseln und auch die Gestalt des Potenzials in ihnen asymptotisch durch deterministische Variationsprobleme gegeben sein sollten.

4.4.4 Fast sichere Asymptotik

In Abschn. 4.4.3 erläuterten wir die universelle Gestalt der relevanten Inseln für die *Momente* der Gesamtmasse. Wegen der Verschiebungsinvarianz gibt es für die Momente natürlich nur eine einzige relevante Insel, und die können wir im Ursprung zentrieren. In diesem Abschnitt wollen wir die fast sichere Situation beleuchten, also die fast sichere Asymptotik von $U(t)$ beschreiben und interpretieren. Hier ist das Bild ziemlich anders: Gegeben ist eine Realisation einer irregulären ‚Landschaft' ξ im $\mathbb{Z}^d$ mit vielen kleineren und größeren lokalen Peaks, und wir wollen klären, wovon die Asymptotik der Feynman–Kac-Formel in (4.4.5) bestimmt wird. Es werden natürlich eventuell mehrere relevante Inseln sein, und sie werden eventuell recht weit vom Ursprung liegen. Es wird sich herausstellen, dass es nun ein *a priori* anderes deterministisches Variationsproblem ist, das die relevanten Inseln und die Gestalt des Potenzials in ihnen beschreibt. Satz 4.4.4 und Teile seines Beweises werden dabei wichtige Hilfestellung leisten.

Wir erinnern an (4.4.16) und daran, dass $\lambda(\phi) = \sup_{\|g\|_2=1}\langle(\Delta + \phi)g, g\rangle$ das Supremum des Spektrums des Operators $\Delta + \phi$ ist.

Satz 4.4.8 (Fast sichere Asymptotik von $U(t)$) *Es gelte die Voraussetzung (DE). Ferner sei $\xi(0) > -\infty$ fast sicher, und in $d = 1$ sei zusätzlich der Erwartungswert von $\log(1 + \xi(0)^-)$ endlich. Dann gilt fast sicher*

$$\frac{1}{t}\log U(t) = \frac{H(\log t)}{\log t} - \widehat{\chi}_\rho + o(1), \tag{4.4.18}$$

wobei

$$\widehat{\chi}_\rho = \inf\left\{-\lambda(\phi) \colon \phi \in \mathbb{R}^{\mathbb{Z}^d}, \widehat{I}_\rho(\phi) \le d\right\}. \tag{4.4.19}$$

Beweisskizze Wir skizzieren hier nur den Beweis der unteren Schranke in (4.4.18), der sehr intuitiv ist.

Zunächst fügt man in der Feynman–Kac-Formel (4.4.5) Nullrandbedingungen in einer großen Box ein, sodass die Asymptotik nicht verändert wird:

$$U(t) \approx \mathbb{E}_0\left[\mathrm{e}^{\int_0^t \xi(X(s))\,\mathrm{d}s}\mathbb{1}\{\mathrm{supp}\,(\ell_t) \subset Q_t\}\right]. \tag{4.4.20}$$

Zur Vereinfachung der Notation haben wir die Box mit Radius t gewählt und gewisse logarithmische Korrekturen wegfallen lassen. Die Interpretation ist, dass die Irrfahrt das Äußere von Q_t nur mit einer so geringen Wahrscheinlichkeit erreichen kann, dass es ihr zu teuer ist, dort nach ‚guten' Peaks zu suchen. Also sucht sie nur in Q_t.

Wir fixieren nun ein großes $R \in \mathbb{N}$ und ein Profil $\phi \in \mathbb{R}^{Q_R}$ mit $\widehat{I}_\rho^{(R)}(\phi) < d$, wobei $\widehat{I}_\rho^{(R)}$ die offensichtliche Q_R-Variante der Ratenfunktion in (4.4.16) ist. Diese Voraussetzung $\widehat{I}_\rho^{(R)}(\phi) < d$ bedeutet, dass die Wahrscheinlichkeit, dass das verschobene Potenzial $\xi_t = \xi - \frac{1}{t}H(t)$ dem Profil ϕ in Q_R ähnelt, nicht zu klein ist, d. h. nicht zu stark exponentiell abfällt. Ab sofort ersetzen wir t durch $\log t$, d. h. wir arbeiten auf polynomialer statt exponentieller Skala. Der Grund ist, dass wir via ein Borel-Cantelli-Argument eine ‚Mikrobox' $z + Q_R$ in der ‚Makrobox' Q_t finden wollen, in der $\xi_{\log t}$ dem (geeignet räumlich verschobenen) Profil ϕ ähnelt. Dazu müssen wir die Wahrscheinlichkeit für ein solches Ereignis abwägen gegen die Anzahl solcher Mikroboxen, und die ist ungefähr t^d. Ferner betrachten wir statt des kontinuierlichen Grenzwertes $t \to \infty$ nur die diskrete Teilfolge $t = 2^n$ für $n \to \infty$ und kümmern uns hier nicht um die Werte $2^{n-1} \le t < 2^n$.

Die Ereignisse

$$A_t(z) = \left\{\xi_{\log t}(\cdot) \approx \phi(z + \cdot) \text{ in } z + Q_R\right\}, \qquad z \in M_t = 3R\mathbb{Z}^d \cap Q_t,$$

sind unabhängig und identisch verteilt, und ihre Wahrscheinlichkeit lässt sich bestimmen zu

$$\mathrm{Prob}(A_t(z)) = \mathrm{Prob}\left(\xi_{\log t} \approx \phi \text{ in } Q_R\right) \approx \mathrm{e}^{-\log t \widehat{I}_\rho^{(R)}(\phi)} = t^{-\widehat{I}_\rho^{(R)}(\phi)}.$$

Nun sehen wir, dass die Summe $\sum_{n\in\mathbb{N}} p_n$ konvergiert, wobei

$$p_n = \mathrm{Prob}\left(\sum_{z\in M_t} \mathbb{1}_{A_t(z)} \le \frac{1}{2}|M_t|\,\mathrm{Prob}(A_t(0))\right), \qquad t = 2^n. \tag{4.4.21}$$

Denn mit Hilfe der Tschebyschev-Ungleichung bekommt man

$$\begin{aligned} p_n &= \mathrm{Prob}\left(\left[\sum_{z\in M_{2^n}} \mathbb{1}_{A_{2^n}(z)} - \left\langle \sum_{z\in M_{2^n}} \mathbb{1}_{A_{2^n}(z)}\right\rangle\right]^2 > \frac{1}{4}|M_{2^n}|\,\mathrm{Prob}(A_{2^n}(0))\right) \\ &\le 4\frac{1-\mathrm{Prob}(A_{2^n}(0))}{|M_{2^n}|\,\mathrm{Prob}(A_{2^n}(0))} \le 2^{n(\widehat{I}_\rho^{(R)}(\phi)-d+o(1))}, \end{aligned}$$

und auf Grund der Voraussetzung $\widehat{I}_\rho^{(R)}(\phi) < d$ ist die rechte Seite summierbar. Nach dem Borel–Cantelli-Lemma tritt das Ereignis in (4.4.21) fast sicher nur für endlich viele n ein, also haben wir für alle genügend große n die Existenz mindestens einer Mikrobox $z + Q_R$ mit $z \in Q_{2^n}$, in dem das Ereignis $\xi_{n\log 2}(\cdot) \approx \phi(\cdot - z)$ eintritt.

Nun erhalten wir eine untere Schranke für die rechte Seite in (4.4.20), indem wir den Indikator auf dem folgenden Ereignis einsetzen: Die Irrfahrt begibt sich innerhalb einer sehr kleinen Zeitspanne $o(t)$ direkt zu einer der Mikroboxen $z + Q_R$ mit $\xi_{n\log 2}(\cdot) \approx \phi(\cdot - z)$ und verbringt die restliche Zeit $t(1 + o(1))$ in dieser Box. Die probabilistischen Kosten für den Sprint zur Mikrobox können vernachlässigt werden, und der Beitrag zur Feynman-Kac-Formel von dem Pfad, der $t(1 + o(1))$ Zeiteinheiten in dieser Box verbringt, ist gleich

$$\mathrm{e}^{t(\lambda_R(\xi)+o(1))} \approx \mathrm{e}^{t(\lambda_R(\xi_{\log t})+\frac{H(\log t)}{\log t}+o(1))} \approx \exp\left\{t\frac{H(\log t)}{\log t} + t\lambda_R(\phi)\right\},$$

wobei $\lambda_R(\varphi)$ die Q_R-Variante des Eigenwerts $\lambda(\varphi)$ ist, also der Haupteigenwert von $\Delta + \varphi$ in der Box Q_R mit Null-Randbedingung. Übergang zum Supremum über alle ϕ mit $\widehat{I}_\rho^{(R)}(\phi) < d$ und zum Grenzwert $R \to \infty$ lässt die untere Schranke in (4.4.18) folgen. □

Bemerkung 4.4.9 Die Bedingung, dass das Potenzial nie den Wert $-\infty$ annimmt sowie die Zusatzbedingung für $d = 1$ sorgen dafür, dass auf dem Sprint zur optimalen Mikrobox nicht zu viel Masse verloren geht. Diese Bedingungen können in $d \ge 2$ abgeschwächt werden. ◊

Bemerkung 4.4.10 Die Interpretation der oder des Minimierers $\widehat{\phi}_\rho$ in (4.4.19) ist die Gestalt des vertikal verschobenen Potenzials $\xi_{\log t}$ in den relevanten Inseln: Die Bedingung $\widehat{I}_\rho(\phi) \le d$ sorgt dafür, dass das Profil ϕ irgendwo auftaucht, und unter diesen Profilen sind jene mit optimalem Eigenwert des Operators $\Delta + \phi$ bestimmend. Die renormierte Lösung $u(t,\cdot)$ sollte in dieser Insel die Gestalt der Eigenfunktion des zugehörigen Operators $\Delta + \widehat{\phi}_\rho$ haben. Die Beweisskizze lässt vermuten, dass die Gesamtmasse $U(t)$ ausschließlich von der Gesamtheit der Gebiete kommt, in denen $\xi_{\log t}$ den optimalen Profilen ähnelt. Der Beweis dieser Aussage ist möglich, aber sehr aufwendig. Es ist bisher ungeklärt, auf *wieviele* relevante Inseln man diese Aussage einschränken kann. ◊

Bemerkung 4.4.11 Es stellt sich heraus, dass die beiden Variationsformeln χ_ρ in (4.4.10) und $\widehat{\chi}_\rho$ in 4.4.19 bis auf additive Konstante sogar identisch sind, also die selben Minimierer besitzen. Dies sieht man wie folgt.

$$\begin{aligned}\widehat{\chi}_\rho &= \inf\big\{-\lambda(\phi)\colon \widehat{I}_\rho(\phi) = d\big\}\\ &= \inf\left\{\rho\log\Big(\frac{1}{d}\widehat{I}_\rho(\phi)\Big) - \sup_{\|g\|_2=1}\langle(\Delta+\phi)g, g\rangle\colon \widehat{I}_\rho(\phi) = d\right\}.\end{aligned}$$

Da der zu minimierende Ausdruck bei Übergang von ϕ zu $\phi + C$ für $C \in \mathbb{R}$ sich nicht ändert, kann die Nebenbedingung $\widehat{I}_\rho(\phi) = d$ nun weggelassen werden. Dies ergibt nach Substitution $g^2 = \mu \in \mathcal{M}_1(\mathbb{Z}^d)$:

$$\widehat{\chi}_\rho = \inf_{\mu\in\mathcal{M}_1(\mathbb{Z}^d)}\left(I(\mu) - \sup_\phi\Big(\langle\phi,\mu\rangle - \rho\log\sum_{z\in\mathbb{Z}^d}\mathrm{e}^{\frac{1}{\rho}\phi(z)}\Big)\right) + \rho\log\frac{\rho}{\mathrm{e}d},$$

wobei wir an $I(\mu) = -\langle\Delta\sqrt{\mu}, \sqrt{\mu}\rangle$ erinnern. Das Supremum über ϕ kann man als $J(\phi)$ identifizieren, indem man die Jensen'sche Ungleichung wie folgt anwendet:

$$\begin{aligned}\rho\log\sum_{z\in\mathbb{Z}^d}\mathrm{e}^{\frac{1}{\rho}\phi(z)} &= \rho\log\sum_{z\in\mathbb{Z}^d}\mu(z)\mathrm{e}^{\frac{1}{\rho}\phi(z)-\log\mu(z)} \geq \rho\sum_{z\in\mathbb{Z}^d}\mu(z)\Big(\frac{1}{\rho}\phi(z) - \log\mu(z)\Big)\\ &= \langle\phi,\mu\rangle - J(\mu).\end{aligned}$$

Gleichheit gilt genau für $\mu = C\mathrm{e}^{\frac{1}{\rho}\phi}$ für ein $C > 0$. Also gilt $\widehat{\chi}_\rho = \chi_\rho + \rho\log\frac{\rho}{\mathrm{e}d}$, und die beiden Formeln besitzen die selben Minimierer. Das bedeutet, dass die optimalen Profile für die Momente und für das fast sichere Verhalten identisch sind. ◊

4.4.5 Nach oben beschränkte Potenziale

Hier behandeln wir eine andere Klasse von zufälligen u. i. v. Potenzialen $(\xi(z))_{z\in\mathbb{Z}^d}$, und zwar im Wesentlichen alle nach oben *beschränkten,* siehe [BiKö01]. (Ein Spezialfall wurde kurz in Bemerkung 4.4.2 angesprochen.) Dabei können wir voraussetzen, dass $\operatorname{esssup}\xi(0) = 0$, denn eine vertikale Verschiebung um $c \in \mathbb{R}$ führt zu einer Multiplikation der Lösung $u(t,\cdot)$

mit e^{ct}. Also ist die Funktion H in (4.4.3) nichtpositiv mit $\lim_{t\to\infty}\frac{1}{t}H(t)=0$. Typische Vertreter werden Funktionen $H(t)=-Ct^\gamma$ mit $\gamma\in[0,1)$ sein, und die korrespondieren mit oberen Schwänzen der Form

$$\log \mathrm{Prob}(\xi(0)>-x)\approx -C'x^{-\frac{\gamma}{1-\gamma}},\qquad x\downarrow 0. \tag{4.4.22}$$

Der Fall $\gamma=0$ enthält den Fall von Bemerkung 4.4.2, aber auch noch weitere. Nur für $\gamma=0$ kann das Potenzial den Wert Null annehmen, ansonsten betrachten wir nur die Wahrscheinlichkeiten, mit denen $\xi(0)$ beliebig nahe von unten an 0 heran kommen kann.

Genauer gesagt, wir werden unter der folgenden Annahme arbeiten:

Voraussetzung (B). *Es gibt eine nichtfallende Skalenfunktion* $\alpha\colon(0,\infty)\to(0,\infty)$ *und eine Funktion* $\widetilde{H}\colon[0,\infty)\to(-\infty,0]$, *so dass, gleichmäßig in y auf kompakten Teilmengen von* $[0,\infty)$,

$$\lim_{t\to\infty}\frac{\alpha(t)^{d+2}}{t}H\left(\frac{t}{\alpha(t)^d}y\right)=\widetilde{H}(y).$$

Wie wir gleich sehen werden, besitzt die Funktion α die Interpretation der asymptotischen Ordnung des Radius der relevanten Inseln für die Momente der Gesamtmasse $U(t)$. In dem Fall, den wir in Abschn. 4.4.2 und 4.4.3 diskutierten (siehe Voraussetzung (DE)), war $\alpha(t)=1$ und tauchte nicht explizit auf.

Mit Hilfe der Theorie der regulären Funktionen (siehe die Monografie [BiGoTe87]) findet man leicht, dass für $\widetilde{H}$ nicht viele Funktionen in Frage kommen: Tatsächlich gibt es einen Parameter $\gamma\in[0,1)$, so dass $\widetilde{H}(y)=\widetilde{H}(1)y^\gamma$ mit $\widetilde{H}(1)\in(-\infty,0)$, und das Wachstum von α ist gegeben als

$$\alpha(t)=t^{\nu+o(1)},\qquad \text{wobei } \nu=\frac{1-\gamma}{d+2-d\gamma}\in\left(0,\tfrac{1}{d+2}\right]. \tag{4.4.23}$$

Also divergiert $\alpha(t)$ mindestens wie eine Potenz von t, die allerdings nicht größer als $\frac{1}{d+2}$ ist. Die Funktion α ist sogar regulär variierend mit Parameter ν, d. h., für jedes $p\in(0,\infty)$ gilt $\lim_{t\to\infty}\alpha(pt)/\alpha(t)=p^\nu$.

Das zu Satz 4.4.4 analoge Hauptresultat ist das folgende.

Satz 4.4.12 (Momentenasymptotik für beschränkte Potenziale) *Es sei* ξ *ein u. i. v. Potenzial mit* $\operatorname{esssup}\xi(0)=0$, *so dass die Voraussetzung (B) erfüllt sei mit* $\widetilde{H}(y)=-Dy^\gamma$ *für ein* $\gamma\in[0,1)$ *und ein* $D>0$. *Dann gilt für jedes* $p>0$

$$\lim_{t\to\infty}\frac{\alpha(pt)^2}{pt}\log\langle U(t)^p\rangle=-\chi_{\gamma,D}, \tag{4.4.24}$$

wobei

$$\chi_{\gamma,D} = \inf_{R\in(0,\infty)} \inf_{\substack{g\in H^1(\mathbb{R}^d)\\ \operatorname{supp}(g)\subset[-R,R]^d,\|g\|_2=1}} \Big\{ \|\nabla g\|_2^2 + D\int_{\mathbb{R}^d} g(x)^{2\gamma}\,\mathrm{d}x \Big\}. \tag{4.4.25}$$

Bemerkung 4.4.13 (Intermittenz) Eine Konsequenz ist

$$0 < p < q \quad \Longrightarrow \quad \frac{\alpha(t)^2}{t} \log \frac{\langle U(t)^p\rangle^{1/p}}{\langle U(t)^q\rangle^{1/q}} = \chi_{\gamma,D}\left(q^{-2\nu} - p^{-2\nu}\right) + o(1),$$

wobei wir daran erinnern, dass α regulär variierend ist mit Parameter ν. Also ist Intermittenz bestätigt worden, und die Divergenz gegen $-\infty$ ist von der Ordnung $t\alpha(t)^{-2}$. $\diamondsuit$

Bemerkung 4.4.14 (Das Variationsproblem) Wegen Monotonie wird das Infimum über R in (4.4.25) natürlich bei $R \to \infty$ angenommen, und vermutlich gibt es einen – bis auf räumliche Verschiebung eindeutigen – Minimierer auf ganz $\mathbb{R}^d$, dessen Träger kompakt ist. Bisher ist nur der Fall $\gamma = 0$ analysiert worden, und zwar erschöpfend. Hier muss man $\int g^{2\gamma}$ ersetzen durch $|\operatorname{supp}(g)|$, und mit Hilfe etwa der Faber–Krahn-Ungleichung erhält man, dass das Infimum in einem g angenommen wird, dessen Träger ein Ball ist. Dann ist $\chi_{\gamma,D}$ gleich dem kleinsten Eigenwert des Laplace-Operators mit Nullrandbedingung in diesem Ball und g die zugehörige Eigenfunktion, und der optimale Radius ist leicht zu berechnen. Für $\gamma \in (0, 1)$ ist $\chi_{\gamma,D}$ nur in $d = 1$ bisher analysiert worden; insbesondere ist für $d \geq 2$ noch nicht gezeigt worden, dass es bis auf Verschiebung nur einen Minimierer gibt und dass sein Träger kompakt ist.

Wie im Fall, der in Abschn. 4.4.3 diskutiert wurde, besitzt der Minimierer die Interpretation der optimalen Gestalt der reskalierten Lösung $u(t, \cdot)$ auf einer für die Momente von $U(t)$ optimalen Insel, deren Radius hier allerdings von der Ordnung $\alpha(t) = t^{\nu+o(1)}$ ist. $\diamondsuit$

Bemerkung 4.4.15 ($\gamma \uparrow 1$) Der Randfall $\gamma = 1$ macht in (4.4.22) keinen Sinn, und das Variationsproblem $\chi_{1,D}$ ist trivialerweise gleich D, aber man kann über das Verhalten von $\chi_{\gamma,\frac{\rho}{1-\gamma}}$ für $\gamma \uparrow 1$ spekulieren. Es gilt nämlich

$$\chi_{\gamma,\frac{\rho}{1-\gamma}} - \frac{\rho}{1-\gamma} = \inf_{g\in H^1(\mathbb{R}^d):\ \|g\|_2=1} \Big\{ \|\nabla g\|_2^2 + \rho\int_{\mathbb{R}^d} \frac{g(x)^{2\gamma} - g(x)^2}{1-\gamma}\,\mathrm{d}x \Big\},$$

und wenn man den Grenzwert $\gamma \uparrow 1$ mit dem Infimum vertauschen dürfte, erhielte man

$$\begin{aligned}\lim_{\gamma\uparrow 1}\left(\chi_{\gamma,\frac{\rho}{1-\gamma}} - \frac{\rho}{1-\gamma}\right) &= \chi_\rho^{(\mathrm{cont})}\\ &= \inf_{g\in H^1(\mathbb{R}^d):\ \|g\|_2=1} \Big\{ \|\nabla g\|_2^2 + \rho\int_{\mathbb{R}^d} g^2(x)\log g^2(x)\,\mathrm{d}x \Big\},\end{aligned} \tag{4.4.26}$$

also die kontinuierliche Variante von χ_ρ in (4.4.10). Die Formel in (4.4.26) wird in Abschn. 4.4.6 eine Rolle spielen. ◊

Beweisskizze von Satz 4.4.12 Wie am Beginn der Beweisskizze von Satz 4.4.4 gezeigt wurde, haben wir

$$\langle U(t)\rangle = \mathbb{E}_0\left[\mathrm{e}^{\sum_{z\in\mathbb{Z}^d} H(\ell_t(z))}\right],$$

wobei $\ell_t(z) = \int_0^t \delta_z(X(s))\,\mathrm{d}s$ die Lokalzeiten der Irrfahrt $(X(s))_{s\in[0,\infty)}$ mit Generator Δ sind. In der vorliegenden Situation muss man allerdings räumlich reskalieren, und es sind tatsächlich die folgendermaßen reskalierten Lokalzeiten,die man betrachten sollte:

$$L_t(x) = \frac{\alpha(t)^d}{t}\ell_t\left(\lfloor x\alpha(t)\rfloor\right), \qquad x \in \mathbb{R}^d.$$

Die Funktion L_t ist eine zufällige, nicht negative, L^1-normierte Treppenfunktion. Dann haben wir

$$\begin{aligned}\langle U(t)\rangle &= \mathbb{E}_0\left[\exp\left\{\frac{t}{\alpha(t)^2}\int_{\mathbb{R}^d}\frac{\alpha(t)^{d+2}}{t}H\left(\frac{t}{\alpha(t)^d}L_t(x)\right)\mathrm{d}x\right\}\right]\\ &= \mathbb{E}_0\left[\exp\left\{-\frac{t}{\alpha(t)^2}D\int_{\mathbb{R}^d}L_t(x)^\gamma\,\mathrm{d}x\right\}\right]\mathrm{e}^{o(t/\alpha(t)^2)},\end{aligned}$$

wobei wir die Voraussetzung (B) benutzt haben und uns nicht darum gekümmert haben, dass die Konvergenz nicht gleichmäßig gilt. Wenn die Familie $(L_t)_{t\in(0,\infty)}$ auf der Skala $t/\alpha(t)^2$ ein Prinzip Großer Abweichungen auf $\mathcal{M}_1(\mathbb{R}^d)$ erfüllte mit Ratenfunktion $g^2 \mapsto \|\nabla g\|_2^2$ und wenn die Abbildung $g^2 \mapsto D\int_{\mathbb{R}^d} g(x)^{2\gamma}\,\mathrm{d}x$ beschränkt und stetig wäre, so folgte die Aussage des Satzes sofort aus einer Anwendung von Varadhans Lemma, Satz 3.3.1. Wie im Beweis des Satzes 4.4.4 müssen wir diese Idee mit Hilfe geeigneter Approximationen durch große Boxen durchführen. Dafür benötigen wir zwei Prinzipien Großer Abweichungen für $(L_t)_{t\in(0,\infty)}$: eines unter $\mathbb{P}_0(\,\cdot\,\cap\{\mathrm{supp}\,(L_t)\subset[-R,R]^d\})$ und eines für die periodisierten Variante, $L_t^{(R)}(x) = \sum_{k\in\mathbb{Z}^d} L_t(x+2kR)$ auf $[-R,R]^d$. Die Ratenfunktionen sollen die Einschränkung der Abbildung $g^2 \mapsto \|\nabla g\|_2^2$ auf die Menge aller L^2-normierten g auf $[-R,R]^d$ sein bzw. die periodisierte Variante dieser Abbildung auf dem Torus $[-R,R]^d$. Diese beiden Prinzipien sind tatsächlich gegeben, und ein Beweis ist etwa in [GaKöSh07] zu finden. (Es gibt verschiedene Beweisansätze: Man könnte die asymptotische Kumulanten erzeugende Funktion von L_t als diejenige für die normierten Brownschen Aufenthaltsmaße identifizieren und Teile des Beweises von Satz 3.6.6 übernehmen, oder man könnte zeigen, dass L_t und die normierten Brownschen Aufenthaltsmaße exponentiell äquivalent sind, und Satz 3.6.6 direkt anwenden.)

Wenn man nun noch die fehlende Beschränktheit und Stetigkeit der Abbildung $g^2 \mapsto D\int_{\mathbb{R}^d} g(x)^{2\gamma}\,\mathrm{d}x$ ignoriert, erhält man die Aussage des Satzes 4.4.12 analog zu der Skizze des Beweises von Satz 4.4.4. □

Bemerkung 4.4.16 (Duale Interpretation) Eine zu Abschn. 4.4.3 analoge Beweisskizze ist ebenfalls möglich, und es gilt die „duale“ Formel

$$\chi_{\gamma,D} = \inf_{R\in(0,\infty)} \inf_{\psi\in\mathcal{C}([-R,R]^d\to(-\infty,0])} \{\mathcal{L}_R(\psi) - \lambda_R(\psi)\}, \tag{4.4.27}$$

wobei $\lambda_R(\psi)$ der Haupteigenwert des Operators $\Delta + \psi$ in $[-R, R]^d$ mit Nullrandbedingung ist und $\mathcal{L}_R(\psi) = D' \int_{[-R,R]^d} |\psi(x)|^{-\frac{\gamma}{1-\gamma}}\, dx$ ist mit einem $D' \in (0, \infty)$, das man explizit ausrechnen kann. Man kann $\mathcal{L}_R$ interpretieren als eine Ratenfunktion für das reskalierte Potenzial

$$\overline{\xi}_t(x) = \alpha(t)^2 \xi\left(\lfloor x\alpha(t)\rfloor\right), \qquad x \in \mathbb{R}^d,$$

in $[-R, R]^d$, und der Minimierer der Formel in (4.4.27) hat die Interpretation der optimalen Gestalt des reskalierten Potenzials, das den optimalen Beitrag zu den Momenten von $U(t)$ gibt. $\Diamond$

Bemerkung 4.4.17 (Fast sichere Asymptotik) Analog zu Abschn. 4.4.4 kann man die fast sichere Asymptotik von $U(t)$ auch unter der Voraussetzung (B) beschreiben. Allerdings muss man auch hier die relevanten Inseln reskalieren, und zwar mit einer Skalenfunktion β, die definiert wird durch

$$\frac{\beta(t)}{\alpha(\beta(t))^2} = \log t, \qquad t \gg 1, \tag{4.4.28}$$

also als Inverse der Funktion $t \mapsto \frac{t}{\alpha(t)^2}$ an der Stelle $\log t$. Das Ergebnis ist dann

$$\frac{1}{t} \log U(t) = \frac{-\widetilde{\chi}_{\rho,D}}{\alpha(\beta(t))^2}(1 + o(1)), \qquad t \to \infty, \qquad \text{fast sicher}, \tag{4.4.29}$$

wobei

$$\widetilde{\chi}_{\rho,D} = \inf_{R>0} \inf \left\{-\lambda_R(\psi) \colon \psi \in \mathcal{C}([-R, R]^d \to (-\infty, 0]), \mathcal{L}_R(\psi) \le d\right\}.$$

Die Interpretation ist analog zum Fall der Doppelt-Exponential-Verteilung: Unter der Bedingung $\mathcal{L}_R(\psi) < d$ existiert fast sicher irgendwo in der Makrobox $[-t, t]^d$ eine Mikrobox mit Radius $\alpha(\beta(t))$, in der das reskalierte Potential $\overline{\xi}_{\beta(t)}$ wie ψ aussieht. Dann wird $\frac{1}{t} \log U(t)$ nach unten abgeschätzt durch den lokalen Eigenwert von ξ in dieser Mikrobox. Asymptotische Skalierungseigenschaften des diskreten Laplace-Operators ergeben die Asymptotik in (4.4.29).

Man kann mit ein wenig Arbeit zeigen, dass die Minimierer von $\widetilde{\chi}_{\rho,D}$ reskalierte Versionen der Minimierer von $\chi_{\rho,D}$ sind. Das bedeutet, dass die Gestalten der optimal beitragenden reskalierten Potenziale im fast sicheren Fall die gleichen sind wie im Fall der Momente von $U(t)$. $\Diamond$

4.4.6 Fast beschränkte Potenziale

Die Ergebnisse in den Sätzen 4.4.4 und 4.4.12 sind nur für Potenziale, deren Verteilung die Voraussetzung (DE) bzw. (B) erfüllen. Hier wollen wir eine dritte Klasse von Potentialen diskutieren, die in die jeweiligen Randfälle $\rho = 0$ in der Voraussetzung (DE) und $\gamma = 1$ in der Voraussetzung (B) fallen. Das Folgende stammt aus [HoKömö06].

Voraussetzung (FB). *Es gibt eine Skalenfunktion* $\kappa(t) = o(t)$ *und ein* $\rho \in (0, \infty)$, *sodass*

$$\lim_{t\to\infty} \frac{H(tx) - xH(t)}{\kappa(t)} = \rho x \log x, \qquad x \in (0, \infty).$$

Es ist klar, dass dieser Fall in den Randfall $\rho = 0$ in Voraussetzung (DE) fällt. Ferner fällt er auch in den Randfall $\gamma = 1$ von Voraussetzung (B), was im Laufe des Folgenden klar werden wird. Interessanterweise enthält dieser Fall also sowohl nach oben beschränkte als auch unbeschränkte Verteilungen. Hier zeigt sich die Zweckmäßigkeit, die Voraussetzungen in Termen der Kumulanten erzeugenden Funktion zu formulieren. Allerdings ist es nicht leicht, die zugehörigen Verteilungen bzw. ihre oberen Schwänze konzis zu formulieren.

Bemerkung 4.4.18 (Nur vier Universalitätsklassen!) Die Voraussetzungen (DE), (B) und (FB) mögen sehr speziell erscheinen und bei weitem noch nicht alle Potenzialverteilungen abdecken, aber tatsächlich machen sie *alle*(!) sinnvoll zu betrachtenden Potenziale aus, zusammen mit dem Randfall $\rho = \infty$, der kurz in Bemerkung 4.4.7 erwähnt wurde. Genauer gesagt, unter zwei milden Regularitätsannahmen an die oberen Schwänze der Potenzialverteilung gibt es genau diese vier Klassen von unterschiedlichen asymptotischen Verhalten der Lösung des parabolischen Anderson-Modells (4.4.1). Ohne Beschränkung der Allgemeinheit machen wir die Konvention, dass esssup $\xi(0) \in \{0, \infty\}$, d. h. wenn das Potenzial nach oben beschränkt ist, dann verschieben wir es vertikal, so dass Null sein essenzielles Supremum wird.

Die erste Regularitätsannahme besteht darin, dass H von regulärer Variation mit Index $\gamma \neq 1$ ist oder die Abbildung $t \mapsto \frac{1}{t} H(t)$ in der de-Haan-Klasse liegt. Man nennt eine Funktion H *von regulärer Variation mit Index* $\gamma \in \mathbb{R}$, falls für jedes $\lambda > 0$ der Grenzwert $\lim_{t\to\infty} H(\lambda t)/H(t) \in (0, \infty)$ existiert. Der Grenzwert ist zwangsläufig von der Form λ^γ für ein $\gamma \in \mathbb{R}$, den *Index* der Variation. Da H konvex ist, ist $\gamma \in [0, \infty)$. Im Fall $\gamma = 0$ nennt man H *langsam variierend.* Eine Funktion $\widetilde{H}$ liegt in der *de-Haan-Klasse,* falls es eine langsam variierende Funktion $g\colon (0, \infty) \to \mathbb{R}$ gibt, so dass für jedes $\lambda \in (1, \infty)$ der Grenzwert $\lim_{t\to\infty} \frac{1}{g(t)}(\widetilde{H}(\lambda t) - \widetilde{H}(t)) \neq 0$ existiert. Wenn $t \mapsto \frac{1}{t} H(t)$ in der de-Haan-Klasse liegt, ist H insbesondere regulär variierend mit Index $\gamma = 1$.

Aus der Theorie der regulären Funktionen erhält man die Existenz zweier nichttrivialer Funktionen $\widehat{H}\colon (0, \infty) \to \mathbb{R}$ und $\kappa\colon (0, \infty) \to (0, \infty)$ mit

$$\lim_{t\to\infty} \frac{H(ty) - yH(t)}{\kappa(t)} = \widehat{H}(y), \qquad y \in [0, \infty). \tag{4.4.30}$$

Die Konvergenz gilt lokal gleichmäßig. Ferner ist κ regulär variierend mit Index γ und erfüllt $\kappa(t) = t^{\gamma+o(1)}$ für $t \to \infty$. Es gilt $\widehat{H}(y) = \frac{1}{1-\gamma}(y - y^\gamma)$, falls $\gamma \neq 1$, und $\widehat{H}(y) = y \log y$, falls $\gamma = 1$.

Als zweite milde Regularitätsannahme fordern wir, dass der Grenzwert $\kappa^* = \lim_{t\to\infty} \frac{1}{t}\kappa(t) \in [0, \infty]$ existiert. Unter diesen beiden Bedingungen gibt es keine anderen Fälle als die oben erwähnten: Die Potenziale unter der Voraussetzung (DE) in Abschn. 4.4.2 gehören zum Fall $\gamma = 1$, wenn $\kappa(t) \sim t$, also $\kappa^* \in (0, \infty)$. Der Randfall aus Bemerkung 4.4.7 ist der Fall $\gamma = 1$ und $\lim_{t\to\infty} \frac{1}{t}\kappa(t) = \infty$ oder gar $\gamma > 1$, in welchem Fall $\lim_{t\to\infty} \frac{1}{t}\kappa(t) = \infty$ sowieso gilt. Der Fall $\gamma \in [0, 1)$ ist genau der in Abschn. 4.4.5 behandelte. Also existiert nur noch der Fall $\gamma = 1$ und $\lim_{t\to\infty} \frac{1}{t}\kappa(t) = 0$, und dieser wird unter der Voraussetzung (FB) behandelt. ◊

Wir definieren eine Skalenfunktion α durch

$$\frac{\kappa(t\alpha(t)^{-d})}{t\alpha(t)^{-d}} = \frac{1}{\alpha(t)^2}, \qquad t \gg 1. \tag{4.4.31}$$

Da $\lim_{t\to\infty} \frac{1}{t}\kappa(t) = 0$, divergiert $\alpha(t)$ gegen ∞.

Wir haben das folgende, zu den Sätzen 4.4.4 und 4.4.12 analoge Ergebnis:

Satz 4.4.19 *Es sei ξ ein u. i. v. Potenzial, so dass die Voraussetzung (FB) erfüllt sei. Dann gilt für jedes $p > 0$*

$$\log\langle U(t)^p\rangle = H(pt) - \frac{pt}{\alpha(pt)^2}\left(\chi_\rho^{(\mathrm{cont})} + o(1)\right), \tag{4.4.32}$$

wobei $\chi_\rho^{(\mathrm{cont})}$ die in (4.4.26) *definierte kontinuierliche Variante von χ_ρ in* (4.4.10) *ist.*

Die Tatsache, dass die Rand-Variationsformel von Voraussetzung (B) für $\gamma \uparrow 1$ heraus kommt, zeigt, dass der Fall (FB) diesen Randfall beinhaltet, siehe Bemerkung 4.4.15. Es ist auch nicht schwer zu zeigen, dass $\alpha(t) = t^{o(t)}$ für $t \to \infty$, was konsistent mit (4.4.23) ist.

Bemerkung 4.4.20 (Das Variationsproblem) Das Variationsproblem in (4.4.26) ist leicht explizit zu lösen. Nach der logarithmischen Sobolev-Ungleichung (siehe etwa [LiLo01]) ist genau die Gaußsche Dichte $g_\rho(x) = (\rho/\pi)^{\frac{d}{4}} \mathrm{e}^{-\frac{\rho}{2}|x|^2}$ der bis auf Verschiebung einzige Minimierer. Die zu (4.4.26) duale Darstellung ist

$$\chi_\rho^{(\mathrm{cont})} = \inf_{\psi \in \mathcal{C}(\mathbb{R}^d)} \left\{\mathcal{L}_\rho(\psi) - \lambda(\psi)\right\},$$

wobei $\lambda(\psi)$ der Haupteigenwert von $\Delta + \psi$ im $\mathbb{R}^d$ ist (voraus gesetzt, dass ψ bei ∞ schnell genug abfällt), und $\mathcal{L}_\rho(\psi) = \frac{\rho}{\mathrm{e}} \int_{\mathbb{R}^d} \mathrm{e}^{\psi(x)/\rho}\, \mathrm{d}x$. Dieses Problem wird eindeutig in der Parabei $\psi_\rho(x) = \rho + \frac{\rho d}{2} \log \frac{\rho}{\pi} - \rho|x|^2$ gelöst. Die Gaußdichte g_ρ ist die eindeutige positive L^2-normierte Eigenfunktion des Operators $\Delta + \psi_\rho$ mit Eigenwert $\rho - \rho d + \frac{\rho d}{2} \log \frac{\rho}{\pi}$ und erfüllt $\mathcal{L}_\rho(\psi_\rho) = \rho$.

Die Interpretation ist also, dass die optimalen reskalierten Gestalten des Potenzials ξ und der Lösung $u(t, \cdot)$ durch eine perfekte Parabel bzw. Gaußdichte gegeben sind. ◊

Der Beweis von Satz 4.4.19 ist analog zu den Beweisen der Sätze 4.4.4 und 4.4.12. Statt dass das Potenzial nur vertikal verschoben wird wie in ersterem oder nur reskaliert wird wie in letzterem, muss es hier beide Prozeduren über sich ergehen lassen. Das technische Hauptmittel ist das selbe Prinzip Großer Abweichungen wie im Beweis des Satzes 4.4.12. Allerdings ist die technische Ausführung überraschend schwierig, denn das Abschneiden des hohen Werte des verschobenen und reskalierten Potentials erforderte neue Methoden.

Auch das fast sichere Verhalten der Gesamtmasse $U(t)$ ist im Fall (FB) beschrieben worden, und wiederum ist diese Beschreibung und der zugehörige Beweis analog zu den anderen beiden Fällen. Es stellt sich auch heraus, dass das charakteristische Variationsprobleme den selben Minimierer besitzt wie $\chi_\rho^{(\mathrm{cont})}$.

4.5 Eindimensionale Irrfahrten in zufälliger Umgebung

Eines der fundamentalen Modelle für eine zufällige Bewegung in einem zufälligen Medium ist das folgende, das eine *Irrfahrt in zufälliger Umgebung* genannt wird. Gegeben sei eine Folge $\omega = (\omega_x)_{x\in\mathbb{Z}}$ unabhängiger identisch verteilter Zufallsgrößen mit Werten in $(0, 1)$, die zufällige Umgebung. Mit α bezeichnen wir die Verteilung von ω_0, also hat ω die Verteilung $\alpha^{\otimes\mathbb{Z}}$. Erwartungswerte bezüglich ω werden mit $\langle\cdot\rangle$ bezeichnet. Für gegebene Umgebung ω betrachten wir eine Irrfahrt $(X_n)_{n\in\mathbb{N}_0}$ auf $\mathbb{Z}$ mit Start in 0 und Übergangswahrscheinlichkeiten

$$\mathbb{P}_\omega(X_{n+1} = y \mid X_n = x) = \begin{cases} \omega_x, & \text{falls } y = x + 1, \\ 1 - \omega_x, & \text{falls } y = x - 1, \\ 0 & \text{sonst.} \end{cases} \tag{4.5.1}$$

Mit anderen Worten, die Irrfahrt springt mit Wahrscheinlichkeit ω_{X_n} zum rechten Nachbarn und ansonsten zum linken. Es tauchen also zufällig lokale Driften im Zustandsraum der Irrfahrt auf, die sie mehr oder weniger stark nach rechts oder nach links treiben. Für gegebenes ω ist $(X_n)_{n\in\mathbb{N}_0}$ eine Markovkette unter P_ω, allerdings eine räumlich inhomogene. Insbesondere hat sie zum Zeitpunkt n die Drift $2\omega_{X_n} - 1$. Der Fall der einfachen Irrfahrt wäre der, wo $\omega_x = \frac{1}{2}$ für jedes x ist. Das Maß $\mathbb{P}_\omega$ nennt man oft *quenched*, und das über das Medium gemittelte Maß,

$$\mathbb{P} = \int_{(0,1)^\mathbb{Z}} \alpha^{\otimes\mathbb{Z}}(\mathrm{d}\omega)\, \mathbb{P}_\omega, \tag{4.5.2}$$

nennt man *annealed*. Im Allgemeinen ist $(X_n)_{n\in\mathbb{N}_0}$ unter $\mathbb{P}$ keine Markovkette.

Das obige Modell ist in der Literatur schon ausführlich behandelt worden, und viele Aussagen wurden dafür und für seine Varianten bewiesen. Die ersten Ergebnisse (Gesetze der Großen Zahlen) gab es Mitte der 1970er Jahre, und danach wurden viele verschiedene Fragen studiert. Die Frage der Großen Abweichungen wurde erstmals in [GrHo93] gestellt und beantwortet. Zwei- und höherdimensionale Varianten sind ebenfalls von hohem Interesse, aber hier sind die Beweislage und das Verständnis sehr viel weniger komplett als in obigem eindimensionalen Modell, und die Forschung ist noch im Fluss. Hier interessieren uns hauptsächlich die Großen Abweichungen für den Endpunkt in einer Dimension, und wir halten uns im Wesentlichen an [Ho00, Kap. VII], der sich wiederum an [CoGaZe00] orientiert. Siehe auch den Übersichtsartikel [GaZe99].

Um Trivialitäten zu vermeiden bzw. der Einfachheit halber setzen wir voraus, dass α kein Einpunktmaß ist und dass $\operatorname{supp}(\alpha)$ von 0 und 1 wegbeschränkt ist. Außerdem empfiehlt es sich, die Größen $\rho_x = \frac{1-\omega_x}{\omega_x} \in (0, \infty)$ einzuführen. Der Wert von ρ_x wird je größer, je kleiner ω_x ist, also je stärker die Drift nach links ist. In Punkten x mit Nulldrift sind $\omega_x = \frac{1}{2}$ und $\rho_x = 1$.

4.5.1 Gesetz der Großen Zahlen und Drift

Zur Orientierung werfen wir zunächst einen Blick auf das „typische" Langzeitverhalten, also das Gesetz der Großen Zahlen. Das erste Ergebnis über die Irrfahrt in zufälliger Umgebung wurde in [So75] bewiesen: Für $\alpha^{\otimes\mathbb{Z}}$-fast alle ω gilt

$$(X_n)_{n\in\mathbb{N}_0} \text{ ist } \mathbb{P}_\omega\text{-fast sicher } \begin{cases} \text{rekurrent,} & \text{falls } \langle \log \rho_0 \rangle = 0, \\ \text{transient nach links,} & \text{falls } \langle \log \rho_0 \rangle > 0, \\ \text{transient nach rechts,} & \text{falls } \langle \log \rho_0 \rangle < 0. \end{cases} \tag{4.5.3}$$

Wir sagen, die Irrfahrt ist „transient nach links", falls fast sicher gilt: $\lim_{n\to\infty} X_n = -\infty$. Zusätzlich zum Gesetz der Großen Zahlen in (4.5.3) wurde in [So75] auch die asymptotische Drift identifiziert: Der Grenzwert $\lim_{n\to\infty} \frac{1}{n} X_n = v_\alpha$ existiert und ist konstant $\mathbb{P}$-fast sicher, wobei

$$v_\alpha = \begin{cases} \frac{1-\langle \rho_0 \rangle}{1+\langle \rho_0 \rangle}, & \text{falls} \langle \rho_0 \rangle < 1, \\ -\frac{1-\langle \rho_0^{-1} \rangle}{1+\langle \rho_0^{-1} \rangle}, & \text{falls } \langle \rho_0^{-1} \rangle < 1, \\ 0, & \text{falls } \langle \rho_0 \rangle^{-1} \le 1 \le \langle \rho_0^{-1} \rangle. \end{cases} \tag{4.5.4}$$

Dass die Drift v_α diesen Wert haben muss, kann man elementar einsehen, aber wir verschieben das Argument auf Bemerkung 4.5.7.

Also ist die Drift natürlich Null im rekurrenten Fall, aber interessanterweise ist sie in manchen transienten Fällen auch noch Null. Nach Jensens Ungleichung haben wir wegen der Nicht-Degeneriertheit von α

$$\log\langle\rho_0^{-1}\rangle^{-1} < \langle\log\rho_0\rangle < \log\langle\rho_0\rangle.$$

Die Rekurrenz, Transienz und das Vorzeichen der Drift hängen also nur davon ab, wo die Null zwischen diesen drei Zahlen liegt. Ein besonders überraschendes Ergebnis illustriert, wie verschieden die Irrfahrt in zufälliger Umgebung von der gewöhnlichen ist: In [Si82] wird für den rekurrenten Fall bewiesen, dass $\sigma^2 X_n(\log n)^{-2}$ in Verteilung unter $\mathbb{P}$ gegen eine nichtdegenerierte Zufallsgröße konvergiert, wobei $\sigma^2 = \langle(\log\rho_0)^2\rangle$. Dies zeigt, dass die Irrfahrt dann so extrem langsam in ihrem asymptotischen Verhalten wird, dass sie im Durchschnitt nur noch logarithmisch wächst. Dies kommt von der Existenz von langen Intervallen, in denen die lokalen Driften nach links zeigen, gleich rechts neben solchen Intervallen, in denen sie nach rechts zeigen, sodass die Irrfahrt enorm viel Zeit verliert, da sie zwischen diesen Intervallen immer hin und her geschickt wird. Wegen dieses schönen Ergebnisses wird dieser Spezialfall auch manchmal *Sinais Irrfahrt* genannt.

4.5.2 Prinzip Großer Abweichungen für den Endpunkt

Wir wollen ein Prinzip Großer Abweichungen für die Verteilung von $\frac{1}{n}X_n$ unter $\mathbb{P}_\omega$ für $\alpha^{\otimes\mathbb{Z}}$-fast alle ω erzielen. Ohne Beschränkung der Allgemeinheit setzen wir voraus, dass $\langle\log\rho_0\rangle \leq 0$ gilt, dass also die Irrfahrt $(X_n)_{n\in\mathbb{N}_0}$ unter $\mathbb{P}_\omega$ entweder rekurrent oder nach rechts transient ist. Insbesondere liegt die Drift v_α in $[0, 1)$. Mit Hilfe der Spiegelsymmetrieeigenschaften kann man diese Voraussetzung leicht beseitigen, denn wenn man ρ_x durch $1/\rho_{-x}$ ersetzt, hat $(-X_n)_{n\in\mathbb{N}_0}$ die Verteilung unserer Irrfahrt ohne diese Ersetzung.

Wir betrachten den (wichtigen) Spezialfall, in dem sowohl nichtnegative als auch nichtpositive lokale Driften auftauchen, genauer: Wir setzen voraus, dass gilt:

$$\operatorname{supp}(\alpha) \cap (0, \tfrac{1}{2}] \neq \emptyset \qquad \text{und} \qquad \operatorname{supp}(\alpha) \cap [\tfrac{1}{2}, 1) \neq \emptyset. \tag{4.5.5}$$

Unser Hauptergebnis lautet wie folgt.

Satz 4.5.1 (Prinzip Großer Abweichungen für eine Irrfahrt in zufälliger Umgebung) *Für $\alpha^{\otimes\mathbb{Z}}$-fast alle ω erfüllt die Verteilung von $\frac{1}{n}X_n$ unter $\mathbb{P}_\omega$ ein Prinzip Großer Abweichungen auf der Skala n für $n \to \infty$. Die Ratenfunktion $I\colon \mathbb{R} \to [0, \infty]$ besitzt die folgenden Eigenschaften:*

1. *I ist stetig und konvex auf $[-1, 1]$, und $I \equiv \infty$ außerhalb von $[-1, 1]$,*
2. *$I(-\theta) = I(\theta) - \theta\langle\log\rho_0\rangle$ für $\theta \in [0, 1)$,*
3. *$I \equiv 0$ in $[0, v_\alpha]$ und $I > 0$ in $(v_\alpha, 1]$,*
4. *I ist strikt konvex und analytisch in $(v_\alpha, 1)$,*
5. *$I(-1) = \langle\log(1 + \rho_0^{-1})\rangle \geq \langle\log(1 + \rho_0)\rangle = I(1)$.*

Also hat die Ratenfunktion im rekurrenten Fall und im transienten Fall mit Nulldrift genau eine Nullstelle in 0. Aber im transienten Fall mit positiver Drift fallen alle Wahrscheinlichkeiten $\mathbb{P}_\omega(\frac{1}{n}X_n \approx \theta)$ mit $\theta \in (0, v_\alpha)$ nur *sub*exponentiell gegen Null, und es gibt Phasenübergänge bei $\theta = v_\alpha$ und $\theta = 0$ (und wegen der Symmetrie auch bei $\theta = -v_\alpha$). Eine Interpretation ist die folgende. Wegen der Voraussetzung (4.5.5) gibt es Intervalle im Bereich $[0, \theta n]$, in denen die lokalen Driften alle nach links zeigen oder zumindest nicht nach rechts. Solche Intervalle haben eine maximale Länge der Größenordnung $\log n$, wie man leicht mit Hilfe des Lemmas von Borel–Cantelli zeigen kann. In solchen Intervallen verliert die Irrfahrt „kostengünstig" Zeit von logarithmischer Größenordnung, und daher kostet die Einhaltung einer Durchschnittsdrift $\theta \in (0, v_\alpha)$ nicht exponentiell viel.

In den folgenden Abschnitten skizzieren wir den Beweis von Satz 4.5.1. (Der Beweis der Eigenschaft (5) von I ist allerdings eine ÜBUNGSAUFGABE.) Der Überblick wird am Ende des Abschnittes 4.5.4 beendet sein.

Bemerkung 4.5.2 (Annealed Große Abweichungen) Ein Prinzip Großer Abweichungen für die Verteilungen von $\frac{1}{n}X_n$ unter $\mathbb{P}$ ist durch einen Blick auf (4.5.2) unter gewissen Annahmen relativ leicht zu erraten (und ist auch tatsächlich in [CoGaZe00]) bewiesen worden), und wir wollen es hier grob skizzieren. Allerdings gehören die hierfür benötigten Mittel aus der allgemeinen Theorie nicht zu den in diesem Skript behandelten.[10]

Das annealed Prinzip basiert darauf, dass man das quenched Prinzip von Satz 4.5.1 auch für alle Umgebungen hat, die nicht notwendiger Weise u. i. v. sind, sondern nur ergodisch. Sei η die Verteilung einer solchen Umgebung (die also den Platz von $\alpha^{\otimes\mathbb{Z}}$ einnimmt), und sei I_η die Ratenfunktion für ein quenched Prinzip wie in Satz 4.5.1 für diese Umgebung. Ein annealed Prinzip für die Verteilungen von $\frac{1}{n}X_n$ unter $\mathbb{P}$ wie in (4.5.2) ist nun gegeben mit Ratenfunktion

$$\widehat{I}(\theta) = \inf_\eta \Big[I_\eta(\theta) + |\theta|\, h\Big(\eta \mid \alpha^{\otimes\mathbb{Z}}\Big)\Big], \tag{4.5.6}$$

wobei $h(\eta \mid \alpha^{\otimes\mathbb{Z}})$ die *spezifische relative Entropie* von η bezüglich $\alpha^{\otimes\mathbb{Z}}$ ist, und das Infimum ist über alle ergodischen Wahrscheinlichkeitsmaße auf $(0, 1)^{\mathbb{Z}}$. Die Idee hierbei ist, dass die Folge der empirischen Maße der Verschiebungen, $\frac{1}{n}\sum_{i=1}^n \delta_{\sigma^i\omega}$, ein Prinzip Großer Abweichungen mit Ratenfunktion $h(\cdot|\alpha^{\otimes\mathbb{Z}})$ erfüllen, ein Prinzip, das das Prinzip von Satz 2.5.4 von endlichen Tupeln auf unendliche Folgen verallgemeinert. Hierbei ist der Verschiebeoperator σ definiert durch $(\sigma\omega)_x = \omega_{x+1}$. Die intuitive Idee für die Formel in (4.5.6) ist, dass auf dem Ereignis $\{X_n \approx \theta n\}$ die Irrfahrt durchschnittlich eine Umgebung η sieht, die einer mit Drift θ verschobenen Version der tatsächlichen Umgebung ähnelt. Die Wahrscheinlichkeit dafür, dass die Verschiebung der Umgebung aussieht wie η, wird ausgedrückt durch den Term $|\theta| h(\eta \mid \alpha^{\otimes\mathbb{Z}})$, und I_η beschreibt das Prinzip für die Umgebung η. ◊

[10] Mit Hilfe der Jensen'schen Ungleichung zeigt man allerdings elementar, dass die annealed Ratenfunktion nicht über der quenched Ratenfunktion liegt, sofern beide Prinzipien gelten.

4.5.3 Treffzeiten und der Beweis des Prinzips

Wir beginnen mit der Erläuterung des Prinzips von Satz 4.5.1. Leichter als die Verteilung von X_n lässt sich die der *Zwischenankunftszeiten* behandeln, also

$$\tau_k = T_k - T_{k-1}, \qquad \text{wobei} \qquad T_k = \inf\{n \in \mathbb{N}_0 \colon X_n = k\}, \qquad k \in \mathbb{N}_0.$$

Die Irrfahrt erreicht k zum ersten Male zum Zeitpunkt T_k, und τ_k ist die Zeit, die sie benötigt, um vom ersten Besuch in $k-1$ bis k zu gelangen. Mit Hilfe des Gärtner–Ellis-Theorems erhalten wir recht leicht ein Prinzip Großer Abweichungen für $\frac{1}{k}T_k$, allerdings nur ein schwaches, siehe Bemerkung 2.1.2, (6). Wir benötigen die Momenten erzeugende Funktion der τ_k,

$$\varphi(r, \omega) = \mathbb{E}_\omega\left[\mathrm{e}^{r\tau_1}\right] \in [0, \infty], \qquad r \in \mathbb{R}.$$

Mindestens in $r \in (-\infty, 0)$ ist $\varphi(\cdot, \omega)$ endlich und dann auch unendlich oft differenzierbar.

Lemma 4.5.3 *Für $\alpha^{\otimes\mathbb{Z}}$-fast alle ω erfüllt $\frac{1}{k}T_k$ ein schwaches Prinzip Großer Abweichungen unter $\mathbb{P}_\omega$ auf der Skala k mit Ratenfunktion*

$$J(u) = \sup_{r\in\mathbb{R}}\left[ur - \log\lambda(r)\right], \qquad u \in \mathbb{R}, \tag{4.5.7}$$

wobei

$$\log\lambda(r) = \langle\log\varphi(r, \cdot)\rangle = \int \alpha^{\otimes\mathbb{Z}}(\mathrm{d}\omega)\, \log\varphi(r, \omega), \qquad r \in \mathbb{R}. \tag{4.5.8}$$

Beweisskizze Die Hauptidee ist, dass $(\tau_k)_{k\in\mathbb{N}}$ eine Folge *unabhängiger* Zufallsvariablen unter $\mathbb{P}_\omega$ ist für jedes ω. Allerdings ist es keine u. i. v. Folge, denn die Verteilung von τ_k hängt ab von allen ω_x mit $x \leq k-1$. Dies steht allerdings einer Anwendung des Satzes von Gärtner-Ellis nicht im Wege, wie wir gleich sehen werden. Wir betrachten die Kumulanten erzeugende Funktion von T_k, also $\Lambda_k^{(\omega)}(r) = \log\mathbb{E}_\omega[\mathrm{e}^{rT_k}]$. Dann können wir umformen:

$$\Lambda_k^{(\omega)}(r) = \log\mathbb{E}_\omega\left[\mathrm{e}^{r(\tau_1+\dots+\tau_k)}\right] = \log\prod_{l=1}^{k}\mathbb{E}_\omega[\mathrm{e}^{r\tau_l}] = \sum_{l=1}^{k}\log\varphi(r, \sigma^{l-1}\omega),$$

wobei der Linksverschiebeoperator σ definiert wird durch $(\sigma\omega)_x = \omega_{x+1}$. Nach Birkhoffs Ergodentheorem haben wir

$$\lim_{k\to\infty}\frac{1}{k}\Lambda_k^{(\omega)}(r) = \log\lambda(r) \qquad \alpha^{\otimes\mathbb{Z}}\text{-fast sicher.}$$

Wir werden in Lemma 4.5.6 sehen, das λ in $\mathbb{R}$ von unten halbstetig ist und im Inneren seines Definitionsbereichs $[-\infty, 0]$ sogar differenzierbar. Also folgt Lemma 4.5.3 aus Satz 3.4.4, siehe auch Bemerkung 3.4.2. □

Bemerkung 4.5.4

1. Auf Grund der Ergodizität des Mediums erweist sich die asymptotische Kumulanten erzeugende Funktion der T_k als fast sicher konstant. Der Beweis von Lemma 4.5.3 funktioniert auch für zufällige Umgebungen ω, die nicht notwendigerweise aus unabhängigen Variablen bestehen, sondern nur als ergodisch voraus gesetzt werden.
2. Die Niveaumengen von J sind abgeschlossen, aber nicht kompakt, wie wir in Korollar 4.5.9 sehen werden.
3. Für die Trefferzeiten in $-\mathbb{N}$ gibt es ein analoges Prinzip, und dieses werden wir gleich im Beweis von Lemma 4.5.5 benutzen. Man muss wegen der Transienz nach rechts die Momenten erzeugende Funktion $\widetilde{\varphi}(r,\omega) = \mathbb{E}_\omega[\mathrm{e}^{r\tau_{-1}}\mathbb{1}_{\{\tau_{-1}<\infty\}}]$ betrachten, und dann erfüllt $\frac{1}{k}T_{-k}$ ein schwaches Prinzip Großer Abweichungen mit einer Ratenfunktion $\widetilde{J}$, die definiert wird wie in (4.5.7) und (4.5.8) nach Ersetzung von φ durch $\widetilde{\varphi}$. Man hat dann die Beziehung
$$\log\widetilde{\lambda}(r) = \log\lambda(r) + \langle\log\rho_0\rangle, \qquad r<0. \tag{4.5.9}$$
Der Beweis von (4.5.9) folgt in Bemerkung 4.5.8.

◊

Nun kann man leicht den Schritt von $(\frac{1}{k}T_k)_{k\in\mathbb{N}}$ zu $(\frac{1}{n}X_n)_{n\in\mathbb{N}}$ machen, denn im Wesentlichen ist $k\mapsto T_k$ die Umkehrfunktion von $n\mapsto X_n$.

Lemma 4.5.5 *Für $\alpha^{\otimes\mathbb{Z}}$-fast alle ω erfüllt die Verteilung von $\frac{1}{n}X_n$ unter $\mathbb{P}_\omega$ ein Prinzip Großer Abweichungen auf der Skala n für $n\to\infty$, und die Ratenfunktion $I\colon\mathbb{R}\to[0,\infty]$ ist gegeben als*
$$I(\theta) = \theta J(1/\theta) = \sup_{r\in\mathbb{R}}\big[r - \theta\log\lambda(r)\big], \qquad \theta\in(0,1]. \tag{4.5.10}$$
Es gelten $I(0)=0$, $I\equiv\infty$ außerhalb von $[-1,1]$ sowie $I(-\theta)=I(\theta)-\theta\langle\log\rho_0\rangle$ für $\theta\in[0,1)$.

Beweisskizze Nach der Definition von T_k gilt $\{X_n\ge k\}\subset\{T_k\le n\}$, also folgt nach Substitution $k=\lfloor\theta n\rfloor$ mit Hilfe von Lemma 4.5.3:
$$\begin{aligned}\limsup_{n\to\infty}\frac{1}{n}\log\mathbb{P}_\omega(X_n\ge\lfloor\theta n\rfloor) &\le \limsup_{n\to\infty}\frac{1}{n}\log\mathbb{P}_\omega\big(T_{\lfloor\theta n\rfloor}\le n\big) \le -\theta\inf_{u\in[0,\frac{1}{\theta}]}J(u)\\ &= -\theta J(\tfrac{1}{\theta}),\end{aligned}$$
und dies zeigt die obere Schranke im Prinzip Großer Abweichungen für nach rechts unbeschränkte Intervalle $[\theta,\infty)$. Hier benutzten wir auch, dass J stetig in $(1,\infty)$ und nichtsteigend in $\mathbb{R}$ ist, wie wir in Korollar 4.5.9 zeigen werden (das Supremum in (4.5.7) kann für $u\ge1$ auf $r\in(-\infty,0]$ reduziert werden). Um die untere Schranke zu zeigen, benutzen wir, dass für jedes $\varepsilon>0$ gilt:

$$\{X_n \geq \lfloor \theta n \rfloor\} \supset \left\{n \leq T_{\lfloor \theta n \rfloor + \lfloor \varepsilon n \rfloor} \leq n + \lfloor \varepsilon n \rfloor\right\}.$$

Dies führt ähnlich wie oben auf

$$\liminf_{n\to\infty} \frac{1}{n} \log \mathbb{P}_\omega(X_n \geq \lfloor \theta n \rfloor) \geq -(\theta+\varepsilon) \inf_{\frac{1}{\theta+\varepsilon} \leq u \leq \frac{1+\varepsilon}{\theta+\varepsilon}} J(u) = -(\theta+\varepsilon) J(\tfrac{1+\varepsilon}{\theta+\varepsilon}),$$

und die rechte Seite konvergiert für $\varepsilon \downarrow 0$ gegen $-\theta J(\frac{1}{\theta})$. Nun haben wir Große Abweichungen für nach rechts unbeschränkte Intervalle erhalten, und genau wie im Beweis von Satz 2.2.1 erweitern wir dies zu einem Prinzip Großer Abweichungen wie in der Behauptung des Lemmas.

Der Beweis der restlichen Behauptungen des Lemmas sind eine ÜBUNGSAUFGABE, wobei wir an (4.5.9) erinnern und daran, dass der Träger von α als wegbeschränkt von 0 und 1 vorausgesetzt wurde. □

4.5.4 Analyse der Ratenfunktion

Nachdem wir das gesuchte Prinzip Großer Abweichungen in Lemma 4.5.5 erhalten haben nebst einer Formel, werden wir nun diese Formel analysieren, um die in Satz 4.5.1 aufgelisteten Eigenschaften zu beweisen. Zunächst untersuchen wir die Funktion λ aus (4.5.8).

Lemma 4.5.6 (Analyse von λ) *Die Funktion* $\log \lambda$ *ist analytisch, streng wachsend und strikt konvex in* $(-\infty, 0)$ *sowie stetig in 0 mit* $\lim_{r\uparrow 0} \log \lambda(r) = \log \lambda(0) = 0$ *und* $\lim_{r\to-\infty} \log \lambda(r) = -\infty$. *Außerdem gelten* $\lim_{r\uparrow 0} \frac{\mathrm{d}}{\mathrm{d}r} \log \lambda(r) = 1/v_\alpha$ *und* $\lim_{r\downarrow -\infty} \frac{\mathrm{d}}{\mathrm{d}r} \log \lambda(r) = 1$.

Beweisskizze Da die Familie der Abbildungen $\omega \mapsto \log \varphi(r,\omega)$ mit $r < 0$ lokal gleichmäßig integrierbar ist, vererben sich ihre Regularitäts- und Funktionaleigenschaften auf das Integral bezüglich ω, d. h. auf $\log \lambda$. Also sind nur noch die asymptotischen Werte der Ableitung von $\log \lambda$ zu untersuchen. Wegen der gleichmäßigen Integrierbarkeit können wir Ableitung und Integral vertauschen und haben daher

$$\frac{\mathrm{d}}{\mathrm{d}r} \log \lambda(r) = \left\langle \frac{\mathrm{d}}{\mathrm{d}r} \log \varphi(r) \right\rangle = \left\langle \frac{\mathbb{E}_\omega\left[\tau_1 \mathrm{e}^{r\tau_1}\right]}{\mathbb{E}_\omega\left[\mathrm{e}^{r\tau_1}\right]} \right\rangle.$$

Da $\tau_1 \geq 1$, folgt sofort die Aussage für $r \to -\infty$, denn der Quotient konvergiert gegen das essenzielle Infimum von τ_1. Außerdem haben wir $\lim_{r\uparrow 0} \frac{\mathrm{d}}{\mathrm{d}r} \log \lambda(r) = \langle \mathbb{E}_\omega[\tau_1] \rangle$. Um den Wert dieses Grenzwertes als $1/v_\alpha$ zu identifizieren, betrachten wir die Verteilung von τ_1 mit Hilfe einer Aufspaltung nach dem ersten Schritt der Irrfahrt: Es gilt

$$\tau_1 = \mathbb{1}_{\{X_1=1\}} + \mathbb{1}_{\{X_1=-1\}}\left(1 + \tau^* + \tau^{**}\right) \qquad \mathbb{P}_\omega\text{-fast sicher}, \tag{4.5.11}$$

wobei τ^* die erste Treffzeit in 0 der in -1 startenden Irrfahrt ist und τ^{**} die Zeitdifferenz zwischen der ersten Rückkehr zur Null und dem ersten Besuch in 1. Es ist klar, dass τ^* die Verteilung von τ unter $\mathbb{P}_{\sigma^{-1}\omega}$ besitzt und dass τ^{**} die von τ besitzt und dass τ^* und τ^{**} unabhängig sind. Bildet man den Erwartungswert bezüglich der Irrfahrt, erhält man für fast alle ω

$$\mathbb{E}_\omega[\tau_1] = \omega_0 + (1-\omega_0)\big(1 + \mathbb{E}_{\sigma^{-1}\omega}[\tau_1] + \mathbb{E}_\omega[\tau_1]\big).$$

Mit $\rho_x = (1-\omega_x)/\omega_x$ kann man dies zusammenfassen als

$$\mathbb{E}_\omega[\tau_1] = 1 + \rho_0 + \rho_0 \mathbb{E}_{\sigma^{-1}\omega}[\tau_1].$$

Bildet man nun den Erwartungswert über ω und fasst zusammen, erhält man, dass $\langle \mathbb{E}_\omega[\tau_1]\rangle = 1/v_\alpha$, was den Beweis beendet. □

Bemerkung 4.5.7 Aus dem letzten Teil des Beweises von Lemma 4.5.6 kann man leicht auch ohne Kenntnis des Prinzips Großer Abweichungen das fast sichere Gesetz der Großen Zahlen von Abschn. 4.5.1 einsehen und die Drift v_α in (4.5.4) identifizieren: Man erhält aus der Verschiebungsinvarianz der Umgebung, dass $\langle \mathbb{E}_\omega[\frac{1}{k}T_k]\rangle = \langle \mathbb{E}_\omega[\tau_1]\rangle = 1/v_\alpha$ mit v_α wie in (4.5.4), und aus dem Beweis von Lemma 4.5.5 ersieht man, dass $k \mapsto T_k$ asymptotisch die Umkehrfunktion von $n \mapsto X_n$ ist. Daraus erhält man, dass $\langle \mathbb{E}_\omega[\frac{1}{n}X_n]\rangle \to v_\alpha$. (Eine direkte Berechnung des letzten Erwartungswertes scheint schwieriger, da der Erwartungswert des i-ten Schrittes ja vom Aufenthaltsort der Irrfahrt zum Zeitpunkt i abhängt.) ◊

Bemerkung 4.5.8 Der Beweis von (4.5.9) wird mit Hilfe einer zu (4.5.11) analogen Formel geführt, und wir werden die beiden Formeln benutzen, um die Momenten erzeugenden Funktionen zu identifizieren. Aus (4.5.11) und der Unabhängigkeit von τ^* und τ^{**} erhalten wir

$$\varphi(r,\omega) = \mathbb{E}_\omega\big[\mathrm{e}^{r\tau_1}\big] = \omega_0\mathrm{e}^r + (1-\omega_0)\mathrm{e}^r\varphi(r,\sigma^{-1}\omega)\varphi(r,\omega), \qquad r<0, \omega\in(0,1)^{\mathbb{Z}}. \tag{4.5.12}$$

In der selben Weise erhalten wir für die gespiegelte Version $\widetilde{\varphi}$:

$$\begin{aligned}\widetilde{\varphi}(r,\omega) &= \mathbb{E}_\omega\big[\mathrm{e}^{r\tau_{-1}}\mathbb{1}_{\{\tau_{-1}<\infty\}}\big]\\ &= (1-\omega_0)\mathrm{e}^r + \omega_0\mathrm{e}^r\widetilde{\varphi}(r,\sigma\omega)\widetilde{\varphi}(r,\omega), \qquad r<0, \omega\in(0,1)^{\mathbb{Z}}.\end{aligned}$$

Kombiniert man diese beiden Beziehungen und fasst zusammen, erhält man

$$\frac{\rho_0\varphi(r,\omega)}{\widetilde{\varphi}(r,\omega)} = \frac{1-\varphi(r,\omega)\widetilde{\varphi}(r,\sigma\omega)}{1-\varphi(r,\sigma^{-1}\omega)\widetilde{\varphi}(r,\omega)}.$$

Wir sehen, dass Zähler und Nenner der rechten Seite die gleiche Verteilung haben. Nun gehen wir über zum Logarithmus und zum Erwartungswert bezüglich ω und wissen, dass dann die rechte Seite verschwindet. Das impliziert die Behauptung in (4.5.9). ◊

Nun können wir die Ratenfunktion J, die Legendre-Transformierte von $\log\lambda$, besser verstehen:

Korollar 4.5.9 (Analyse von J) *Die Funktion J in* (4.5.7) *ist analytisch, strikt fallend und strikt konvex in $(1, 1/v_\alpha)$ und stetig in $[0, 1/v_\alpha]$ mit $J(0) = \langle\log(1+\rho_0)\rangle$ und $J(1/v_\alpha) = 0$. Ferner ist $J \equiv \infty$ in $(-\infty, 1)$ und $J \equiv 0$ in $[1/v_\alpha, \infty)$. Insbesondere sind die Niveaumengen von J nicht kompakt, aber abgeschlossen.*

Den Beweis lassen wir als eine elementare ÜBUNGSAUFGABE. (Für die Identifikation von $J(1)$ betrachte man das Ereignis $\{T_k = k\}$.) Mit Hilfe von Korollar 4.5.9 können wir nun auch den Beweis von Satz 4.5.1 vervollständigen: Für $\theta \in (v_\alpha, 1)$ kann man das Variationsproblem in (4.5.10) lösen, denn das Supremum über r wird in einem $r(\theta) \in (-\infty, 0)$ angenommen, das durch die Gleichung

$$\frac{1}{\theta} = \frac{\mathrm{d}}{\mathrm{d}r}\log\lambda(r(\theta)) \tag{4.5.13}$$

charakterisiert wird. Dann erhält man, dass $I(\theta) = r(\theta) - \theta\log\lambda(r(\theta))$, sowie durch Ableiten $I'(\theta) = -\log\lambda(r(\theta))$ und $I''(\theta) = -r'(\theta)/\theta$. Dass daraus die in Satz 4.5.1 behaupteten Eigenschaften folgen, liest man leicht von Lemma 4.5.6 ab. Für die Identifikation der Werte von $I(1)$ und $I(-1)$ betrachte man die Ereignisse $\{X_n = n\}$ bzw. $\{X_n = -n\}$.

4.5.5 Vergleich mit der gewöhnlichen Irrfahrt

Wir möchten die Großen Abweichungen aus Satz 4.5.1 vergleichen mit den für die gewöhnliche Irrfahrt auf $\mathbb{Z}$, die mit einer gewissen festen Wahrscheinlichkeit zum linken bzw. rechten Nachbarn springt. Dazu benötigen wir zunächst eine weitere analytische Eigenschaft der Funktion λ aus (4.5.8).

Lemma 4.5.10 *Wir setzen $\eta = \exp\langle\log\rho_0\rangle$. Dann gilt für jedes $r \in (-\infty, 0)$:*

$$\frac{\mathrm{d}}{\mathrm{d}r}\log\lambda(r) > \frac{1+\eta\lambda^2(r)}{1-\eta\lambda^2(r)}. \tag{4.5.14}$$

Beweis Wir können (4.5.12) mit $\rho_x = (1-\omega_x)/\omega_x$ umschreiben zu

$$\varphi(r,\omega) = \frac{1}{\mathrm{e}^{-r}(1+\rho_0) - \rho_0\varphi(r,\sigma^{-1}\omega)}. \tag{4.5.15}$$

Durch Differenzieren nach r und nochmaliger Benutzung von (4.5.15) erhalten wir die Rekursionsbeziehung

$$\frac{\mathrm{d}}{\mathrm{d}r}\log\varphi(r,\omega) = 1 + \rho_0\varphi(r,\omega)\varphi(r,\sigma^{-1}\omega)\left[1 + \frac{\mathrm{d}}{\mathrm{d}r}\log\varphi(r,\sigma^{-1}\omega)\right].$$

Durch Iteration erhalten wir

$$\frac{\mathrm{d}}{\mathrm{d}r}\log\varphi(r,\omega) = 1 + 2\sum_{x=-\infty}^{0}\prod_{y=x}^{0}\left[\rho_y\varphi(r,\sigma^y\omega)\varphi(r,\sigma^{y-1}\omega)\right].$$

Nun bilden wir den Erwartungswert bezüglich ω und benutzen die Jensen'sche Ungleichung:

$$\begin{aligned}
\frac{\mathrm{d}}{\mathrm{d}r}\log\lambda(r) &= 1 + 2\sum_{x=-\infty}^{0}\left\langle\prod_{y=x}^{0}\left[\rho_y\varphi(r,\sigma^y\omega)\varphi(r,\sigma^{y-1}\omega)\right\rangle\right. \\
&> 1 + 2\sum_{x=-\infty}^{0}\exp\left\{\sum_{y=x}^{0}\left\langle\log\left[\rho_y\varphi(r,\sigma^y\omega)\varphi(r,\sigma^{y-1}\omega)\right]\right\rangle\right\} \\
&= 1 + 2\sum_{x=-\infty}^{0}\exp\left\{(1+|x|)\left[\langle\log\rho_0\rangle + 2\log\lambda(r)\right]\right\} \\
&= 1 + 2\sum_{x=-\infty}^{0}\left[\eta\lambda^2(r)\right]^{1+|x|} = \frac{1+\eta\lambda^2(r)}{1-\eta\lambda^2(r)}.
\end{aligned}$$

Die Ungleichung ist strikt, da α nichtdegeneriert ist. □

Wir vergleichen nun mit der Nächstnachbarschaftsirrfahrt mit konstanter Drift $\frac{1-\eta}{1+\eta}$, wobei $\eta \in (0,1]$ ein Parameter ist. Also sind $\rho_x = \eta$ und $\omega_x = 1/(1+\eta)$ für jedes $x \in \mathbb{Z}$ für diese Irrfahrt, und wir bezeichnen mit λ_η, r_η und I_η die Objekte vom Ende des Abschnitts 4.5.4 für diese Irrfahrt. Der symmetrische Fall ist der Fall $\eta = 1$.

Lemma 4.5.11 *Sei $\eta = \exp\langle\log\rho_0\rangle$. Dann gilt $I'(\theta) > I'_\eta(\theta)$ für jedes $\theta \in (v_\alpha, 1)$.*

Beweis Für λ_η statt λ ist die Ungleichung in (4.5.14) eine Gleichung, wie man dem Beweis von Lemma 4.5.10 entnimmt und auch leicht explizit nachrechnen kann. Wir erinnern uns, dass $r(\theta)$ definiert ist durch (4.5.13). Also bekommen wir aus Lemma 4.5.10:

$$\frac{1+\eta\lambda_\eta^2(r_\eta(\theta))}{1-\eta\lambda_\eta^2(r_\eta(\theta))} = [\log\lambda_\eta]'(r_\eta(\theta)) = \frac{1}{\theta} = [\log\lambda]'(r(\theta)) > \frac{1+\eta\lambda^2(r(\theta))}{1-\eta\lambda^2(r(\theta))}.$$

Also folgt $\lambda(r(\theta)) < \lambda_\eta(r_\eta(\theta))$. Wegen $I'(\theta) = -\log\lambda(r(\theta))$ erhalten wir die Behauptung des Lemmas. □

Also sind Abweichungen nach rechts im zufälligen Medium „teurer" (d. h. haben exponentiell geringere Wahrscheinlichkeit) als im homogenen, denn die Ratenfunktion für die

Irrfahrt in zufälliger Umgebung liegt strikt oberhalb der für die Irrfahrt mit konstanter Drift $\frac{1-\eta}{1+\eta}$, wobei $\eta = \exp\langle \log \rho_0 \rangle$. Eine Interpretation ist ähnlich der von Satz 4.5.1: In zufällig auftretenden langen Teilintervallen, in denen die Drift nach links zeigt, verliert die Irrfahrt viel Zeit und hat es schwerer, die Durchschnittsdrift nach rechts zu realisieren.

4.6 Warteschlangen

In diesem Abschnitt betrachten wir extreme Längen von Warteschlangen bzw. die Bewältigung eines extrem großen Arbeitsanfalls an einem Schalter. Wir benutzen Methoden, die dem Satz von Cramér und seinem Beweis sehr ähnlich sind. Das Folgende ist dem Buch [GaO'CWi04] entnommen.

4.6.1 Begriffe und Fragestellungen

Wir betrachten eine Warteschlange an einem Schalter, an dem zu diskreten Zeitpunkten zufällig eintreffende Arbeit anfällt und ein zufälliger Teil davon abgearbeitet wird. Unsere Grundannahmen sind, dass die erwartete eintreffende Arbeit kleiner ist als die Arbeit, die abgebaut werden kann. Außerdem werden wir meist voraussetzen, dass zum Zeitpunkt $-\infty$ die Warteschlange sich zu entwickeln begann, und wir betrachten sie zum Zeitpunkt Null. Natürlich können die Begriffe „Arbeit" und „Schalter" auch durch andere Interpretationen ersetzt werden, etwa durch die Anzahl von Autos vor einer Ampel.

Für $t \in \mathbb{Z}$ sei A_t der Betrag der Arbeit, der im Zeitintervall $(t-1, t]$ am Schalter eintrifft, dann heißt $(A_t)_{t\in\mathbb{Z}}$ der *Ankunftsprozess*. Ferner sei C_t die Arbeit, die zum Zeitpunkt t vom Schalter abgebaut werden kann, dann nennt man $(C_t)_{t\in\mathbb{Z}}$ den *Arbeitsprozess* oder auch den *Kundenprozess,* da C_t auch als die Anzahl der zum Zeitpunkt t bedienten Kunden interpretiert werden kann. Wir werden mindestens annehmen, dass jedes A_t und jedes C_t reellwertige Zufallsgrößen mit endlichen Erwartungswerten sind und dass die Folgen $(A_t)_{t\in\mathbb{Z}}$ und $(C_t)_{t\in\mathbb{Z}}$ stationär sind. (Meist werden wir allerdings $C_t \equiv C$ für eine Konstante $C \in \mathbb{R}$ voraussetzen.)

Sei Q_t die Länge der Warteschlange am Schalter zum Zeitpunkt $t \in \mathbb{Z}$. Dann sieht man leicht, dass die folgende Rekursionsformel erfüllt ist, die *Lindley-Rekursionsformel:*

$$Q_t = (Q_{t-1} + A_t - C_t)_+, \qquad t \in \mathbb{Z}, \tag{4.6.1}$$

wobei $x_+ = \max\{x, 0\}$ der Positivteil ist. Da uns nur die Länge der Schlange interessiert, könnten wir auch die Einflüsse des Ankunfts- und des Arbeitsprozesses zusammenfassen, indem wir $X_t = A_t - C_t$ setzen oder auch $C_t \equiv 0$, aber wir behalten die Notation bei, um weiterhin die Intuition einsetzen zu können.

Damit die Rekursion in (4.6.1) die Folge der Q_t eindeutig festlegt, muss man Randbedingungen, besser: Start- oder Endbedingungen, stellen. Wir werden fordern, dass zu einem negativen Zeitpunkt $-T$ die Warteschlange leer ist, also $Q_{-T} = 0$ gilt, und wir werden die Länge der Schlange zum Zeitpunkt Null betrachten, also Q_0. Durch Iteration der Rekursionsformel (4.6.1) erhalten wir unter der Annahme $Q_{-T} = 0$ leicht für jedes $i \in \mathbb{N}_0$, dass $Q_{-T+i} = \max_{s=0}^{i}(A_{-T+1} + A_{-T+2} + \cdots + A_{-T+s})$ gilt, wobei wir hier $C_t \equiv 0$ gesetzt haben. Sei

$$S_t = A_{-t+1} + A_{-t+2} + \cdots + A_0, \quad t \in \mathbb{N}, \qquad \text{wobei } S_0 = 0,$$

die im Zeitintervall $(-t, 0]$ anfallende Arbeit. Der Einfachheit halber werden wir im Folgenden annehmen, dass $C_t \equiv C$ eine Konstante ist. Dann sieht man, dass gilt:

$$Q_{-T} = 0 \qquad \Longrightarrow \qquad Q_0 = \max_{s=0}^{T} (S_s - Cs)\,. \tag{4.6.2}$$

Nun sehen wir, dass man leicht $T \to \infty$ gehen lassen kann und wegen der Monotonie einen wohldefinierten Grenzwert erhält: Falls die Schlange zum Zeitpunkt $-\infty$ leer ist, hat sie zum Zeitpunkt Null die Länge

$$Q_0 = \sup_{s \in \mathbb{N}_0} (S_s - Cs) \in [0, \infty]. \tag{4.6.3}$$

Allerdings kann $Q_0 = \infty$ mit positiver Wahrscheinlichkeit sein, und nun stellen wir eine Bedingung, die dies verhindert: Unter der sogenannten *Stabilitätsbedingung*

$$\mathbb{E}[A_0] < C \tag{4.6.4}$$

gilt $Q_0 \in \mathbb{R}$ fast sicher. Denn nach dem Ergodensatz gilt dann $\lim_{s\to\infty}(S_s - Cs) = \lim_{s\to\infty} s\left(\frac{1}{s}S_s - C\right) = \lim_{s\to\infty} s(\mathbb{E}[A_0] - C) = -\infty$ fast sicher, und daher ist das Supremum in (4.6.3) endlich und sogar ein Maximum.

Bemerkung 4.6.1 Natürlich können wir analoge Formeln auch für die Länge der Schlange zu jedem beliebigen festen Zeitpunkt aufstellen. Und wir können auch als Startwert zum Zeitpunkt $-\infty$ jeden anderen Wert $r \in \mathbb{R}$ wählen. Man kann zeigen, dass, wenn $(A_t)_{t\in\mathbb{Z}}$ nicht nur stationär, sondern sogar ergodisch ist und (4.6.4) gilt, auch der Warteschlangenprozess stationär und ergodisch ist und nicht vom Startwert abhängt. Um dies einzusehen, zeigt man zunächst, dass gilt:

$$Q_{-T} = r \qquad \Longrightarrow \qquad Q_0 = \max_{s=0}^{T}(S_s - Cs) \vee (r + S_T - CT).$$

Insbesondere hat die Länge der Schlange zu jedem Zeitpunkt die selbe Verteilung. $\diamondsuit$

Wir werden die zwei folgenden Fragen betrachten:

1. Was sind die asymptotischen Abfallwahrscheinlichkeiten der Ereignisse, dass die Länge der Schlange zum Zeitpunkt Null extrem groß wird? (Das ist also die Frage nach den „oberen Schwänzen" der Zufallsgröße Q_0.)
2. Wenn wir eine große Anzahl N von Quellen unabhängig ankommender Arbeiten haben und unser Schalter auch einen Betrag von NC davon pro Zeiteinheit abarbeiten kann, was sind die asymptotischen Abfallwahrscheinlichkeiten des Ereignisses, dass die Länge der Schlange zum Zeitpunkt Null größer als ein gegebener Wert ist, für $N \to \infty$?

Wir werden die erste Frage in Abschn. 4.6.2 behandeln und die zweite in Abschn. 4.6.3. Es wird sich herausstellen, dass die beiden Antworten mit einander sehr eng verwandt sind.

4.6.2 Länge der Schlange

In diesem Abschnitt behandeln wir die „oberen Schwänze" von Q_0, also die Wahrscheinlichkeiten $\mathbb{P}(Q_0 > q)$ für $q \to \infty$. Wir setzen zunächst voraus, dass der Ankunftsprozess $(A_t)_{t\in\mathbb{Z}}$ sogar aus unabhängigen und identisch verteilten Zufallsgrößen besteht. Also ist $(S_s - Cs)_{s\in\mathbb{N}_0}$ eine in 0 startende Irrfahrt auf $\mathbb{R}$, die wegen der Stabilitätsbedingung in (4.6.4) eine negative Drift hat. In (4.6.3) sehen wir, dass Q_0 das Maximum einer nach $-\infty$ driftenden Irrfahrt ist. Wir werden sehen, dass die Wahrscheinlichkeiten $\mathbb{P}(Q_0 > q)$ sogar exponentiell in q abfallen, und wir werden die Rate identifizieren.

Bemerkung 4.6.2 (Subadditivität) Unter der Benutzung der starken Markoveigenschaft sieht man leicht, dass die Folge $(-\log \mathbb{P}(Q_0 \geq q))_{q\in[0,\infty)}$ subadditiv ist, d. h. dass für alle $q_1, q_2 \in [0, \infty)$ gilt:

$$\mathbb{P}\Big(\max_{s\in\mathbb{N}_0}(S_s - Cs) \geq q_1\Big)\,\mathbb{P}\Big(\max_{s\in\mathbb{N}_0}(S_s - Cs) \geq q_2\Big) \leq \mathbb{P}\Big(\max_{s\in\mathbb{N}_0}(S_s - Cs) \geq q_1 + q_2\Big). \tag{4.6.5}$$

Der Beweis ist intuitiv einfach: Man heftet eine zweite, unabhängige Kopie der Irrfahrt an die erste zum Zeitpunkt $T_1 = \inf\{s \in \mathbb{N}\colon S_s - Cs \geq q_1\}$ an und betrachtet sie, bis sie selber um mindestens q_2 Einheiten gewachsen ist. Die zusammengeheftete Irrfahrt hat dann den Wert $q_1 + q_2$ erreicht oder überstiegen.

Um Trivialitäten auszuschließen, setzen wir voraus, dass das Ereignis $\{A_0 > C\}$ positive Wahrscheinlichkeit besitzt, sonst wäre nämlich $-\log \mathbb{P}(Q_0 \geq q) = -\infty$ für jedes $q > 0$. Aus dem Subadditivitätslemma 1.3.3 haben wir also die Existenz des Grenzwertes

$$\lim_{q\to\infty} \frac{1}{q} \log \mathbb{P}(Q_0 \geq q) = \sup_{q\in[0,\infty)} \frac{1}{q} \log \mathbb{P}(Q_0 \geq q) \in (-\infty, 0].$$

Unter der Zusatzvoraussetzung, dass die Irrfahrt $(S_s - Cs)_{s\in\mathbb{N}_0}$ nur in $\mathbb{Z}$ lebt und „halbstetig von unten" ist, also dass positive Schritte nur die Größe Eins haben können, ist die Folge

$(\log \mathbb{P}(Q_0 \geq q))_{q \in \mathbb{N}}$ sogar additiv. Der Grund ist, dass der Zwischenwertsatz erfüllt ist: Wenn das Maximum den Wert $q_1 + q_2$ erreicht oder übersteigt, dann hat sie zum Zeitpunkt T_1 *exakt* den Wert q_1. Durch Aufteilung der Irrfahrt an diesem Zeitpunkt und Ausnutzung der Unabhängigkeit der beiden Stücke erhält man, dass auch ‚$\leq$' in (4.6.5) gilt, also Gleichheit. Also hat Q_0 eine geometrische Verteilung. ◊

Nun identifizieren wir die oberen Schwänze von Q_0 im Fall, wo $(A_t)_t$ unabhängig und identisch verteilt ist.

Satz 4.6.3 (Obere Schwänze von Q_0) *Die Kumulanten erzeugende Funktion* $\Lambda(\theta) = \log \mathbb{E}[e^{\theta A_0}]$ *sei endlich für jedes* $\theta \in \mathbb{R}$, *und es gelte die Stabilitätsbedingung* (4.6.4). *Dann gilt für jedes* $q > 0$

$$\lim_{l \to \infty} \frac{1}{l} \log \mathbb{P}(Q_0/l > q) = -I(q), \tag{4.6.6}$$

wobei

$$I(q) = \inf_{t \in [0,\infty)} t\Lambda^*(C + q/t), \tag{4.6.7}$$

und Λ^* *ist die Legendre-Transformierte von* Λ.

Bemerkung 4.6.4

(i) Äquivalent zur Gültigkeit von (4.6.6) für jedes $q > 0$ ist die Aussage $\lim_{q\to\infty} \frac{1}{q} \log \mathbb{P}(Q_0 > q) = -I(1)$. Natürlich ist I linear, und im Beweis werden wir sehen, dass $I(1) = \sup\{\theta \in (0, \infty) \colon \Lambda(\theta) < C\theta\}$. Falls $\operatorname{esssup}(A_0) < C$, so gilt $I(1) = \infty$, siehe auch Lemma 1.4.1. In diesem Fall wäre $\mathbb{P}(Q_0 > q) = 0$ für jedes $q \in [0, \infty)$.

(ii) In der selben Weise, wie wir das volle Prinzip Großer Abweichungen im Satz 2.2.1 von Cramér aus der Aussage im Satz 1.4.3 folgerten, können wir hier auch die Folgerung ziehen, dass Q_0/l auf der Skala l für $l \to \infty$ ein Prinzip Großer Abweichungen mit Ratenfunktion I erfüllt.

(iii) Wie in Satz 2.2.1 kann die Voraussetzung, dass Λ auf ganz $\mathbb{R}$ endlich ist, abgeschwächt werden zur Endlichkeit in einer Umgebung der Null, siehe Bemerkung 1.4.4 (iv).

◊

Beweis von Satz 4.6.3 Der Beweis lehnt sich stark an den Beweis des Satzes 1.4.3 an. Diesmal fangen wir mit dem Beweis der unteren Schranke in (4.6.6) an. Für jedes $t \in [0, \infty)$ haben wir die Abschätzung

$$\mathbb{P}(Q_0 > lq) = \mathbb{P}(\exists u \in \mathbb{N}\colon S_u - Cu > lq) \geq \mathbb{P}\big(S_{\lceil lt\rceil} - C\lceil lt\rceil > lq\big).$$

Die Schritte der Irrfahrt $(S_s - Cs)_{s\in\mathbb{N}_0}$ besitzen die Kumulanten erzeugende Funktion $\theta \mapsto \Lambda(\theta) - C\theta$, und deren Legendre-Transformierte ist $x \mapsto \Lambda^*(C+x)$. Mit der Substitution $k = \lceil lt\rceil$ erhalten wir also aus der unteren Schranke in (1.4.4):

$$\liminf_{l\to\infty} \frac{1}{l}\log\mathbb{P}(Q_0/l > q) \geq t \liminf_{s\to\infty} \frac{1}{s}\log\mathbb{P}\left(S_s - Cs \geq kq/t\right) \geq -t\Lambda^*(C+q/t),$$

und nach Übergang zu $\sup_{t\in[0,\infty)}$ ist die untere Schranke in (4.6.6) bewiesen.

Um die obere Schranke in (4.6.6) zu zeigen, benutzen wir – nach einer kleinen Vorbereitung – die exponentielle Tschebyscheff-Ungleichung wie in (1.1.2) und erhalten:

$$\mathbb{P}(Q_0 > lq) = \mathbb{P}\left(\sup_{t\in\mathbb{N}_0}(S_t - Ct) > lq\right) \leq \sum_{t\in\mathbb{N}_0}\mathbb{P}(S_t - Ct > lq) \leq \mathrm{e}^{-\theta lq}\sum_{t\in\mathbb{N}_0}\mathrm{e}^{t(\Lambda(\theta)-C\theta)}$$

für jedes $\theta > 0$. Damit die rechte Seite nicht divergiert, müssen wir $\Lambda(\theta) < \theta C$ voraussetzen. Dann ist die rechte Seite gleich $\mathrm{e}^{-\theta lq}$ Mal eine Konstante, und wir erhalten die Abschätzung $\limsup_{l\to\infty}\frac{1}{l}\log\mathbb{P}(Q_0/l > q) \leq -q\theta$, insgesamt also

$$\limsup_{l\to\infty}\frac{1}{l}\log\mathbb{P}(Q_0/l > q) \leq -q\sup\{\theta > 0\colon \Lambda(\theta) < \theta C\}. \tag{4.6.8}$$

Nun müssen wir noch zeigen, dass

$$q\sup\{\theta > 0\colon \Lambda(\theta) < \theta C\} \geq \inf_{t\in[0,\infty)} t\Lambda^*(C+q/t). \tag{4.6.9}$$

Die Menge, über die auf der linken Seite das Supremum gebildet wird, ist nicht leer, da $\Lambda(0) = 0$ und $\Lambda'(0) = \mathbb{E}[A_0] < C$. Wir dürfen annehmen, dass die linke Seite endlich ist, also gleich $q\theta^*$ mit einem $\theta^* \in (0,\infty)$, das $\Lambda(\theta^*) = C\theta^*$ erfüllt. Wegen Konvexität von Λ gilt $\Lambda(\theta) \geq C\theta^* + \Lambda'(\theta^*)(\theta - \theta^*)$ für jedes $\theta \in \mathbb{R}$. Wir schreiben die rechte Seite von (4.6.9) aus und setzen diese Ungleichung ein. Da das Argument in Λ^* größer als $\mathbb{E}[A_0]$ ist, können wir das Supremum über $\theta \in \mathbb{R}$ einschränken auf das Supremum über $\theta \in (0,\infty)$ und erhalten

$$\begin{aligned}\inf_{t\in[0,\infty)} t\Lambda^*(C+q/t) &= \inf_{t\in[0,\infty)}\sup_{\theta\in(0,\infty)}\left(\theta(q+Ct) - t\Lambda(\theta)\right)\\ &\leq \inf_{t\in[0,\infty)}\sup_{\theta\in(0,\infty)}\Big(\theta\left(q + t(C - \Lambda'(\theta^*))\right) + t\theta^*\left(\Lambda'(\theta^*) - C\right)\Big).\end{aligned} \tag{4.6.10}$$

Das Supremum über θ ist gleich $t\theta^*(\Lambda'(\theta^*) - C)$, wenn $q + t(C - \Lambda'(\theta^*)) \leq 0$ und gleich ∞ sonst. Also ist die rechte Seite von (4.6.10) gleich

$$\inf_{t\in[0,\infty)\colon q+t(C-\Lambda'(\theta^*))\leq 0} t\theta^*\left(\Lambda'(\theta^*) - C\right).$$

Da die strikt konvexe Funktion Λ die Gerade $\theta \mapsto C\theta$ von unten in θ^* schneidet, gilt $\Lambda'(\theta^*) > C$. Also ist die Bedingung $q + t(C - \Lambda'(\theta^*)) \leq 0$ äquivalent zu $t \geq q/(\Lambda'(\theta^*) - C)$. Also wird das Infimum im letzten Display in $t = q/(\Lambda'(\theta^*) - C)$ angenommen und hat den Wert $q\theta^*$, womit (4.6.9) bewiesen und der Beweis des Lemmas beendet ist. □

Bemerkung 4.6.5 Aus dem Beweis wird klar, dass für große l approximativ gilt:

$$\mathbb{P}\Big(\sup_{s\in\mathbb{N}}(S_s - Cs) > lq\Big) \approx \sup_{s\in\mathbb{N}} \mathbb{P}(S_s - Cs > lq) \approx \mathbb{P}(S_{lt} - Clt > lq),$$

wobei $t \in (0, \infty)$ der Minimierer in (4.6.7) ist. Das heißt, die wahrscheinlichste Zeit, an dem die negativ driftende Irrfahrt ihr extrem großes Maximum lq erreicht, ist lt, wobei t durch ein Variationsproblem gegeben ist. ◇

Beispiel 4.6.6 Wenn $C = 1$ und $A_0 = 2$ mit Wahrscheinlichkeit $p \in (0, \frac{1}{2})$ und $A_0 = 0$ sonst, so ist $(S_s - Cs)_{s\in\mathbb{N}_0}$ die Nächstnachbarschaftsirrfahrt auf $\mathbb{Z}$ mit negativer Drift $2p - 1$. Nach Bemerkung 4.6.2 hat Q_0 eine geometrische Verteilung, und es ist nicht schwer zu sehen, dass für jedes $q \in \mathbb{N}_0$ gilt: $\frac{1}{q} \log \mathbb{P}(Q_0 \geq q) = -\log \frac{1-p}{p}$.

Auf der anderen Seite hat man $\Lambda(\theta) = \log(1 - p + pe^{2\theta})$ und kann daher auch die Funktion I in (4.6.7) leicht auswerten:

$$\begin{aligned} I(1) &= \sup\{\theta \in (0, \infty) \colon \log(1 - p + pe^{2\theta}) < \theta\} = \log \frac{1 + \sqrt{1 - 4p(1-p)}}{2p} \\ &= \log \frac{1-p}{p}. \end{aligned}$$

◇

Bemerkung 4.6.7 (Allgemeinere Ankunftsprozesse) Wir können uns von der starken Voraussetzung, dass $(A_t)_{t\in\mathbb{Z}}$ eine Folge unabhängiger identisch verteilter Zufallsgrößen ist, frei machen, indem wir statt den Satz 1.4.3 von Cramér den Satz 3.4.4 von Gärtner-Ellis benutzen. Hinreichend für die Gültigkeit von (4.6.6) sind die Voraussetzungen, dass $(A_t)_{t\in\mathbb{Z}}$ stationär ist mit $\mathbb{E}[A_0] < C$ und dass der Grenzwert $\Lambda(\theta) = \lim_{t\to\infty} \frac{1}{t} \log \mathbb{E}[e^{\theta S_t}]$ für θ in einer Umgebung der Null existiert und dort differenzierbar ist und dass $\mathbb{E}[e^{\theta S_t}] < \infty$ für alle $t > 0$, falls $\Lambda(\theta) < C\theta$. Der Beweis dieser Aussage (siehe [GaO'CWi04, Theorem 3.1]) ist ähnlich dem Beweis von Satz 4.6.3, tatsächlich ist der Beweis der unteren Schranke identisch. ◇

Bemerkung 4.6.8 (Funktionale Prinzipien Großer Abweichungen) Das Ergebnis von Satz 4.6.3 kann über das Kontraktionsprinzip (Satz 3.1.1) auch aus einem funktionalen Prinzip Großer Abweichungen gewonnen werden. Wir skizzieren hier die Idee; die zweite Hälfte von [GaO'CWi04] behandelt sie ausführlich.

Wir betrachten den reskalierten Prozess

$$S^{(l)} = \big(S^{(l)}(t)\big)_{t\in[0,\infty)} = \left(\frac{1}{l}S_{\lceil lt\rceil}\right)_{t\in[0,\infty)}$$

für $l \to \infty$. (An Stelle der Treppenfunktion können wir auch den Polygonzug wählen, siehe (3.2.2).) Wir können Q_0 in (4.6.3) als eine Funktion von $S^{(1)}$ sehen, also $Q_0 \approx \Phi(S^{(1)})$ mit $\Phi(f) = \sup_{t\in[0,\infty)}(f(t) - Ct)$ für Funktionen $f\colon [0,\infty) \to \mathbb{R}$, wobei wir hier die Effekte beim Übergang von Treppenfunktionen auf lineare Funktionen vernachlässigen. Für $l > 0$ haben wir dann

$$\Phi(S^{(l)}) = \sup_{t\in[0,\infty)}\left(\frac{1}{l}S_{\lceil lt\rceil} - Ct\right) \approx \frac{1}{l}\sup_{s\in\mathbb{N}_0}(S_s - Cs) = \frac{1}{l}\Phi(S^{(1)}) = \frac{1}{l}Q_0.$$

Wenn man ein Prinzip Großer Abweichungen für $S^{(l)}$ für $l \to \infty$ hätte mit einer Ratenfunktion J auf einem geeigneten Raum von Funktionen $[0,\infty) \to \mathbb{R}$ und wenn sich Φ auf diesem Raum als stetig erwiese, dann wäre Satz 4.6.3 eine direkte Folgerung dieses Prinzips, zusammen mit dem Kontraktionsprinzip, und man hätte die Formel $I(q) = \inf_{f\colon \Phi(f)=q} J(f)$.

In dem Fall, wo der Ankunftsprozess $(A_t)_{t\in\mathbb{Z}}$ unabhängig und identisch verteilt ist, liefert der Satz 3.5.6 von Mogulskii auch tatsächlich ein geeignetes Prinzip, siehe auch Bemerkung 3.2.8. Die Frage der Stetigkeit von Φ wird in [GaO'CWi04, Kap. 5] erörtert. ◊

4.6.3 Ein Schalter mit vielen Quellen

Hier betrachten wir die zweite am Ende von Abschn. 4.6.1 gestellte Frage. Wir haben nach wie vor einen einzigen Schalter, diesmal aber eine große Anzahl N von Quellen, aus denen unabhängig und zufällig jeweils Arbeit an den Schalter heran getragen wird. Wir haben also eine unabhängige, identisch verteilte Familie $(A^{(i)})_{i\in\mathbb{N}}$ von Ankunftsprozessen $A^{(i)} = (A_t^{(i)})_{t\in\mathbb{Z}}$. Wir setzen voraus, dass jeder Ankunftsprozess stationär ist und dass jede Variable $A_t^{(i)}$ einen endlichen Erwartungswert besitzt, der natürlich nicht von i oder t abhängt. Die im Zeitintervall $(t-1, 0]$ am Schalter eintreffende Arbeit beträgt also

$$S_t^{(N)} = \sum_{i=1}^N \big(A_{-t+1}^{(i)} + A_{-t+2}^{(i)} + \cdots + A_0^{(i)}\big), \quad t \in \mathbb{N}, \qquad \text{wobei } S_0^{(N)} = 0.$$

Wieder setzen wir die Stabilitätsbedingung voraus, also $\mathbb{E}[A_0^{(i)}] < C$ für jedes $i \in \mathbb{N}$. Der Arbeitsprozess $(C_t)_{t\in\mathbb{Z}}$ wird diesmal als $C_t \equiv CN$ vorausgesetzt, damit der Schalter eine Chance bekommt, die anfallende Arbeit auch langfristig zu bewältigen. Die Länge der Warteschlange zum Zeitpunkt Null ist also

$$Q_0^{(N)} = \max_{t\in\mathbb{N}_0}\big(S_t^{(N)} - CNt\big).$$

Hier interessieren wir uns für die logarithmische Asymptotik der Wahrscheinlichkeiten $\mathbb{P}(Q_0^{(N)} > Nq)$ für $N \to \infty$.

Bemerkung 4.6.9 (Abstrakte Lösung) Im Lichte der Bemerkung 4.6.8 können wir folgende abstrakte Lösung des Problems anbieten. Mit dem dort definierten Φ gilt $\frac{1}{N}Q_0^{(N)} = \Phi(\frac{1}{N}S^{(N)})$. Da $\frac{1}{N}S^{(N)}$ als Mischung von unabhängig identisch verteilten Zufallsgrößen nach dem abstrakten Satz von Cramér (oder auch nach dem Satz 3.4.4 von Gärtner-Ellis) ein Prinzip Großer Abweichungen erfüllt, sollte man über das Kontraktionsprinzip auch für $\frac{1}{N}Q_0^{(N)}$ ein Prinzip erhalten.

Diese Idee wird in [GaO'CWi04, Kap. 5] verfolgt, aber wir präsentieren hier eine Lösung, die auf ähnlichen Methoden wie der Beweis von Satz 4.6.3 basiert. ◇

Wir definieren $\Lambda_t(\theta) = \log \mathbb{E}[e^{\theta S_t^{(1)}}] \in (-\infty, \infty]$ für $\theta \in \mathbb{R}$ und $t \in \mathbb{N}$.

Satz 4.6.10 *Es gelte $\Lambda_t(\theta) < \infty$ für alle $t \in \mathbb{N}$ und für alle θ in einer Umgebung der Null. Ferner sei der Grenzwert $\Lambda(\theta) = \lim_{t\to\infty} \frac{1}{t}\Lambda_t(\theta)$ endlich und differenzierbar in dieser Umgebung. Außerdem sei die Stabilitätsbedingung $\mathbb{E}[A_0^{(i)}] < C$ erfüllt. Dann gilt für jedes $q \in (0, \infty)$*

$$-\widetilde{I}(q+) \leq \liminf_{N\to\infty} \frac{1}{N} \log \mathbb{P}(Q_0^{(N)} > Nq) \leq \limsup_{N\to\infty} \frac{1}{N} \log \mathbb{P}(Q_0^{(N)} > Nq) \leq -\widetilde{I}(q), \tag{4.6.11}$$

wobei

$$\widetilde{I}(q) = \inf_{t\in\mathbb{N}} \Lambda_t^*(q + Ct), \tag{4.6.12}$$

und Λ_t^* ist die Legendre-Transformierte von Λ_t.

Beweis Wir beweisen zunächst die untere Schranke in (4.6.11). Für jedes $t \in \mathbb{N}$ haben wir

$$\mathbb{P}(Q_0^{(N)} > Nq) = \mathbb{P}\Big(\sup_{s\in\mathbb{N}} \Big(\frac{1}{N}S_s^{(N)} - Cs\Big) > q\Big) \geq \mathbb{P}\big(\tfrac{1}{N}S_t^{(N)} > q + Ct\big).$$

Nun wenden wir die untere Schranke im Satz 3.4.4 von Gärtner-Ellis an und erhalten

$$\liminf_{N\to\infty} \frac{1}{N} \log \mathbb{P}(Q_0^{(N)} > Nq) \geq -\inf_{(q+Ct,\infty)} \Lambda_t^* = -\Lambda_t^*(q + Ct+),$$

da Λ_t^* auf $(q + Ct, \infty)$ monoton steigend ist. Übergang zum Supremum über alle $t \in \mathbb{N}$ ergibt die untere Schranke in (4.6.11).

Nun beweisen wir die obere. Wir schätzen ab

$$\begin{aligned}\mathbb{P}(Q_0^{(N)} > Nq) &= \mathbb{P}\Big(\sup_{t\in\mathbb{N}}\Big(\frac{1}{N}S_t^{(N)} - Ct\Big) > q\Big)\\ &\le \sum_{t=0}^{t_0}\mathbb{P}\big(\tfrac{1}{N}S_t^{(N)} > q+Ct\big) + \sum_{t>t_0}\mathbb{P}\big(\tfrac{1}{N}S_t^{(N)} > q+Ct\big).\end{aligned}$$

Nach dem Prinzip der exponentiellen Rate von Summen (siehe Lemma 1.3.1) ist also die gesuchte Rate von $\mathbb{P}(Q_0^{(N)} > Nq)$ nicht größer als das Maximum über die (t_0+1) Raten der Summanden in der ersten Summe und der Rate der Restsumme. Für $t \in \{0,\dots,t_0\}$ haben wir nach Satz 3.4.4:

$$\limsup_{N\to\infty}\frac{1}{N}\log\mathbb{P}\big(\tfrac{1}{N}S_t^{(N)} > q+Ct\big) \le -\inf_{[q+Ct,\infty)}\Lambda_t^* = -\Lambda_t^*(q+Ct).$$

Wenn wir nun noch zeigen, dass die Restsumme vernachlässigt werden kann, genauer: dass gilt:

$$\lim_{t_0\to\infty}\limsup_{N\to\infty}\frac{1}{N}\log\sum_{t>t_0}\mathbb{P}\big(\tfrac{1}{N}S_t^{(N)} > q+Ct\big) = -\infty, \tag{4.6.13}$$

dann ist der Beweis der oberen Schranke perfekt. Um (4.6.13) zu zeigen, benutzen wir die exponentielle Tschebyschev-Ungleichung wie in (1.1.2): Für jedes $\theta \in (0,\infty)$ gilt

$$\sum_{t>t_0}\mathbb{P}\big(\tfrac{1}{N}S_t^{(N)} > q+Ct\big) \le \sum_{t>t_0}\mathrm{e}^{-N\theta(q+Ct)}\,\mathbb{E}\Big[\mathrm{e}^{\theta S_t^{(N)}}\Big] = \sum_{t>t_0}\mathrm{e}^{-N[\theta(q+Ct)-\Lambda_t(\theta)]}, \tag{4.6.14}$$

wobei wir ausnutzten, dass $S_t^{(N)}$ die Summe von N unabhängigen Kopien von $S_t^{(1)}$ ist. Wir argumentieren nun, dass wir θ so wählen können, dass der Exponent für alle genügend großen $t \in \mathbb{N}$ nicht größer ist als $-\theta\delta t$ für ein geeignetes $\delta > 0$.

Da Λ_t bei Null endlich ist und wegen der Stabilitätsannahme haben wir $\frac{1}{t}\Lambda_t'(0) = \frac{1}{t}\mathbb{E}[S_t^{(1)}] = \mathbb{E}[S_1^{(1)}] < C$ für jedes $t \in \mathbb{N}$. Ferner gilt $\lim_{\theta\downarrow 0}\frac{1}{\theta}\Lambda(\theta) = \Lambda'(0) = \lim_{t\to\infty}\frac{1}{t}\Lambda_t'(0) = \mathbb{E}[S_1^{(1)}] < C$, wobei wir benutzten, dass die konvexen Funktionen $\frac{1}{t}\Lambda_t$ in einer Umgebung der Null differenzierbar sind und für $t\to\infty$ konvergieren und ihre Ableitung in Null ebenfalls. Also gibt es ein $\theta > 0$ und ein $\delta > 0$ mit $\Lambda(\theta) < \theta(C-2\delta)$. Wegen $\lim_{t\to\infty}\frac{1}{t}\Lambda_t(\theta) = \Lambda(\theta)$ gilt für alle genügend großen t noch $\Lambda_t(\theta) < t(\Lambda(\theta)+\delta\theta)$, also haben wir für den Exponenten auf der rechten Seite von (4.6.14):

$$[\theta(q+Ct)-\Lambda_t(\theta)] \ge \theta Ct - t(\Lambda(\theta)+\delta\theta) \ge \theta Ct - t\,(\theta(C-2\delta)+\delta\theta) = \theta\delta t.$$

Dies setzen wir in (4.6.14) ein und erhalten

$$\sum_{t>t_0}\mathbb{P}\big(\tfrac{1}{N}S_t^{(N)} > q+Ct\big) \le \sum_{t>t_0}\mathrm{e}^{-N\theta\delta t} \le \frac{\mathrm{e}^{-N\theta\delta(t_0+1)}}{1-\mathrm{e}^{-N\theta\delta t}},$$

und damit also

$$\limsup_{N\to\infty} \frac{1}{N} \log \sum_{t>t_0} \mathbb{P}\left(\tfrac{1}{N} S_t^{(N)} > q + Ct\right) \leq -\theta\delta(t_0 + 1),$$

was den Beweis von (4.6.13) beendet. □

4.7 Bose–Einstein-Kondensation

Mathematische räumliche Modelle für interagierende Bosonenensembles bei positiver Temperatur sind besonders interessant, da sie mit Hilfe von Familien von zufälligen Loops beschrieben werden und da ein hochinteressanter Kondensationsphasenübergang vorliegt im Auftreten von besonders langen Loops. Die Verteilungen sowohl der vielen verschiedenen Looplängen als auch der Interaktionen sind von exponentieller Natur, so dass die Theorie der Großen Abweichungen einen entscheidenden Beitrag geben kann. Im Prinzip sollte in der Ratenfunktion der Phasenübergang eingewoben sein, doch kann man dies bislang nur im freien (nichtinteragierenden) Fall tatsächlich sehen, der allgemeine Fall ist noch weitgehend unverstanden. Das liegt auch daran, dass die Bühne, auf der die Großen Abweichungen spielen, eine sehr komplexe ist; sie liegt nämlich im Bereich der markierten Punktprozesse, die wir ausführlich in Abschn. 3.8 diskutierten.

Wir werden in Abschn. 4.7.1 zunächst die Geschichte dieses Effektes kurz zusammenfassen, in Abschn. 4.7.2 seine mathematische Beschreibung vorstellen, in Abschn. 4.7.3 ein paar mathematische Umformungen vornehmen und endlich in Abschn. 4.7.4 zeigen, was man mit Hilfe der Theorie der Großen Abweichungen erreichen kann und was nicht.

4.7.1 Eine kurze Geschichte

Im Jahre 1924 bat der junge, unbekannte indische Mathematische Physiker Satyendranath Bose den berühmten Albert Einstein, ihm zur Publikation einer Arbeit zu verhelfen, in der er eine neuartige Berechnung einer Partitionsfunktion eines Photonensystems vorstellte. Einstein übersetzte das Manuskript in die damalig vorherrschende Wissenschaftssprache Deutsch und empfahl eine Veröffentlichung unter Boses Namen, die auch tatsächlich noch im selben Jahr vorgenommen wurde. Er durchschaute aber auch, dass diese neue Methode nicht nur ein verbesserter Rechentrick war, sondern einen neuen Phasenübergang beschreiben kann. Im einem Nachfolgeartikel benutzte er die neue Idee, um einen Kondensationsphasenübergang für Systeme von Bosonen in der einfachsten Situation (d. h. ohne Interaktionen) bei sehr geringer Temperatur zu zeigen, und er prophezeite, dass er auch unter realistischen Bedingungen existieren sollte.

Diese Prophezeiung wurde mit wenig Enthusiasmus zur Kenntnis genommen, denn man hielt den Effekt eher für eine Kuriosität, und es gab keine mathematischen oder experimentellen Methoden, den Effekt zu zeigen. Dies lag auch daran, dass vermutlich sehr tiefe Temperaturen nötig schienen, um den Effekt sehen zu können, so tiefe, wie man sie experimentell noch nie erreicht hatte. Über die Jahrzehnte verteilt wurden ein paar mathematische Ansätze in vereinfachten Modellen diskutiert, aber es gab keine einheitliche Theorie oder gar Verständnis dieses Phasenübergangs.

Anfang der 1990er Jahre allerdings wurden Methoden zur experimentellen Kühlung einiger zehntausender Partikel entwickelt, und die Realisierung des vorausgesagten Kondensationseffekts (nun *Bose–Einstein-Kondensation, BEK,* genannt) rückte in den Bereich der Möglichkeiten. Mehr noch, es setzte sich die Auffassung durch, dass eine experimentelle Realisierung von BEK ein heißer Kandidat für einen Nobelpreis sein würde.

Im Jahre 1992 war man fähig, eine Temperatur von 10^{-6} Kelvin zu erreichen, doch erhielt man noch keine BEK (allerdings den Physik-Nobelpreis des Jahres 1997 für die Entwicklung von Methoden zum Kühlen und Einfangen von Atomen mithilfe von Laserlicht). Es entstand ein Fernwettkampf um den ersten experimentellen Nachweis von BEK, und im Jahre 1995 glückte dies endlich zwei Teams; drei der erfolgreichen Experimentatoren erhielten den Physik-Nobelpreis des Jahres 2001. Dieser Erfolg befeuerte nun auch Mathematiker, den Effekt rigoros zu beschreiben, und die mathematische Theorie wurde kräftig vorangetrieben; siehe etwa [LiSeSoYn05]. Dabei standen zunächst Methoden der Analysis im Vordergrund, um bei Temperatur Null zu arbeiten. Um auch Modelle für positive Temperatur zu betrachten, ist einer der gangbaren Wege, stochastische Objekte einzuführen, meist interagierende Brown'sche Bewegungen, genauer: Brown'sche Brücken. Die Aktivitäten in diesem Gebiet nehmen nach wie vor zu, aber eine befriedigende mathematische Erklärung von BEK bei positiver Temperatur unter Einbezug der Interaktionen der Bosonen ist nach wie vor offen; dies wird als eines der prominentesten offenen Probleme der Mathematischen Physik gehandelt.

4.7.2 Stochastische Beschreibung der Zustandssumme

Das Folgende kann man in vielen Standardtexten zur Statistischen Mechanik nachlesen, etwa in [Ru69]. Wir betrachten N masselose Partikel an den Orten $x_1, \dots, x_N$ in einer großen Box Λ im $\mathbb{R}^d$. Jedes Partikel hat eine kinetische Energie (ausgedrückt durch einen Laplace-Operator), und alle Partikel haben eine Paar-Energie, ausgedrückt durch ein Paarpotential $v\colon [0,\infty) \to [0,\infty]$. Das gesamte System wird durch den *Hamilton-Operator*

$$H_N = -\sum_{i=1}^{N} \Delta_i + \sum_{1\leq i<j\leq N} v(|x_i - x_j|)$$

beschrieben. Das Paarpotential v hat üblicherweise eine abstoßende Energie (d. h. $v(|x_i - x_j|)$ ist groß, wenn x_i und x_j nahe zu einander sind) und eine beschränkte oder schnell abfallende Reichweite (d. h. $v(r)$ is Null oder mindestens sehr klein für große r). Wir betrachten Dirichlet- oder periodische Randbedingungen am Rande der Box Λ.

Wir sind hier nur interessiert an *Bosonen,* d. h. Systemen $\{x_1, \dots, x_N\}$, die sich nicht ändern, wenn irgendwelche zwei Indizes i und j ausgetauscht werden (im Gegensatz zu *Fermionen,* bei denen die Wellenfunktion dann das Vorzeichen wechseln würde). Mit anderen Worten, wir projizieren den Operator H_N, der *a priori* auf dem Raum $L^2(\Lambda^N)$ betrachtet wird, auf die Menge der permutationssymmetrischen Funktionen im Raum $L^2(\Lambda^N)$. Unser Hauptinteresse gilt der *Zustandssumme* oder *Partitionsfunktion*

$$Z_N(\beta, \Lambda) = \mathrm{Tr}_+(\mathrm{e}^{-\beta H_N}), \qquad \beta \in (0, \infty),$$

wobei der Index + die genannte Projektion anzeigt und „Tr" für „Spur" steht. Der Parameter β steht für die inverse Temperatur, wir sind also letztendlich am meisten interessiert an sehr großen β. Das Modell, das wir auf diese Weise eingeführt haben, nennt man manchmal das (interagierende) *Bose-Gas*; im Falle von $v \equiv 0$ nennt man es das *freie Bose-Gas.* Wir wollen die *freie Energie* im *thermodynamischen Grenzwert* betrachten, also die Funktion

$$f(\beta, \rho) = -\frac{1}{\beta} \lim_{N\to\infty} \frac{1}{|\Lambda_N|} \log Z_N(\beta, \Lambda_N), \qquad \beta, \rho \in (0, \infty), \tag{4.7.1}$$

wobei Λ_N die zentrierte Box mit Volumen N/ρ ist, und ρ ist dann die Partikeldichte, die Anzahl der Partikel pro Volumeneinheit. Die Existenz des Grenzwertes in (4.7.1) ist seit Langem bekannt, aber es gab bis 2010 keine interpretierbare Formel, und die Formel, die wir nun mit Hilfe der Theorie der Großen Abweichungen herleiten wollen, ist nur eingeschränkt gültig und (derzeit) noch eingeschränkter bewiesen.

Das große Ziel ist, einen Phasenübergang in f (d. h. einen kritischen Punkt $\rho_{\mathrm{c}}(\beta)$, in dem $f(\beta, \cdot)$ nicht analytisch ist) zu finden, zumindest bei genügend großem β, und ihn physikalisch zu interpretieren. Die generelle Vermutung ist, dass ein solcher Phasenübergang in Dimensionen $d \geq 3$ vorliegen sollte, aber nicht in Dimensionen $d \in \{1, 2\}$. Dies ist beim freien Bose-Gas (d. h., bei $v \equiv 0$, also ohne Interaktionen) schon auf verschiedene Weise gezeigt worden (siehe Bemerkung 4.7.4), aber noch nicht für das obige Modell mit irgend einem nichttrivialen v.

4.7.3 Drei Umformulierungen

Wir wollen also die Theorie der Großen Abweichungen benutzen, um die freie Energie mit einer Formel darzustellen. Dazu müssen wir allerdings die Partitionsfunktion mehrmals umformulieren, was wir in diesem Abschnitt machen werden. Wir folgen [AdCoKö11].

Zuerst finden wir in [Gi70] eine (mittlerweile klassische) Spurformel, die die symmetrisierte Spur von $\mathrm{e}^{-\beta H_N}$ mit Hilfe von N Brown'schen Brücken darstellt. Um dies zu formulieren, brauchen wir mehr Notation. Mit $\mu_{x,y}^{(\beta)}$ bezeichnen wir das kanonische Brown'sche-Brücken-Maß, also das Maß für eine Brown'sche Brücke $B = (B_s)_{s\in[0,\beta]}$ mit Erzeuger Δ, die in x startet und in y zum Zeitpunkt β endet. Mit einer Formel könnte man dieses Maß auf der Menge C_1 der stetigen Pfade $[0, \beta] \to \mathbb{R}^d$ wie folgt einführen:

$$\mu_{x,y}^{(\beta)}(A) = \mathbb{P}_x(B \in A, B_\beta \in \mathrm{d}y)/\mathrm{d}y, \qquad A \subset \mathcal{C}_1 \text{ messbar}, \tag{4.7.2}$$

also als eine Dichte von B_β in y von dem Sub-Wahrscheinlichkeitsmaß $\mathbb{P}_x$ (Brown'sche Bewegung mit Start in x) mit Dichte $\mathbb{1}\{B \in A\}$. Ein wenig Maßtheorie ist nötig, um zu sehen, dass man davon ausgehen kann, dass diese Formel simultan für alle $x, y \in \mathbb{R}^d$ und alle messbaren $A \subset \mathcal{C}_1$ gilt und dass man $\mu_{x,y}^{(\beta)}$ als ein Maß auf $\mathcal{C}_1$ sehen kann (siehe Existenzaussagen über eine Version einer bedingten Verteilung). Wir haben $\mu_{x,y}^{(\beta)}$ so normiert, dass es die Gesamtmasse

$$\mu_{x,y}^{(\beta)}(\mathcal{C}_1) = g_\beta(x, y) = (4\pi\beta)^{-d/2}\mathrm{e}^{-|x-y|^2/4\beta}$$

besitzt. (Man beachte, dass wir auf den Vorfaktor $\frac{1}{2}$ vor dem Laplace-Operator verzichtet haben.) Natürlich muss man sowohl μ als auch g mit den gewählten Randbedingungen ausstatten, aber wir unterdrücken das in dieser Darstellung.

Dann haben wir die folgende Formel.

Lemma 4.7.1 (Spurformel mit Brown'schen Brücken) *Für jede Box $\Lambda \subset \mathbb{R}^d$, jedes $\beta \in (0, \infty)$ und jedes $N \in \mathbb{N}$ gilt*

$$Z_N(\beta, \Lambda) = \frac{1}{N!} \sum_{\sigma \in \mathfrak{S}_N} \int_\Lambda \mathrm{d}x_1 \dots \int_\Lambda \mathrm{d}x_N \left(\bigotimes_{i=1}^N \mu_{x_i, x_{\sigma(i)}}^{(\beta)} \right) \left[\mathrm{e}^{-\mathcal{G}_N} \right], \tag{4.7.3}$$

wobei

$$\mathcal{G}_N = \sum_{1 \le i < j \le N} \mathcal{V}(B^{(i)}, B^{(j)}), \qquad \textit{mit} \qquad \mathcal{V}(f, g) = \int_0^\beta v(|f(s) - g(s)|)\,\mathrm{d}s,$$

und $B^{(i)}$ ist eine Brücke unter $\mu_{x_i, x_{\sigma(i)}}^{(\beta)}$.

Wir schrieben also die Spur als einen Erwartungswert über N unabhängige Brown'sche Brücken auf dem Zeitintervall β, deren Start- und Endpunkte unabhängig und gleichförmig in der Box Λ liegen, aber der Symmetrisierung unterliegen, d. h., die i-te Brücke endet am Beginn der $\sigma(i)$-ten.

Wir nennen jede dieser N Brücken einen *Abschnitt,* und jeder Abschnitt hat mit jedem anderen die gleiche Interaktion. Man soll sich nicht von der Anzahl $\approx \frac{1}{2}N^2$ von Paaren von Interaktionen irreleiten lassen, denn da das Volumen der Box von der Ordnung N ist, hat jedes Partikel im Durchschnitt nur endlich viele nichttriviale Interaktionen, und die Gesamtzahl der Interaktionen ist $\asymp N$.

Dass jede Permutation in Zykel zerlegt werden kann und dass der Index des jeweiligen Zykels keine Rolle spielt, werden wir gleich kombinatorisch ausnutzen, um die Formel weiterzuentwickeln. Wenn ein Abschnitt an einen anderen angehängt wird, so entsteht ein neuer Abschnitt, dessen Länge die Summe der beiden Längen ist. Diese Aussage rührt von der Tatsache her, dass die Familie der Brown'sche-Brücken-Maße $\mu_{x,y}^{(\beta)}$ mit $x, y \in \mathbb{R}^d$ und $\beta \in (0, \infty)$ die Chapman–Kolmogorov-Gleichungen erfüllen, und dies kommt wiederum von der Markov-Eigenschaft der Brown'schen Bewegung her. Mit Hilfe der Gl. (4.7.2) sieht man besser, dass die Hintereinanderhängung zweier Brücken der Länge β_1 bzw. β_2 unter dem Maß $\int_{\mathbb{R}^d} \mu_{x,y}^{(\beta_1)} \otimes \mu_{y,z}^{(\beta_2)} \,\mathrm{d}y$ eine Brücke der Länge $\beta_1 + \beta_2$ mit Start in x und Ende in z ist. Diese Idee führen wir auf der rechten Seite von (4.7.3) in jedem Zykel der Länge k insgesamt $k - 1$ Mal aus und erhalten jeweils eine Brown'sche Brücke der Länge $k\beta$, die in einem uniform verteilten Punkt in Λ startet und endet. Die Suppe von N symmetrisierten Abschnitten ist also tatsächlich eine Suppe aus vielen Brown'schen Zykeln verschiedener Länge, deren Startpunkte (= Endpunkte) uniform und unabhängig sind. Es empfiehlt sich also, das entsprechende Maß einzuführen:

$$\mu_\Lambda^{(\beta)}(\mathrm{d}f) = \frac{1}{|\Lambda|} \int_\Lambda \mathrm{d}x \, \mu_{x,x}^{(\beta)}(\mathrm{d}f). \tag{4.7.4}$$

Die Gesamtlänge aller Zykel ist N, und die jeweiligen Anzahlen der Zykeln einer gegebenen Länge k kann man kombinatorisch angeben: Wenn $\ell_k(\sigma)$ die Anzahl der Zykel der Länge k einer Permutation $\sigma \in \mathfrak{S}_N$ angibt, so gilt nämlich

$$\frac{1}{N!} \#\{\sigma \in \mathfrak{S}_N : \ell_k(\sigma) = l_k \text{ für jedes } k \in \mathbb{N}\} = \prod_{k \in \mathbb{N}} \frac{1}{k^{l_k} \, l_k!}$$

für jede Partition $l = (l_k)_{k \in \mathbb{N}} \in \mathfrak{P}_N = \{l : \sum_{k \in \mathbb{N}} k l_k = N\}$ der Zahl N. Somit haben wir gesehen, dass gilt:

Lemma 4.7.2 (Partitionsfunktion als interagierende Brown'sche Zykel) *Für jede Box $\Lambda \subset \mathbb{R}^d$, jedes $\beta \in (0, \infty)$ und jedes $N \in \mathbb{N}$ gilt*

$$Z_N(\beta, \Lambda) = \sum_{l \in \mathfrak{P}_N} \Big(\prod_{k \in \mathbb{N}} \frac{|\Lambda|^{l_k}}{k^{l_k} \, l_k!} \Big) \Big(\bigotimes_{k \in \mathbb{N}} (\mu_\Lambda^{(k\beta)})^{\otimes l_k} \Big) \Big[\mathrm{e}^{-\widetilde{\mathcal{G}}_N} \Big], \tag{4.7.5}$$

wobei

$$\widetilde{\mathcal{G}}_N = \frac{1}{2} \sum_{k_1, k_2 = 1}^{N} \sum_{i_1 = 1}^{l_{k_1}} \sum_{i_2 = 1}^{l_{k_2}} \sum_{j_1 = 1}^{k_1} \sum_{j_2 = 1}^{k_2} \mathbb{1}_{(k_1, i_1, j_1) \neq (k_2, i_2, j_2)} \mathcal{V}\Big(B_{j_1}^{(k_1, i_1)}, B_{j_2}^{(k_2, i_2)} \Big),$$

und $B^{(k,i)}$ ist der i-te Zykel der Länge k, und $f_j(s) = f((j-1)\beta + s)$, $s \in [0, \beta]$, definiert den j-ten Abschnitt einer Funktion $f \in \mathcal{C}_k$, der Menge aller stetigen Funktionen $[0, k\beta] \to \mathbb{R}^d$.

In der Interaktion $\widetilde{\mathcal{G}}_N$ sehen wir wiederum alle Interaktionen von je zwei verschiedenen Abschnitten all der Zykel. Der Vorfaktor $\frac{1}{2}$ ist notwendig, da die Summe jedes Paar genau zweimal enthält.

Nun kommen wir zu unserer letzten Umformulierung, und zwar in Termen eines markierten Poisson'schen Punktprozesses. Die Punkte des Prozesses sind die Startpunkte der Brown'schen Zykel, und die Marken sind die Zykel selber. Jeder Zykel der Länge k hat unter dem kanonischen Brown'schen Maß das Gewicht $g_{k\beta}(0,0) = (4\pi\beta k)^{-d/2} = q_k$, und er enthält genau k Partikel, also wollen wir dem Startpunkt eines solchen Zykels das Gewicht $\frac{1}{k}q_k$ geben und dem Zykel selber die normierte Brown'sche Wahrscheinlichkeitsverteilung, also $\overline{\mu}_{x,x}^{(k\beta)} = (4\pi\beta k)^{d/2}\mu_{x,x}^{(k\beta)}$. Wir wählen also das Intensitätsmaß

$$\nu_k(\mathrm{d}x, \mathrm{d}f) = \frac{1}{k}q_k \mathrm{d}x \otimes \mu_{x,x}^{(k\beta)}(\mathrm{d}f), \qquad k \in \mathbb{N},$$

und nennen den zugehörigen PPP $\omega_{\mathrm{P}}^{(k)} = \sum_{x \in \xi^{(k)}} \delta_{(x,B_x)}$, wobei der Index P an Poisson erinnert. Die Superposition aller unabhängigen Prozesse $\omega^{(k)}$ mit $k \in \mathbb{N}$ wird $\omega_{\mathrm{P}} = \sum_{k\in\mathbb{N}} \omega_{\mathrm{P}}^{(k)}$ genannt; dies ist unser Referenzprozess. Wir schreiben $\mathtt{P}$ und $\mathtt{E}$ für die Wahrscheinlichkeit bzw. den Erwartungswert bezüglich ω_{P}. Im Prinzip hätten wir für das Folgende auch viele andere Intensitätsmaße statt ν_k wählen können, aber die obige Wahl ist die natürlichste, da sie direkt auf das freie Bose-Gas ansetzt: Die Verteilung von ω_{P} kann man sehr gut mit diesem Namen belegen.

Wir müssen nun noch die Partitionsfunktion auf diesen Prozess umschreiben. Wir schreiben $q = \sum_{k\in\mathbb{N}} \frac{1}{k}q_k = (4\pi\beta)^{-d/2}\zeta(1+\frac{d}{2})$, wobei $\zeta(s) = \sum_{k\in\mathbb{N}} k^{-s}$ die Riemann'sche Zetafunktion ist.

Lemma 4.7.3 (Partitionsfunktion und markierter PPP) *Für jede Box $\Lambda \subset \mathbb{R}^d$, jedes $\beta \in (0,\infty)$ und jedes $N \in \mathbb{N}$ gilt*

$$Z_N(\beta,\Lambda) = \mathrm{e}^{q|\Lambda|}\mathtt{E}\Big[\mathrm{e}^{-H_\Lambda(\omega_{\mathrm{P}})}\mathbb{1}\{N_\Lambda^{(\ell)}(\omega_{\mathrm{P}}) = N\}\Big], \tag{4.7.6}$$

wobei $\ell(f) = k$ genau dann, wenn $f \in \mathcal{C}_k$ und

$$N_\Lambda^{(\ell)}\Big(\sum_{x\in\xi}\delta_{(x,f_x)}\Big) = \sum_{x\in\xi\cap\Lambda}\ell(f_x)$$

und

$$H_\Lambda\Big(\sum_{x\in\xi}\delta_{(x,f_x)}\Big) = \frac{1}{2}\sum_{x,y\in\xi\cap\Lambda}\sum_{i=1}^{\ell(f_x)}\sum_{j=1}^{\ell(f_y)}\mathbb{1}\{(x,i)\neq(y,j)\}\mathcal{V}(f_{x,i}, f_{y,j}).$$

Natürlich ist $f_{x,i}$ der i-te Abschnitt der Marke f_x am Punkt x. In H_Λ sehen wir wiederum die Summe aller Interaktionen zwischen je zwei Abschnitten im System, d. h. von allen

Markenabschnitten von Poisson-Punkten in Λ: sowohl innerhalb der selben Marke, als auch zwischen verschiedenen Marken. Wir erinnern daran, dass am Rande der Box entweder Dirichlet- oder periodische Randbedingungen gelten, die wir aber in dieser Darstellung unterdrücken.

Der Beweis von Lemma 4.7.3 besteht aus einer sorgfältigen Ausnutzung von ein paar der charakteristischen Eigenschaften von markierten PPPs, zum Beispiel der Tatsache, dass die Punkte eines homogenen PPPs in einer Box, gegeben ihre Anzahl, unabhängig und uniform verteilt sind (für mehr Details siehe den Beweis von [AdCoKö11, Proposition 1.1]).

Bemerkung 4.7.4 (Freies Bose-Gas) Die Zustandssumme wird viel einfacher, wenn man zum Spezialfall des freien Bose-Gases übergeht, also zu $v \equiv 0$. Dann fällt die gesamte Interaktion weg. Um zu sehen, was übrigbleibt, gehen wir am besten zu (4.7.5), setzen $\widetilde{G}_N = 0$ und $|\Lambda| = |\Lambda_N| = N/\rho$ ein und erhalten

$$\begin{aligned} Z_N(\beta, \Lambda_N) &= \sum_{l \in \mathfrak{P}_N} \prod_{k \in \mathbb{N}} \frac{(N/\rho)^{l_k}}{k^{l_k}\, l_k!} (4\pi\beta k)^{-dl_k/2} \\ &= \sum_{l \in \mathfrak{P}_N} \exp\left\{ -|\Lambda_N| \sum_{k \in \mathbb{N}} \frac{\rho l_k}{N} \log\left(\frac{k\, l_k!^{1/l_k}}{N/\rho} (4\pi\beta k)^{d/2} \right) \right\}. \end{aligned}$$

Es ist eine ÜBUNGSAUFGABE (siehe aber auch [Ad08]) zu zeigen, dass $|\mathfrak{P}_N| = \mathrm{e}^{o(N)}$ für $N \to \infty$ gilt und dass eine Substitution $\lambda_k = \rho l_k / N$ und die Ausnutzung von Stirlings Formel $n! = (n/\mathrm{e})^n \mathrm{e}^{o(n)}$ letztendlich darauf führt, dass gilt:

$$-\beta f(\beta, \rho) = \inf_{(\lambda_k)_k \in [0,1]^{\mathbb{N}} :\ \sum_k k\lambda_k = \rho} \sum_{k \in \mathbb{N}} \lambda_k \log \frac{k\,\lambda_k}{(4\pi\beta k)^{-d/2} \mathrm{e}}.$$

In dieser Formel zeigt sich nun mit ein wenig elementarer Arbeit der berühmte Phasenübergang in $d \geq 3$: Wenn ein Minimierer $\lambda = (\lambda_k)_k$ existiert, dann gibt es einen Lagrange-Faktor $\alpha \in \mathbb{R}$ mit

$$k\lambda_k = (4\pi\beta)^{-d/2} \frac{\mathrm{e}^{-\alpha k}}{k^{d/2}}, \qquad k \in \mathbb{N}.$$

Natürlich muss $\alpha \geq 0$ sein, und die größte Zahl, die man auf diese Weise für den Ausdruck $\sum_k k\lambda_k$ erhalten kann, ist $\rho_c(\beta) = (4\pi\beta)^{-d/2}\zeta(d/2)$, wobei wiederum ζ die Riemann'sche Zeta-Funktion bezeichnet. Dies ist eine endliche Zahl in $d \geq 3$, so dass es also für $\rho > \rho_c(\beta)$ kein Minimierer existieren kann. Diese Erkenntnis führt mit weiteren elementaren Überlegungen leicht zu dem Schluss, dass $f(\beta, \cdot)$ im Punkt $\rho_c(\beta)$ eine Nichtanalytizität hat, also einen Phasenübergang. Aus der obigen Herleitung sieht man auch die Interpretation dieses Phasenübergangs: Es gibt für alle Partikeldichten ρ, die größer sind als die kritische Dichte $\rho_c(\beta)$, keine Möglichkeit, *alle* N Partikel auf optimale Weise in Zykeln von endlicher Länge anzuordnen, sondern nur maximal den Anteil $\rho_c(\beta)/\rho$ davon. Der restliche Anteil $1 - \rho_c(\beta)/\rho$ geht dann in das Kondensat, das allerdings nicht explizit auftaucht und auch nicht weiter beschrieben wird durch diesen Ansatz. Dieser Phasenübergang ist in seiner Natur ein *Sättigungsübergang*: Erst wenn alle endlichen Zykellängen in maximaler Anzahl im System vorkommen, entsteht eine neue, makroskopische Struktur. ◊

4.7.4 Zwei Variationsformeln

Mit Lemma 4.7.3 sind wir endlich in einer Formulierung angekommen, in der wir beginnen können, das Material aus Abschn. 3.8 einzusetzen, insbesondere das PGA aus Satz 3.8.8. Wir gehen dabei ähnlich wie bei Vielkörpersystemen in Beispiel 3.8.10 vor und machen nun noch eine vierte Umformulierung, und zwar mit Hilfe des empirischen Maßes $\mathcal{R}_\Lambda(\omega_{\mathrm{P}})$ aus (3.8.5). Wir skizzieren hier nur das Vorgehen und erklären, wie es aus der Theorie folgt, aber wir lassen die Durchführung etlicher technischer Schritte weg; für Details siehe [AdCoKö11].

Ähnlich wie in Beispiel 3.8.10 müssen wir die beiden Funktionale (Interaktion H_Λ und Partikelzählung $N_\Lambda^{(\ell)}$) mit Hilfe von $\mathcal{R}_\Lambda(\omega_{\mathrm{P}})$ schreiben. Wir machen dies, indem wir die Summe über $x \in \Lambda \cap \xi$ einschränken auf eine Summe über $x \in U \cap \xi$, wobei $U = [-\frac{1}{2}, \frac{1}{2}]^d$ die Einheitsbox ist, und ein Integral über $x \in \Lambda$ aller Shifts um x hinzufügen:

$$H_\Lambda(\omega) = \frac{1}{|\Lambda|}\int_\Lambda \mathrm{d}x\, F(\theta_x(\omega)) + R_\Lambda^{(1)}(\omega) \tag{4.7.7}$$

mit

$$F(\omega) = \frac{1}{2}\sum_{x\in\xi\cap U}\sum_{y\in\xi\cap\Lambda}\sum_{i=1}^{\ell(f_x)}\sum_{j=1}^{\ell(f_y)} \mathbb{1}\{(x,i)\neq(y,j)\}\mathcal{V}(f_{x,i}, f_{y,j}),$$

und wir fassten alle Randeffekte im Term $R_\Lambda^{(1)}(\omega)$ zusammen (der auch noch davon abhängt, welche Randbedingungen wir von vorne herein in dem Modell betrachten wollen, z. B. Dirichlet oder periodische). Der Zählterm wird ähnlich umformuliert:

$$\frac{1}{|\Lambda|}N_\Lambda^{(\ell)}(\omega) = \frac{1}{|\Lambda|}\int_\Lambda \mathrm{d}x\, N_U^{(\ell)}(\theta_x(\omega)) + R_\Lambda^{(2)}(\omega), \tag{4.7.8}$$

wobei auch wieder ein Randterm $R_\Lambda^{(2)}(\omega)$ entstand. Natürlich ist ein Teil der Aufgabe, zu zeigen, dass beide Randterme asymptotisch keinen Einfluss haben; genauere Angaben über solche Randterme im Allgemeinen findet man in [JaKö20, Section 5.5].

Das Hauptergebnis, was sich nun ergibt, ist wie folgt. Wir erinnern uns an die Ratenfunktion $I(P)$, definiert in (3.8.7), an den Markenraum $\mathcal{C} = \bigcup_{k\in\mathbb{N}} \mathcal{C}_k$ und daran, dass wir die Menge der stationären markierten Punktprozesse (bzw. derer Verteilungen) in $\mathbb{R}^d \times \mathcal{C}$ mit $\mathcal{P}_\theta$ bezeichnen.

Theorem 4.7.5 (Obere und untere Schranke für die freie Energie, [AdCoKö11]) *Für alle $\beta, \rho \in (0, \infty)$ und die zentrierte Box Λ_N mit Volumen N/ρ gilt*

$$q - \chi^{(=)} \leq \liminf_{N\to\infty} \frac{1}{|\Lambda_N|} \log Z_N(\beta, \Lambda_N) \leq \limsup_{N\to\infty} \frac{1}{|\Lambda_N|} \log Z_N(\beta, \Lambda_N) \leq q - \chi^{(\leq)}, \tag{4.7.9}$$

wobei

$$\chi^{(\leq)} = \inf\left\{\langle F, P\rangle + I(P) \colon P \in \mathcal{P}_\theta, \langle N_U^{(\ell)}, P\rangle \leq \rho\right\}, \tag{4.7.10}$$

$$\chi^{(=)} = \inf\left\{\langle F, P\rangle + I(P) \colon P \in \mathcal{P}_\theta, \langle N_U^{(\ell)}, P\rangle = \rho\right\}. \tag{4.7.11}$$

Beweisskizze Wenn wir (4.7.7) und (4.7.8) in Lemma 4.7.3 einsetzen und voraussetzen, dass die Randterme $|R^{(1)}_{\Lambda_N}(\omega_{\mathrm{P}})|$ und $|R^{(1)}_{\Lambda_N}(\omega_{\mathrm{P}})|$ vernachlässigbar sind (in geeignetem Sinne), dann erhalten wir

$$Z_N(\beta, \Lambda_N) = \mathrm{e}^{q|\Lambda_N|+o(N)} \mathbb{E}\left[\exp\left\{-|\Lambda_N|\langle F, \mathcal{R}_{\Lambda_N}(\omega_{\mathrm{P}})\rangle\right\} \mathbb{1}\{\langle N_U^{(\ell)}, \mathcal{R}_{\Lambda_N}(\omega_{\mathrm{P}})\rangle = \rho\}\right]. \tag{4.7.12}$$

Nun erhält man (mit Hilfe des PGAs aus Satz 3.8.8 und des Lemmas 3.3.1 von Varadhan) den Eindruck, dass die exponentielle Rate gleich $q - \chi^{(=)}$ sein sollte, wenn man es schafft, (1) die Abbildung $P \mapsto \langle F, P\rangle$ als beschränkt und stetig zu finden oder sie zumindest von oben und unten mit solchen Funktionen geeignet zu approximieren, und (2) die fehlende Offenheit und (3) die fehlende Abgeschlossenheit der Menge $\{P \colon \langle N_U^{(\ell)}, P\rangle = \rho\}$ geeignet zu approximieren.

Es stellt sich heraus, dass die Probleme (1) und (2) technischer Natur sind und mit einiger Arbeit beseitigt werden können, dass aber (3) sehr tief liegt und am Herzen der Bose–Einstein-Kondensation liegt; tatsächlich ist dieser Punkt noch nicht überwunden und verstanden worden. Statt dessen konnte man sich nur mit oberen und unteren Schranken behelfen: Um eine obere Schranke zu erhalten, lässt man in F alle Interaktionen aller Zykel weg, die länger als eine gegebene Länge L sind, dann erhält man (nach einigen anderen Abschätzungen) eine Abschätzung von F gegen approximierende lokale zahme Funktionen. Aufgrund des Lemmas von Fatou ist die Menge $\{P \colon \langle N_U^{(\ell)}, P\rangle \leq \rho\}$ kompakt. Dann kann das PGA aus Satz 3.8.8 angewendet werden und ergibt eine Variationsformel, von der man anschließend zeigt, dass sie für $L \to \infty$ gegen $q - \chi^{(\leq)}$ konvergiert. Eine untere Schranke erhält man im Wesentlichen dadurch, dass man im betrachteten Wahrscheinlichkeitsraum alle Zykel der Länge $> L$ weglässt und dadurch erhält, dass $N_U^{(\ell)}$ lokal und zahm ist. Dann kann wieder das PGA aus Satz 3.8.8 angewendet werden, und zum Schluss führt man den Grenzwert $L \to \infty$ (und ein paar technische Schritte zur Lösung des Problems (2)) durch. □

Hier noch eine Erläuterung zum Zusammenhang zwischen BEK und der Formel (4.7.12): Der springende Punkt ist die Unbeschränktheit der Abbildung $\ell \colon \mathcal{C} \to \mathbb{N}$ und die damit verbundene fehlende Zahmheit der Funktion $N_U^{(\ell)}$. Ein möglicher Beweisweg für das Vorliegen des Phasenübergangs (im gewissen Sinne analog zu dem Weg, den wir in Bemerkung 4.7.4 für das freie Bose-Gas skizzierten) würde zeigen, dass jeder Minimierer P von der Formel $\chi^{(=)}$ eine gewisse Gestalt hat, die es nur erlaubt, einen nach oben beschränkten Wert von $\langle N_U^{(\ell)}, P\rangle$ zu erreichen. Aber man ist derzeit noch weit entfernt vom Beweis solcher Aussagen. Dieser Weg würde auch wiederum keine Information über das Kondensat liefern.

Literaturverzeichnis

[Ad08] Adams, S.: Large deviations for empirical measures in cycles of integer partitions and their relation to systems of Bosons. Analysis and stochastics of growth processes and interface models, S. 148–172. Oxford Univ. Press, Oxford (2008)

[dAc85] de Acosta, A.: Upper bounds for large deviations of dependent random vectors. Z. Wahrsch. verw. Geb. **69**, 551–565 (1985)

[AdCoKö11] Adams, S., Collevecchio, A., König, W.: A variational formula for the free energy of an interacting many-particle system. Ann. Probab. **39**(2), 683–728 (2011)

[As16] Astrauskas, A.: From extreme values of i.i.d. random fields to extreme eigenvalues of finite-volume Anderson Hamiltonian. Prob. Surv. **13**, 156-244 (2016)

[Ba71] Bahadur, R.R.: Some limit theorems in statistics. CBMS-NSF Regional Conference Series in Applied Mathematics, Bd. 4, SIAM, Philadelphia (1971)

[Ba92] Bauer, H.: Maß- und Integrationstheorie. Walter de Gruyter, Berlin (2002)

[BAG97] Ben Arous, G., Guionnet, A.: Large deviations for Wigner's law and Voiculescu's noncommutative entropy. Probab. Theory Relat. Fields. **108**, 517–542 (1997)

[BiGoTe87] Bingham, N.H., Goldie, C.M., Teugels, J.L.: Regular Variation. Cambridge University Press, Cambridge (1987)

[BiKö01] Biskup, M., König, W.: Long-time tails in the parabolic Anderson model with bounded potential. Ann. Probab. **29**(2), 636–682 (2001)

[BrRo65] Brønsted, A., Rockafellar, R.T.: On the sub differentiability of convex functions. Proc. Am. Math. Soc. **16**, 605–611 (1965)

[Br90] Bryc, W.: Large deviations by the asymptotic value method. In: Pinsky, M. (Hrsg.) Diffusion Processes and Related Problems in Analysis, S. 447–472. Birkhäuser, Switzerland (1990)

[CaMo94] Carmona, R., Molchanov, S.A.: Parabolic Anderson problem and intermittency. Memoirs AMS **108**, 518 (1994)

[Ch52] Chernoff, H.: A measure of asymptotic efficiency for tests of a hypothesis based on the sum of observations. Ann. Math. Statist. **23**, 493–507 (1952)

[CoGaZe00] Comets, F., Gantert, N., Zeitouni, O.: Quenched, annealed and functional large deviations for one-dimensional random walk in random environment. Probab. Theory Relat. Fields **118**(1), 65–114 (2000)

[Cr38] Cramér, H.: Sur un nouveau théorème-limite de la théorie des probabilités. Actualités Scientifiques et Industrielles. Nummer 736 in Colloque consacré à la théorie des probabilités, S. 5–23. Hermann, Paris (1938)

W. König, *Große Abweichungen*, Mathematik Kompakt,
https://doi.org/10.1007/978-3-030-52778-5

[DM93] Dal Maso, G.: An Introduction to Gamma-Convergence. Birkhäuser, Boston (1993)

[DaVe03] Daley, D.J., Vere-Jones, D.: An introduction to the theory of point processes. Bd. I: Elementary Theory and Methods, 2 Aufl. Springer, New York (2003)

[DaVe08] Daley, D.J., Vere-Jones, D.: An introduction to the theory of point processes. Bd. II, General Theory and Structure, 2. Aufl. Springer, New York (2008)

[De98] Deift, P.A.: Orthogonal Polynomials and Random Matrices: A Riemann-Hilbert Approach. AMS, New York (1998)

[DeMcKr98] Deift, P.A., McLaughlin, K.T.-R., Kriecherbauer, T.: New results on the equilibrium measure for logarithmic potentials in the presence of an external field. J. Approx. Theory **95**, 388–475 (1998)

[DeZe10] Dembo, A., Zeitouni, O.: Large deviations techniques and applications. Stochastic Modelling and Applied Probability, Bd. 38, Springer, New York (2010)

[DeSt89] Deuschel, J.-D., Stroock, D.W.: Large Deviations. Academic Press, London (1989)

[DoVa75-83] Donsker, M.D., Varadhan, S.R.S.: Asymptotic evaluation of certain Markov process expectations for large time, I–IV. Comm. Pure Appl. Math. **28**, 1–47, 279–301 (1975), **29**, 389–461 (1979), **36**, 183–212 (1983)

[FrWe70] Freidlin, M.I., Wentzell, A.D.: On small random perturbations of dynamical systems. Russian Math. Surv. **25**, 1–55 (1970)

[GaO'CWi04] Ganesh, A., O'Connell, N., Wischik, D.: Big queues. Lecture Notes in Mathematics, Bd. 1838. Springer, Berlin (2004)

[GaKöSh07] Gantert, N., König, W., Shi, Z.: Annealed deviations for random walk in random-scenery. Ann. IHP, Prob. Stat. **43**(1), 47–76 (2007)

[GaZe99] Gantert, N., Zeitouni, O.: Large deviations for one-dimensional random walk in a random environment – a survey. Random walks (Budapest, 1998). Bolyai Soc. Math. Stud. János Bolyai Math. Soc., Budapest **9**, 127–165 (1999)

[Gä77] Gärtner, J.: On large deviations from the invariant measure. Th. Prob. Appl. **22**, 24–39 (1977)

[GäMo90] Gärtner, J., Molchanov, S.: Parabolic problems for the Anderson model. I. Intermittency and related topics. Commun. Math. Phys. **132**, 613–655 (1990)

[GäMo98] Gärtner, J., Molchanov, S.: Parabolic problems for the Anderson model. II. Second-order asymptotics and structure of high peaks. Probab. Theory Relat. Fields **111**, 17–55 (1998)

[Ge02] Georgii, H.-O.: Stochastik. Walter de Gruyter, Berlin (2002)

[Ge11] Georgii, H.-O.: Gibbs Measures and Phase Transitions. De Gruyter Studies Math. 9, Walter de Gruyter & Co., Berlin (2011)

[GeZe93] Georgii, H.-O., Zessin, H.: Large deviations and the maximum entropy principle for marked point random fields. Probab. Theory Relat. Fields **96**, 177–204 (1993)

[Gi70] Ginibre, J.: Some Applications of Functional Integration in Statistical Mechanics, and Field Theory. C. de Witt and R. Storaeds, Gordon and Breach, New York (1970)

[GrHo93] Greven, A., den Hollander, F.: A variational characterization of the speed of a one-dimensional self-repellent random walk. Ann. Appl. Probab. **3**, 1067–1099 (1993)

[HiPe00] Hiai, F., Petz, D.: The semicircle law, free random variables and entropy. Mathematical Surveys and Monographs, 77. American Mathematical Society, Providence, RI, 2000

[HoHoKö97] van der Hofstad, R., den Hollander, F., König, W.: Central limit theorem for the Edwards model. Ann. Probab. **25**, 573–597 (1997)

[HoHoKö03a] van der Hofstad, R., den Hollander, F., König, W.: Weak-interaction limits for one-dimensional random polymers. Probab. Theory Relat. Fields **125**(4), 483–521 (2003)

[HoHoKö03b] van der Hofstad, R., den Hollander, F., König, W.: Large deviations for the one-dimensional Edwards model. Ann. Probab. **31**(4), 2003–2039 (2003)

[HoKö01] van der Hofstad, R., König, W.: A survey of one-dimensional random polymers. J. Stat. Phys. **103**(5/6), 915–944 (2001)

[HoKömö06] van der Hofstad, R., König, W., Mörters, P.: The universality classes of the parabolic Anderson Model. Comm. Math. Phys. **267**(2), 307–353 (2006)

[Ho00] den Hollander, F.: Large Deviations. Fields Institute Monographs, Toronto (2000)

[JaKö20] Jahnel, B., König, W.: Probabilistic Methods in Telecommunications. Compact Textbooks in Mathematics. Springer, Birkhäuser (2020)

[Jo98] Johansson, K.: On fluctuations of eigenvalues of random Hermitian matrices. Duke Math. J. **91**(1), 151–204 (1998)

[Ka95] Kato, T.: Perturbation Theory for Linear Operators. Reprint of the 1980 Hrsg., corr. printing of the 2. Aufl., Springer, Berlin (1995)

[Kn63] Knight, F.B.: Random walks and a sojourn density process of Brownian motion. Trans. Am. Soc. **109**, 56–86 (1963)

[Kö93] König, W.: The drift of a one-dimensional self-avoiding random walk. Probab. Theory Relat. Fields **96**, 521–543 (1993)

[Kö94] König, W.: The drift of a one-dimensional self-repellent random walk with bounded increments. Probab. Theory Relat. Fields **100**, 513–544 (1994)

[Kö05] König, W.: Orthogonal polynomial ensembles in probability theory. Prob. Surv. **2**, 385–447 (2005)

[Kö16] König, W.: The parabolic Anderson model. Random walk in random potential, pathways in mathematics. Birkhäuser, Springer, Cham (2016)

[LiSeSoYn05] Lieb, E.H., Seiringer, R., Solovej, J.P., Yngvason, J.: The mathematics of the Bose gas and its condensation. Oberwolfach Seminars, Bd. 34. Birkhäuser, Basel (2005)

[LiLo01] Lieb, E.H., Loss, M.: Analysis, 2. Aufl. AMS Graduate Studies, Bd. 14 (2001)

[LySe87] Lynch, J., Sethuraman, J.: Large deviations for processes with independent increments. Ann. Probab. **15**, 610–627 (1987)

[MaSl93] Madras, N., Slade, G.: The Self-Avoiding Walk, Birkhäuser, Boston (1993)

[Me91] Mehta, M.L.: Random matrices, 2. Aufl. Academic Press, New York (1991)

[Mo93] Mogulskii, A.A.: Large deviations for processes with independent increments. Ann. Probab. **21**, 202–215 (1993)

[Mo94] Molchanov, S.: Lectures on random media. In: Bakry, D., Gill, R.D., Molchanov, S. (Hrsg.) Lectures on Probability Theory, Ecole d'Eté de Probabilités de Saint-Flour XXII-1992, LNM 1581, S. 242–411. Springer, Berlin (1994)

[RaSe15] Rassoul-Agha, F., Seppäläinen, T.: A course on large deviation theory with an introduction to Gibbs measures. Graduate Studies in Mathematics, Bd. 162, AMS (2015)

[Ro70] Rockafellar, R.T.: Convex analysis. Princeton University Press, Cambridge (1970)

[Ru69] Ruelle, D.: Statistical mechanics: rigorous results. Benjamin Inc, W.A. (1969)

[Sa61] Sanov, I.N.: On the probability of large deviations of random variables. Math. Sb. **42** (russisch). Englische Übersetzung In: Selected Translations in Mathematical Statistics and Probability I, 213–244 (1961)

[SaTo97] Saff, E.B., Totik, V.: Logarithmic potentials with external fields. Springer, New York (1997)

[Sc66] Schilder, M.: Some asymptotic formulae for Wiener integrals. Trans. Am. Math. Soc. **125**, 63–85 (1966)

[Se81] Seneta, E.: Non-negative matrices and Markov chains. Springer, New York (1981)

[Si82] Sinai, Ya.G.: The limiting behavior of a one-dimensional random walk in a random medium. Theory Probab. Appl. **27**, 256–268 (1982)

[Sl11] Slade, G.: The self-avoiding walk: a brief survey. In: Blath, J., Imkeller, P., Roelly, S. (Hrsg.) Surveys in Stochastic Processes, S. 181–199. European Mathematical Society, Zurich (2011)

[So75] Solomon, F.: Random walks in a random environment. Ann. Probab. **3**, 1–31 (1975)

[St64] Strassen, V.: An invariance principle of the law of the iterated logarithm. Z. Wahrsch. verw. Geb. **3**, 211–226 (1964)

[St84] Stroock, D.W.: An introduction to the theory of large deviations. Springer, Berlin (1984)

[Sz98] Sznitman, A.-S.: Brownian motion. Obstacles and random media. Springer, Berlin (1998)

[Va66] Varadhan, S.R.S.: Asymptotic probabilities and differential equations. Comm. Pure Appl. Math. **19**, 261–286 (1966)

[Wi55] Wigner, E.: Characteristic vectors of bordered matrices with infinite dimensions. Ann. Math. **62**, 548–564 (1955)

[Wi58] Wigner, E.: On the distribution of the roots of certain symmetric matrices. Ann. Math. **67**, 325–327 (1958)

Stichwortverzeichnis

W. König, *Große Abweichungen*, Mathematik Kompakt,
https://doi.org/10.1007/978-3-030-52778-5